火力发电工人实用技术问答丛书

化学设备检修技术问答

《火力发电工人实用技术问答丛书》编委会　编著

内 容 提 要

本书为《火力发电工人实用技术问答丛书》的一个分册。全书以问答形式，简明扼要地介绍了火力发电厂化学设备检修方面的基本知识，主要内容有电力安全生产知识、设备检修基础知识、回转设备的检修、管道与阀门、化学设备的检修以及燃煤电厂工业废水的处理等。

全书从火力发电厂化学设备检修的实际出发，贴近化学设备检修实际情况的同时也注重检修过程中的故障分析、原理讲解等知识。本书可供火力发电厂从事化学管理和化学设备检修工作的技术人员、检修人员学习、参考，可满足培训、考试、现场抽考等用途，也可供相关专业的大、中专学校师生参考和阅读。

图书在版编目（CIP）数据

化学设备检修技术问答/《火力发电工人实用技术问答丛书》编委会编著．—北京：中国电力出版社，2023.1

（火力发电工人实用技术问答丛书）

ISBN 978-7-5198-7342-4

Ⅰ.①化… Ⅱ.①火… Ⅲ.①火力发电—电厂化学—设备检修—问题解答 Ⅳ.①TM621.8

中国版本图书馆 CIP 数据核字（2022）第 240148 号

出版发行：中国电力出版社
地　　址：北京市东城区北京站西街 19 号（邮政编码 100005）
网　　址：http：//www. cepp. sgcc. com. cn
责任编辑：孙　芳（010-63412381）
责任校对：黄　蓓　常燕昆　朱丽芳
装帧设计：赵姗杉
责任印制：吴　迪

印　　刷：三河市万龙印装有限公司
版　　次：2023 年 1 月第一版
印　　次：2023 年 1 月北京第一次印刷
开　　本：787 毫米×1092 毫米　16 开本
印　　张：21.5
字　　数：532 千字
印　　数：0001—1000 册
定　　价：82.00 元

《火力发电工人实用技术问答丛书》

编 委 会

前　言

为了提高电力生产运行、检修人员和技术管理人员的技术素质和管理水平，适应现场岗位培训的需求，特别是为适应火力发电技术快速发展、超临界和超超临界机组大规模应用的现状，使火力发电企业员工技术水平与生产形势相匹配，编写了此套丛书。

丛书结合近年来火力发电发展的新技术及地方电厂现状，根据《中华人民共和国职业技能鉴定规范（电力行业）》及《职业技能鉴定指导书》，本着紧密联系生产实际的原则编写而成。丛书采用问答形式，内容以操作技能为主，基本训练为重点，着重强调了基本操作技能的通用性和规范化。

《化学设备检修技术问答》是《火力发电工人实用技术问答丛书》的分册之一。在编著中，尽量反映新技术、新设备、新工艺、新材料、新经验和新方法，以660MW超超临界机组及其辅机为主，兼顾600MW超临界、300MW亚临界以及1000MW机组及其辅机的内容。全书内容丰富、覆盖面广、文字通俗易懂，是一套针对性较强的、有相当先进性和普遍适用性的工人技术培训参考书。

本书共六章。第一章由古交西山发电有限公司王国清编写；第二～五章由古交西山发电有限公司关晓龙编写；第六章由古交西山发电有限公司原冯保编写。全书由古交西山发电有限公司副总工程师王国清统稿、主审。在此书出版之际，谨向为本书提供咨询及所引用的技术资料的作者们致以衷心的感谢。

本书在编写过程中，由于时间仓促和编著者的水平与经历有限，书中难免有缺点和不足之处，恳请读者批评指正。

编者

2022年8月

目　录

第一章

电力安全生产知识

第一节 安全生产法知识

1 《中华人民共和国安全生产法》（以下简称《安全生产法》）首次何时制定、颁布、实施？截至目前，其共修正几次？最后一次修正是什么时候通过和施行的？

答：《安全生产法》从提出立法建议到颁布实施，经历了22年的历程。原国家劳动总局在1981年就提出制定《劳动保护法》，此后原劳动部又将法名改为《职业安全卫生法》继续组织起草工作。1998年国家经贸委接管原劳动部负责的安全生产综合管理职能后，经过调研又将法名改为《职业安全法》并于1999年正式将该法草案报国务院审议。2001年初，国家安全生产监督管理局设立，并立即组织集中力量起草《安全生产法》。2001年11月21日国务院第48次常务会议审议通过《安全生产法》（草案），并将其提请九届全国人大常委会审议。经过全国人大常委会第25次会议初审和第27次会议再审，全国人大法律委员会、全国人大常委会法制工作委员会对草案进行必要修改后，第3次提交九届全国人大常委会第28次会议2002年6月29日审议通过，江泽民主席签发中华人民共和国第70号主席令予以公布，《安全生产法》于2002年11月1日正式实施。

截至目前，《安全生产法》共修正三次，分别为2009年、2014年和2021年。

2021年6月10日第十三届全国人民代表大会常务委员会第二十九次会议通过《全国人民代表大会常务委员会关于修改〈中华人民共和国安全生产法〉的决定》，自2021年9月1日起施行。

2 简要说明《安全生产法》的立法目的。

答：《安全生产法》的立法目的就是为了加强安全生产工作，防止和减少生产安全事故，保障人民群众生命和财产安全，促进经济社会持续健康发展。

3 什么是安全生产？什么是生产安全事故？

答：所谓安全生产是指在生产经营活动中，为避免发生造成人员伤害和财产损失的事故，有效消除或控制危险和有害因素而采取一系列措施，使生产经营过程在符合规定的条件下进行，以保证从业人员的人身安全与健康、设备和设施免受损坏、环境免遭破坏，保证生产经营活动得以顺利进行的相关活动。

所谓生产安全事故是指生产经营单位在生产经营活动（包括与生产经营有关的活动）中

突然发生的，伤害人身安全和健康、损坏设备设施或者造成直接经济损失，导致生产经营活动暂时中止或永远终止的意外事件。

4 生产安全事故等级的划分标准是什么？

答：根据《生产安全事故报告和调查处理条例》的有关规定，生产安全事故造成的人员伤亡或者直接经济损失，事故一般可分为以下四个等级：

(1) 特别重大事故，是指造成30人及以上死亡，或者100人及以上重伤（包括急性工业中毒，下同），或者1亿元及以上直接经济损失的事故。

(2) 重大事故，是指造成10人及以上，30人以下死亡；或者50人及以上，100人以下重伤；或者5000万元及以上，1亿元以下直接经济损失的事故。

(3) 较大事故，是指造成3人及以上，10人以下死亡；或者10人及以上，50人以下重伤；或者1000万元及以上，5000万元以下直接经济损失的事故。

(4) 一般事故，是指造成3人以下死亡；或者10人以下重伤；或者1000万元以下直接经济损失的事故。

5 为什么说加强安全生产工作是防止和减少生产安全事故的重要保障条件？

答：生产安全事故的原因是多方面的，但归纳起来其直接原因无非是物（包括环境）的不安全状态和人的不安全行为；间接的原因则是管理上的漏洞。除了极少数自然事故外，大量事故案例证明，引发事故的原因都可追溯到管理上的问题，因为物的不安全状态和人的不安全行为都是可以通过严格的监督管理来加以改进的。这就是《安全生产法》第一章第一条明确指出的，要“加强安全生产工作”，并把它作为立法目的的初衷。加强安全生产工作对于搞好安全生产的重要性，由此可见一斑。这和“防止和减少生产安全事故，保障人民群众生命和财产安全，促进经济社会持续健康发展”的立法目的是一致的。

6 简要说明《安全生产法》的适用范围。

答：法律的适用范围即法律的效力范围，就是法律在哪些范围内有效。准确地理解和掌握法律的适用范围，对于正确执法有着十分重要的意义。

《安全生产法》的适用范围是由该法第一章总则第二条规定的，即在中华人民共和国领域内从事生产经营活动的单位的安全生产，适用本法；有关法律、行政法规对消防安全和道路交通安全、铁路交通安全、水上交通安全、民用航空安全以及核与辐射安全、特种设备安全另有规定的，适用其规定。

7 《安全生产法》第一章总则中对生产经营单位的从业人员在安全生产方面的权利和义务有哪些规定？

答：从业人员是生产经营单位中从事生产经营活动的主体，按照宪法、劳动法等法律的规定，应当受到劳动保护，同时也应当遵守法律、法规和生产经营单位的规章制度，履行安全生产义务。因此，《安全生产法》在第一章总则第六条中规定：生产经营单位的从业人员有依法获得安全生产保障的权利，并应当依法履行安全生产方面的义务。同时，在第七条中还规定：工会依法对安全生产工作进行监督；依法组织职工参加本单位安全生产工作的民主管理和民主监督，维护职工在安全生产方面的合法权益。生产经营单位制定或者修改有关安全生产的规章制度，应当听取工会的意见。

生产经营单位中从业人员的具体权利和义务，在《安全生产法》第三章中有十分明确、具体的规定。

8 我国安全生产工作的基本方针是什么？

答：我国安全生产工作的基本方针是：

（1）安全第一。在生产经营活动中，在处理保证安全与实现生产经营活动的其他各项目标的关系上，要始终把安全特别是从业人员、其他人员的人身安全放在首要位置，实行“安全优先”的原则。

（2）预防为主。预防为主是安全生产工作的重要任务和价值所在，是实现安全生产的根本途径。

（3）综合治理。将综合治理纳入安全生产工作方针，标志着对安全生产的认识上升到一个新的高度，是贯彻落实新发展理念的具体体现。

（4）从源头上防范化解重大安全风险。习近平总书记指出，要健全风险防范化解机制，坚持从源头上防范化解重大安全风险，真正把问题解决在萌芽之时、成灾之前。

9 安全生产工作要建立什么样的机制？

答：《安全生产法》第三条中规定，安全生产工作实行管行业必须管安全、管业务必须管安全、管生产必须管安全，强化和落实生产经营单位主体责任与政府监督责任，建立生产经营单位负责、职工参与、政府监督、行业自律和社会监督的机制。

10 什么是生产经营单位的全员安全生产责任制？

答：全员安全生产责任制是根据我国的安全生产方针“安全第一、预防为主、综合治理”和安全生产法规建立的生产经营单位各级领导、职能部门、工程技术人员、岗位操作人员在劳动生产过程中对安全生产层层负责的制度。

全员安全生产责任制是生产经营单位岗位责任制的细化，是生产经营单位最基本的一项安全制度，也是生产经营单位安全生产、劳动保护管理制度的核心。全员安全生产责任制综合各种安全生产管理、安全操作制度，对生产经营单位及其各级领导、各职能部门、有关工程技术人员和生产工人在生产中应负的安全责任予以明确，主要包括各岗位的责任人员、责任范围和考核标准等内容。

在全员安全生产责任制中，主要负责人应对本单位的安全生产工作全面负责，其他各级管理人员、职能部门、技术人员和各岗位操作人员，应当根据各自的工作任务、岗位特点，确定其在安全生产方面应做的工作和应负的责任，并与奖惩制度挂钩。

实践证明，凡是建立、健全了全员安全生产责任制的生产经营单位，各级领导重视安全生产工作，切实贯彻执行党的安全生产方针、政策和国家的安全生产法规，在认真负责地组织生产的同时，积极采取措施，改善劳动条件，生产安全事故就会减少。反之，就会职责不清，相互推诿，而使安全生产工作无人负责，无法进行，生产安全事故就会不断发生。

11 安全生产标准化包含哪些方面的内容？

答：安全生产标准化包含安全目标、组织机构和人员、安全责任体系、安全生产投入、法律法规与安全管理制度、队伍建设、生产设备设施、科技创新与信息化、作业管理、隐患排查和治理、危险源辨识与风险控制、安全文化、应急救援、事故的报告和调查处理、绩效评定和持续改进等方面的内容。

12 什么是安全生产规划？什么是安全生产监督管理体制？

答：安全生产规划是各级人民政府制定的比较全面长远的安全生产发展计划，是对未来整体性、长期性、基本性问题的考量，设计未来整套行动的方案，具有综合性、系统性、时间性、强制性等特点。

安全生产监督管理体制是安全生产制度体系建设的重要内容。国务院应急管理部门和县级以上地方各级人民政府应急管理部门是对我国安全生产工作实施综合监督管理的部门，有关部门在各自职责范围内对有关行业、领域的安全生产工作实施监督管理。

13 在安全生产方面国务院和县级以上地方各级人民政府的职责是什么？

答：在安全生产方面国务院和县级以上地方各级人民政府的职责是：

（1）加强对安全生产工作的领导。

（2）建立健全安全生产工作协调机制。

（3）支持、督促各有关部门依法履行安全生产监督管理职责。

（4）及时协调、解决安全生产监督管理中存在的重大问题。

14 在《标准化法》中，标准分为哪几类？

答：在《标准化法》中，标准分为四类：国家标准、行业标准、地方标准和团体标企业标准。国家标准分为强制性标准、推荐性标准；行业标准、地方标准是推荐性标准。强制性标准必须执行，国家鼓励采用推荐性标准。

15 安全生产强制性国家标准的制定程序是什么？

答：安全生产强制性国家标准的制定程序是：国务院有关部门按照职责分工负责安全生产强制性国家标准的项目提出、组织起草、征求意见、技术审查。国务院应急管理部门统筹提出安全生产强制性国家标准的立项计划。国务院标准化行政主管部门负责安全生产强制性国家标准的立项、编号、对外通报和授权批准发布工作。

16 存在重大危险源的生产经营单位按照《安全生产法》应执行哪几项安全管理规定？

答：《安全生产法》第四十三条对重大危险源的安全管理作了以下规定，存在有重大危险源的生产经营单位应严格执行这些规定：

（1）生产经营单位对重大危险源应当登记建档。

（2）生产经营单位应当对重大危险源进行定期检测、评估、监控，并制定应急预案。

（3）生产经营单位应当告知从业人员和相关人员在紧急情况下应当采取的应急措施。

（4）生产经营单位应当按照国家有关规定，将本单位重大危险源及有关安全措施、应急措施报有关地方人民政府的应急管理部门和有关部门备案。

（5）有关地方人民政府的应急管理部门和有关部门应当通过相关信息系统实现信息

共享。

17 什么是特种作业？《安全生产法》对特种作业人员的安全资质和教育培训有何要求？

答：特种作业是指容易发生事故，对操作者本人、他人的安全健康及设备、设施的安全可能造成重大危害的作业。直接从事特种作业的从业人员称为特种作业人员。

原国家安全生产监督管理总局颁布的《特种作业人员安全技术培训考核管理规定》对特种作业人员的安全技术培训、考核、发证作了具体规定。

特种作业的范围：

（1）电工作业。

（2）焊接与热切割作业。

（3）高处作业。

（4）制冷与空调作业。

（5）煤矿安全作业。

（6）金属非金属矿山安全作业。

（7）石油天然气安全作业。

（8）冶金（有色）生产安全作业。

（9）危险化学品安全作业。

（10）烟花爆竹安全作业。

（11）原国家安全生产监督管理总局认定的其他作业。

特种作业危险性较大，一旦发生事故，对整个企业生产的影响较大，而且会带来严重的生命、财产损失。因此，《安全生产法》第三十条规定：生产经营单位的特种作业人员必须按照国家有关规定经专门的安全作业培训，取得相应资格，方可上岗作业。

18 什么是建设项目安全设施的“三同时”？《安全生产法》对建设项目的“三同时”制度有何规定？

答：《安全生产法》第三十一条规定：生产经营单位新建、改建、扩建工程项目（统称建设项目）的安全设施，必须与主体工程同时设计、同时施工、同时投入生产和使用；安全设施投资应当纳入建设项目概算。这条规定明确了建设工程项目设计、施工和投产时所必须遵循的基本原则，也就是通常所说的“三同时”。

第三十二条规定：矿山、金属冶炼建设项目和用于生产、储存、装卸危险物品的建设项目，应当按照国家有关规定进行安全评价。

第三十三条规定：建设项目安全设施的设计人、设计单位应当对安全设施设计负责。矿山、金属冶炼建设项目和用于生产、储存、装卸危险物品的建设项目的安全设施设计应当按照国家有关规定报经有关部门审查，审查部门及其负责审查的人员对审查结果负责。

第三十四条规定：矿山、金属冶炼建设项目和用于生产、储存、装卸危险物品的建设项目的施工单位必须按照批准的安全设施设计施工，并对安全设施的工程质量负责。矿山、金属冶炼建设项目和用于生产、储存、装卸危险物品的建设项目竣工投入生产或者使用前，应当由建设单位负责组织对安全设施进行验收；验收合格后，方可投入生产和使用。负有安全生产监督管理职责的部门应当加强对建设单位验收活动和验收结果的监督核查。

19 《安全生产法》对生产经营单位从业人员的安全生产教育和培训有何规定？

答：《安全生产法》第二十八条规定：生产经营单位应当对从业人员进行安全生产教育和培训，保证从业人员具备必要的安全生产知识，熟悉有关的安全生产规章制度和安全操作规程，掌握本岗位的安全操作技能，了解事故应急处理措施，知悉自身在安全生产方面的权利和义务。未经安全生产教育和培训合格的从业人员，不得上岗作业。

20 生产经营单位的主要负责人对本单位安全生产工作负有哪些职责？

答：生产经营单位的主要负责人对本单位安全生产工作负有下列职责：

（1）建立健全并落实本单位安全生产责任制，加强安全生产标准化建设。

（2）组织制定并实施本单位安全生产规章制度和操作规程。

（3）组织制定并实施本单位安全生产教育和培训计划。

（4）保证本单位安全生产投入的有效实施。

（5）组织建立并落实安全风险分级管控和隐患排查治理双重预防机制，督促、检查本单位的安全生产工作，及时消除生产安全事故隐患。

（6）组织制定并实施本单位的生产安全事故应急救援预案。

（7）及时、如实报告生产安全事故。

21 采用新工艺、新技术、新材料或者使用新设备时的安全生产教育培训内容是什么？

答：随着科学技术的不断发展和进步，各种各样的新工艺、新技术、新材料、新设备不断涌现，对从业人员需要进行新的安全技术和新的操作方法的教育与培训，以适应岗位作业的安全要求。《安全生产法》第二十九条规定：生产经营单位采用新工艺、新技术、新材料或者使用新设备，必须了解、掌握其安全技术特性，采取有效的安全防护措施，并对从业人员进行专门的安全生产教育和培训。

安全教育培训的主要内容包括以下几点：

（1）新工艺、新技术、新设备、新产品的安全技能及安全技术。

（2）新工艺的操作技能和新材料的特性。

（3）安全防护装置的使用和预防事故的措施。

22 《安全生产法》对生产经营单位设置安全生产管理机构及配备安全管理人员有何规定？

答：矿山、金属冶炼、建筑施工、运输单位和危险物品的生产、经营、储存、装卸单位，应当设置安全生产管理机构或者配备专职安全生产管理人员。其他生产经营单位，从业人员超过 100 人的，应当设置安全生产管理机构或者配备专职安全生产管理人员；从业人员在 100 人以下的，应当配备专职或兼职的安全生产管理人员。

《安全生产法》对生产经营单位安全生产管理人员提出了明确要求：

对于从事一些危险性较大的行业的生产经营单位或者是从业人员较多的生产经营单位，

应当有专门的人员从事安全生产管理工作，对生产经营单位的安全生产工作进行经常性检查，及时督促处理检查中发现的安全生产问题，及时监督排除生产事故隐患，提出改进安全生产工作的建议。

23 什么是特种设备？

答：特种设备是指对人身和财产安全有较大危险性的锅炉、压力容器（含气瓶）、压力管道、电梯、起重机械、客运索道、大型游乐设施、场（厂）内专用机动车辆，以及法律、行政法规规定适用特种设备安全法的其他特种设备。

国家对特种设备实行目录管理。特种设备目录由国务院负责特种设备安全监督管理的部门制定，报国务院批准后执行。

24 什么是危险物品？《安全生产法》对生产、经营、运输、储存、使用危险物品或者处置废弃危险物品应遵守哪些规定？

答：危险物品是指易燃易爆物品、危险化学品、放射性物品等能够危及人身安全和财产安全的物品。

《安全生产法》第三十九条规定：生产、经营、运输、储存、使用危险物品或者处置废弃危险物品的，由有关主管部门依照有关法律、法规的规定和国家标准或者行业标准审批并实施监督管理。生产、经营、运输、储存、使用危险物品或者处置废弃危险物品，必须执行有关法律、法规和国家标准或者行业标准，建立专门的安全管理制度，采取可靠的安全措施，接受有关主管部门依法实施的监督管理。

25 什么是重大危险源？《安全生产法》关于重大危险源的管理如何规定？

答：重大危险源是指长期地或者临时地生产、加工、搬运、使用或者储存危险物品，且危险物品的数量等于或者超过临界量的单元（包括场所和设施）。

《安全生产法》第四十条规定：生产经营单位对重大危险源应当登记建档，进行定期检测、评估、监控，并制定应急预案，告知从业人员和相关人员在紧急情况下应当采取的应急措施。

生产经营单位应当按照国家有关规定将本单位重大危险源及有关安全措施、应急措施报有关地方人民政府应急管理部门和有关部门备案。有关地方人民政府应急管理部门和有关部门应当通过相关信息系统实现信息共享。

26 什么是劳动防护用品？《安全生产法》对生产经营单位使用劳动防护用品有何规定？

答：劳动防护用品主要是指劳动者在生产过程中为免遭或者减轻事故伤害和职业危害所配备的防护装备。劳动防护用品又称劳动保护用品，一般指个人防护用品，国际上统称个人防护装备。

劳动防护用品的作用是使用一定的屏蔽体或系带、浮体，采取阻隔、封闭、吸收、分散、悬浮等手段，保护人体的局部或全身免受外来的侵害。为此，劳动防护用品必须严格保证质量，安全可靠，穿戴应舒适方便，不影响工效，还应经济耐用，适应经济发展需要。

《安全生产法》第四十五条规定：生产经营单位必须为从业人员提供符合国家标准或者行业标准的劳动防护用品，并监督、教育从业人员按照使用规则佩戴、使用。

27 什么是安全生产投入？包括哪些内容？

答：安全是具有效益的，安全活动要正常进行，必须有一定的经济投入。一般把投入安全活动的一切人力、物力和财力的总和称为安全生产投入。

在安全活动实践中，安全专责人员的配备、安全与卫生技术措施的投入、安全设施维护、保养及改造的投入、安全教育及培训的花费、个体劳动防护及保健费用、事故救援及预防、事故伤亡人员的救治花费等，都属于安全投入。

28 什么是劳动合同？订立劳动合同应遵循什么原则？哪些合同是无效的？

答：劳动合同是劳动者与用人单位确立劳动关系，明确双方权利和义务的协议。建立劳动关系应当订立劳动合同。

订立和变更劳动合同，应当遵循平等自愿、协商一致的原则，不得违反法律、行政法规的规定。

以下劳动合同是无效的：违反法律、行政法规的劳动合同；采取欺诈、威胁等手段订立的劳动合同；未载明对从业人员的工伤事故所承担责任的劳动合同；公开声明不承担或减轻对从业人员工伤事故所承担责任的劳动合同。

29 劳动合同中应包括哪些条款？

答：劳动合同应当以书面形式订立，并具备以下条款：

(1) 劳动合同期限；

(2) 工作内容；

(3) 劳动保护和劳动条件；

(4) 劳动报酬；

(5) 劳动纪律；

(6) 劳动合同终止条件；

(7) 违反劳动合同的责任。

劳动合同除以上规定的必备条件外，当事人可以协商约定其他内容，如劳动合同当事人可以在劳动合同中约定保守用人单位商业秘密的有关事项。

30 在什么情况下用人单位可以解除劳动合同？

答：从业人员有下列情形之一的，用人单位可以解除劳动合同：

(1) 在试用期间被证明不符合录用条件的。

(2) 严重违反劳动纪律或者用人单位规章制度的。

(3) 严重失职，营私舞弊，对用人单位利益造成重大损害的。

(4) 被依法追究刑事责任的。

有下列情形之一的，用人单位可以解除劳动合同，但是应当提前三十日以书面形式通知从业人员本人：

(1) 从业人员患病或者非因工负伤，医疗期满后，不能从事原工作也不能从事由用人单位另行安排工作的。

（2）从业人员不能胜任工作，经过培训或者调整工作岗位，仍不能胜任工作的。

（3）从业人员订立时所依据的客观情况发生重大变化，致使原劳动合同无法履行，经当事人协商不能就变更劳动合同达成协议的。

31 生产经营单位的从业人员在安全生产方面有何权利和义务？

答：生产经营单位从业人员在安全生产方面的权利有：

（1）生产经营单位的从业人员有权了解其作业场所和工作岗位存在的危险因素、防范措施及事故应急措施，有权对本单位的安全生产工作提出建议。

（2）从业人员有权对本单位安全生产工作中存在的问题提出批评、检举、控告；有权拒绝违章指挥和强令冒险作业。

生产经营单位不得因从业人员对本单位安全生产工作提出批评、检举、控告或者拒绝违章指挥、强令冒险作业而降低工资、福利等待遇或者解除与其订立的劳动合同。

（3）从业人员发现直接危及人身安全的紧急情况时，有权停止作业或者在采取可能的应急措施后撤离作业场所。

生产经营单位不得因从业人员在上述紧急情况下停止作业或者采取紧急撤离措施而降低其工资、福利等待遇或者解除与其订立的劳动合同。

（4）生产经营单位发生生产安全事故后，应当及时采取措施救治有关人员。因生产安全事故受到损害的从业人员，除依法享有工伤社会保险外，依照有关民事法律尚有获得赔偿权利的，有权向本单位提出赔偿要求。

生产经营单位从业人员的义务有：

（1）从业人员在作业过程中，应当严格落实岗位安全责任，遵守本单位的安全生产规章制度和操作规程，服从管理，正确佩戴和使用劳动防护用品。

（2）从业人员应当接受安全生产教育和培训，掌握本职工作所需要的安全生产知识，提高安全生产技能，增强事故预防和应急处理能力。

（3）从业人员发现事故隐患或者其他不安全因素，应当立即向现场安全生产管理人员或者本单位负责人报告；接到报告的人员应当及时予以处理。

32 应急管理部门和其他负有安全生产监督管理职责的部门依法对生产经营单位执行有关安全生产的法律、法规和国家标准或者行业标准的情况进行监督检查时，应行使哪些职权？

答：应急管理部门和其他负有安全生产监督管理职责的部门依法对生产经营单位执行有关安全生产的法律、法规和国家标准或者行业标准的情况进行监督检查时，应行使以下职权：

（1）进入生产经营单位进行检查，调阅有关资料，向有关单位和人员了解情况。

（2）对检查中发现的安全生产违法行为，当场予以纠正或者要求限期改正；对依法应当给予行政处罚的行为，依照本法和其他有关法律、行政法规的规定作出行政处罚决定。

（3）对检查中发现的事故隐患，应当责令立即排除；重大事故隐患排除前或者排除过程中无法保证安全的，应当责令从危险区域内撤出作业人员，责令暂时停产停业或者停止使用相关设施、设备；重大事故隐患排除后，经审查同意，方可恢复生产经营和使用。

(4) 对有根据认为不符合保障安全生产的国家标准或者行业标准的设施、设备、器材，以及违法生产、储存、使用、经营、运输的危险物品予以查封或者扣押，对违法生产、储存、使用、经营危险物品的作业场所予以查封，并依法作出处理决定。

监督检查不得影响被检查单位的正常生产经营活动。

33 《安全生产法》对行政执法监督各个环节都做了哪些规定?

答：负责安全生产监督管理职责的部门依照有关法律、法规的规定，对涉及安全生产事项需要审查批准（包括批准、核准、许可、注册、认证、颁发证照等）或者验收的，必须严格依照有关法律、法规和国家标准或者行业标准规定的安全生产条件和程序进行审查；不符合有关法律、法规和国家标准或者行业标准规定的安全生产条件的，不得批准或者验收通过。对未依法取得批准或者验收合格的单位擅自从事有关活动的，负责行政审批的部门发现或者接到举报后应当立即予以取缔，并依法予以处理。对已经依法取得批准的单位，负责行政审批的部门发现其不再具备安全生产条件的，应当撤消原批准。

34 安全生产监督检查人员的执法规定有哪些?

答：安全生产监督检查人员在执法时的规定有：

(1) 安全生产监督检查人员应当忠于职守，坚持原则，秉公执法。安全生产监督检查人员执行监督检查任务时，必须出示有效的行政执法证件；对涉及被检查单位的技术秘密和业务秘密，应当为其保密。

(2) 安全监督检查人员应当将检查的时间、地点、内容、发现的问题及其处理情况，作出书面记录，并由检查人员和被检查单位的负责人签字；被检查单位的负责人拒绝签字的，检查人员应当将情况记录在案，并向负有安全生产监督管理职责的部门报告。

35 生产经营单位发生生产安全事故后，应如何处理?

答：生产经营单位发生生产安全事故后，事故现场有关人员应当立即报告本单位负责人。单位负责人接到事故报告后，应当迅速采取有效措施，组织抢救，防止事故扩大，减少人员伤亡和财产损失，并按照国家有关规定立即如实报告当地负有安全生产监督管理职责的部门，不得隐瞒不报、谎报或者迟报，不得故意破坏事故现场、毁灭有关证据。

36 事故调查处理应当遵照哪些原则?

答：事故调查处理应当按照科学严谨、依法依规、实事求是、注重实效的原则，及时、准确地查清事故原因，查明事故性质和责任，评估应急处置工作，总结事故教训，提出整改措施，并对事故责任单位和人员提出处理建议。事故调查报告应当依法及时向社会公布。事故调查和处理的具体办法由国务院制定。

37 《安全生产法》规定的行政处罚分别由哪些部门决定?

答：《安全生产法》规定的行政处罚，由应急管理部门和其他负有安全生产监督管理职责的部门按照职责分工决定；予以关闭的行政处罚，由负有安全生产监督管理职责的部门报请县级以上人民政府按照国务院规定的权限决定；给予拘留的行政处罚，由公安机关依照治安管理处罚条例的规定决定。有关法律、行政法规对行政处罚的决定机关另有规定的，依照其规定。

第二节　安全工作规程知识

1 我国安全生产的基本方针是什么？如何正确对待违反《电业安全工作规程》（热力和机械部分）的命令、事和人？

答：我国安全生产的基本方针是：安全第一、预防为主、综合治理。

安全生产人人有责；要充分发动群众、依靠群众；要发挥安全检察机构和群众性的安全组织的作用，严格监督《电业安全工作规程》（热力和机械部分）（以下简称《安规》）的贯彻执行。各级领导人员不准发出违反《安规》的命令。工作人员接到违反《安规》的命令应拒绝执行。任何工作人员除自己认真执行《安规》外，还应督促周围人员遵守《安规》。如发现有违反《安规》，并足以危及人身和设备安全时，应立即制止。对违反《安规》者，应认真分析，加强教育，分别情况，严肃处理。对造成严重事故者，应按情节轻重予以行政或刑事处分。

2 全员安全生产责任制的主要内容包括哪几个方面？

答：全员安全生产责任制的主要内容包括以下5个方面：

（1）生产经营单位的各级负责生产和经营的管理人员，在完成生产或经营任务的同时，对保证生产安全负责。

（2）各职能部门的人员，对自己业务范围内有关的安全生产负责。

（3）班组长、特种作业人员对其岗位的安全生产工作负责。

（4）所有从业人员应在自己本职工作范围内做到安全生产。

（5）各类安全责任的考核标准以及奖惩措施。

3 事故分析“四不放过”的原则是什么？

答：事故分析“四不放过”的原则是：

（1）事故原因不清楚不放过。

（2）事故责任者和应受教育者没有受到教育不放过。

（3）没有采取防范措施不放过。

（4）事故责任者未受到处罚不放过。

4 企业的三级安全网是指什么？

答：企业的三级安全网是指单位安全监督人员、车间安全员、班组安全员。

5 企业安全监督机构的职责有哪些？

答：企业安全监督机构的职责有：

（1）监督企业各级人员安全生产责任制的落实；监督各项安全生产规章制度和上级有关安全工作指示的贯彻执行。

（2）根据企业的生产经营特点，对安全生产状况进行经常性检查。

（3）监督涉及人身安全的防护状况，涉及设备、设施安全的技术状况。对监督检查中发现的重大问题和隐患，及时下达安全监督整改通知书，限期解决，并向企业第一安全责任人汇报。

（4）会同工会、劳动人事等部门组织编制企业安全技术劳动保护措施计划并监督所需费用的提取和使用情况。

（5）监督单位安全培训计划的落实；组织或配合《电业安全工作规程》的考试和安全网活动。

（6）参加和协助单位领导或上级部门组织的事故调查，监督“四不放过”原则的贯彻落实情况；完成事故统计、分析、上报工作并提出考核意见。

（7）对安全生产工作中做出贡献者和事故有关责任人，提出奖励和处罚意见。

（8）参与工程和技改项目的设计审查、施工队伍资质审查和竣工验收以及有关科研成果鉴定等工作。

6 安全监督人员的职权有哪些？

答：安全监督人员的职权为：

（1）有权进入生产区域、施工现场、控制室检查了解安全情况。对检查中发现的问题，有权责令有关部门进行整改，对重大事故隐患排除前或排除过程中无法保证安全的，有权做出停止工作或撤离工作人员的决定和建议。

（2）有权制止违章指挥、违章作业、违反生产现场劳动纪律的行为。

（3）有权要求保护事故现场，有权向单位任何人员调查了解事故的有关情况和提取事故原始资料，有权对事故现场进行拍照、录音、录像等。

（4）对事故的调查分析结论和处理有不同意见时，有权提出或向上级安全监督机构反映；对违反规定，隐瞒事故或阻碍事故调查的行为有权纠正或越级反映。

7 新上岗（包括转岗）员工必须经过哪些培训，并经考试合格后方可上岗？

答：新上岗（包括转岗）员工必须经过下列培训，并经考试合格后方可上岗：

（1）运行人员（含调度、技术人员），必须经过生产规程制度的学习、现场见习和跟班实习。

（2）检修、试验人员（含技术人员），必须经过检修、试验规程的学习和跟班实习。

（3）直接从事生产作业和操作的人员，必须经过监护下作业、操作，通过综合测评合格后，方可独立工作。

（4）特种作业人员，必须经过国家规定的专业培训，取得特种作业操作资格证书，方可上岗作业。

8 在岗员工应进行哪些培训？

答：在岗人员应进行以下培训：

（1）在岗员工应定期进行有针对性的现场考问、反事故演习、技术问答、事故预想等现场培训活动。

（2）离开运行岗位三个月及以上的值班人员，必须经过熟悉设备系统、熟悉运行方式的跟班实习，并经《电业安全工作规程》、现场操作规程考试合格后，方可上岗工作。

（3）员工调换岗位、所操作设备中技术条件发生变化，必须进行适应新岗位、新操作方法的安全技术教育和实际操作训练，经过考试合格后，方可上岗。

（4）220MW 及以上机组主要岗位运行人员、调度人员和 220kV 及以上变电站的值班人员，应创造条件进行仿真系统的培训。

（5）所有员工应每年进行一次触电现场急救方法的培训，熟练掌握触电现场急救方法；所有员工必须掌握消防器材的使用方法。

（6）从事危险化学物品运输、管理、使用的人员应经过专业的培训，掌握危险化学物品的性质和有关技术要求及使用方法。

（7）设备更新、改造过程应对有关生产人员和管理人员进行严格的培训，使之掌握其更新、改造后的设备安全技术特性、操作方法和事故应急处理程序。

9 什么是“三违”行为？

答：“三违”行为是指违章指挥、违章作业（操作）、违反劳动纪律的行为。

10 电力系统应重点防止的重大事故有哪些？

答：电力系统应重点防止的重大事故有：人身死亡；大面积停电；大电网瓦解；电厂垮坝；主设备严重损坏；重大火灾和核泄漏等事故。

11 企业安全生产目标三级控制的内容是什么？

答：企业安全生产目标三级控制内容为：

（1）企业控制重伤和事故，不发生人身死亡、重大设备损坏和电网事故。

（2）车间（含工区、工地）控制轻伤和障碍，不发生重伤和事故。

（3）班组控制未遂和异常，不发生轻伤和障碍。

12 两票、三制分别是指什么？

答：两票是指工作票、操作票。

三制是指交接班制度、巡回检查制度、设备定期试验轮换制度。

13 《安全生产工作规定》中规定的例行工作有哪些？

答：《安全生产工作规定》中规定的例行工作有：

（1）班前会和班后会。

（2）安全日活动。

（3）安全分析会。

（4）安全监督和安全网例会。

（5）安全检查。

（6）安全简报。

14 班前会和班后会的主要内容是什么？

答：班前会：接班（开工）前，结合当班运行方式和工作任务，做好危险因素分析，布置相应安全措施，交代注意事项，并作好记录。

班后会：总结讲评当班工作和安全情况，表扬好人好事，批评忽视安全、违章作业等不良现象，并作好记录。

15 安全日活动有何要求？

答：班组每周或每个轮值进行一次安全日活动，活动内容应联系实际，有针对性，并作好记录。部门领导应参加并检查活动情况。

16 安全分析会有何要求？

答：国家电网公司分公司、各集团公司、省电力公司应每季进行一次安全分析会；发电、供电及施工企业应每月进行一次安全分析会，综合分析安全生产形势，及时总结事故教训及安全生产管理上存在的薄弱环节，研究采取预防事故的对策。会议应有安全第一责任人主持，有关部门负责人参加。

17 电力企业现场规程、制度在修订、复查方面有何要求？

答：电力企业应及时修订、复查现场规程、制度：

（1）当上级颁发新的规程和反事故技术措施，设备系统变动，本企业事故防范措施需要时，应及时对现场规程进行补充或对有关条文进行修订，书面通知有关人员。

（2）每年应对现场规程进行一次复查、修订，并书面通知有关人员；不需修订的，也应出具复查人、批准人签名的“可以继续执行”的书面文件，通知有关人员。

（3）现场规程宜每 3～5 年进行一次全面修订、审定并印发。

（4）现场规程补充或修订，应严格履行审批手续。

18 安全检查的方法有哪些？

答：安全检查的一般方法有四种：

（1）经常性检查。指安全监察人员、部门和班组技术人员对安全工作所进行的检查。其目的是辨别生产过程中的不安全状态和人的不安全行为，并通过检查加以控制和整改，以防止事故发生。

（2）定期检查。指企业或主管部门根据生产活动情况组织的全面安全检查，如季节性检查（春检、迎检）、季度检查、年中或年终检查等。

（3）专业性检查。根据设备和工艺特点进行的专业检查，如锅炉压力容器检查、防火防爆检查等。

（4）群众性检查。指发动群众普遍进行的安全检查。

19 生产工作与安全工作的“五同时”是指什么？

答：各企业要贯彻“管生产必须管安全”的原则，生产工作与安全工作的“五同时”是指计划、布置、检查、总结、考核生产工作的同时，计划、布置、检查、总结、考核安全工作。

20 安全标志由哪几部分构成？主要有哪几类？

答：安全标志是由安全色、几何图形和图形符号构成的，用来表达特定的安全信息。补充标志是安全标志的文字说明，它必须与安全标志同时使用。

安全标志主要有禁止标志、警告标志、指令标志和提示标志四类。

21 禁止标志的含义是什么？主要有哪些？

答：禁止标志用于提示现场人员禁止的行为。其几何图形为带斜杠的圆形环，圆形环与斜杠为红色，图形符号为黑色，其背景为白色。

禁止标志主要有："禁止烟火""氢冷机组严禁烟火""禁止带火种""禁止操作，有人工作""禁止合闸，有人工作""禁止攀登""禁止跨越""禁止吸烟""未经许可不得入内、禁止游泳、禁止使用无线通信等"。

22 警告标志的含义是什么？主要有哪些？

答：警告标志用于提示现场工作人员注意危险。几何图案为"△"，三角形的边框和图形符号为黑色，其背景为黄色。

警告标志主要有：止步高压危险、当心触电、当心中毒、当心腐蚀、当心坑洞、当心坠落、当心落物、小心火车等。

23 指令标志的含义是什么？主要有哪些？

答：指令标志用于说明现场工作人员必须遵守的事项。几何图案为"○"，图形符号为白色，其背景为蓝色。

指令标志主要有：必须戴安全帽、必须系安全带、必须戴防护眼镜、佩戴防护手套、进入密闭场所注意通风等。

24 提示标志的含义是什么？主要有哪些？

答：提示标志用于提示现场工作人员。几何图形为"□"，图形符号为白色，其背景色为绿色。

提示标志主要有：在此工作、从此上下等。

25 "两措"计划是指什么？其编制的依据是什么？

答："两措"计划是指反事故措施计划和安全技术劳动保护措施计划，简称反措计划、安措计划。

反措计划应根据上级颁发的反事故技术措施、需要消除的重大缺陷、提高设备可靠性的技术改进措施以及本企业事故防范对策进行编制。

安措计划应根据国家、行业、电力公司颁发的标准，从改善劳动条件、防止伤亡事故、预防职业病等方面进行编制。项目安全施工措施应根据施工项目的具体情况，从作业方法、施工机具、工业卫生、作业环境等方面进行编制。

安全性评价结果应作为制定两措计划的重要依据。防汛、抗震、防台风等应急预案所需项目，可作为制定和修订反措计划的依据。反措计划应纳入检修、技改计划。

26 《安规》中对生产厂房内外工作场所的井、坑、孔、洞或沟道有什么规定？

答：生产厂房内外工作场所的井、坑、孔、洞或沟道，必须覆以与地面齐平的坚固的盖板。在检修工作中如需将盖板取下，必须设临时围栏。临时打的孔、洞，施工结束后，必须恢复原状。

27 《安规》中对生产厂房内外工作场所的照明有什么规定？

答：生产厂房内外工作场所的常用照明，应该保证足够的亮度。在装有水位计、压力表、真空表、温度表、各种记录仪表等的仪表盘、楼梯、通道以及所有靠近机器转动部分和高温表面等的狭窄地方的照明，尤须光亮充足。

在操作盘、重要表计（如水位计等）、主要楼梯、通道等地点，还必须设有事故照明。

此外，还应在工作地点备有相当数量的完整的手电筒，以便必要时使用。

28 生产厂房及仓库应备有哪些必要的消防设备？

答：生产厂房及仓库应有必要的消防设备，如消防栓、水龙带、灭火器、砂箱、石棉布和其他消防工具等。消防设备应定期检查和试验，保证随时可用。不准将消防工具移作他用。

29 对高温管道、容器等设备上的保温有哪些要求？

答：所有高温管道、容器等设备上都应有保温，保温层应保证完整。当室内温度在25℃时，保温层表面的温度一般不超过50℃。

30 《安规》中对生产厂房内的油管道法兰和阀门有何规定？

答：（1）在管道的法兰盘和阀门的周围，如铺设有热管道或其他热体，为了防止漏油而引发火灾，必须在这些热体保温层外面再包上铁皮。

（2）检修或运行中，如有漏油到保温层上，应将保温层更换。

（3）油管道应尽量少用法兰盘连接。在热体附近的法兰盘，必须装金属罩壳。禁止使用塑料垫或胶皮垫。

（4）油管道的法兰和阀门以及轴承、调速系统等应保持严密不漏油。如有漏油现象，应及时修好；漏油应及时拭净，不允许任其留在地面上。

31 生产厂房内的电梯应符合哪些规定？

答：生产厂房内装设的电梯应符合：

（1）生产厂房装设的电梯，在使用前应经有关部门检验合格，取得合格证并制订安全使用规定和定期检验维护制度。

（2）电梯应有专责人负责维护管理。

（3）电梯的安全闭锁装置、自动装置、机械部分、信号照明等有缺陷时必须停止使用并采取必要的安全措施，防止高空摔跌等伤亡事故。

32 热机工作人员都应学会哪些急救方法？

答：所有热机工作人员都应学会触电、窒息急救法，心肺复苏法，并熟悉有关烧伤、烫伤、外伤、气体中毒等急救常识。

发现有人触电，应立即切断电源，使触电人脱离电源，并进行急救。如在高空工作，抢救时，必须注意防止高空坠落的危险。

33 热机工作人员的工作服有什么规定？

答：热机工作人员的工作服应符合：

（1）工作人员的工作服不应有可能被转动的机器绞住的部分；工作时必须穿工作服，衣服和袖口必须扣好；禁止戴围巾和穿长衣服。

（2）工作服禁止使用尼龙、化纤或棉、化纤混纺的衣料制作，以防工作服遇火燃烧加重烧伤程度。

（3）工作人员进入生产现场禁止穿拖鞋、凉鞋；女工作人员禁止穿裙子、穿高跟鞋，辫子、长发必须盘在工作帽内。

（4）做接触高温物体的工作时，应戴手套和穿专用的防护工作服。

（5）任何人进入生产现场（办公室、控制室、值班室和检修班组室除外），必须戴安全帽。

34 《安规》中对机器的转动部分有什么规定？

答：机器的转动部分必须装有防护罩或其他防护设备（如栅栏），露出的轴端必须设有护盖，以防绞卷衣服。禁止在机器转动时，从靠背轮和齿轮上取下防护罩或其他防护设备。

35 转动机械检修前，应做好哪些安全措施？

答：在机器完全停止以前，不准进行修理工作，修理中的机器应做好防止转动的安全措施，如：切断电源（电动机的断路器、隔离开关或熔丝应拉开，开关操作电源的熔丝也应取下）、切断风源、水源、气源；所有有关闸板、阀门等应关闭；上述地点都挂上警告牌。必要时还应采取可靠的制动措施。检修工作负责人在工作前，必须对上述安全措施进行检查，确认无误后，方可开始工作。

36 《安规》中对机器清扫作了哪些规定？

答：禁止在运行中清扫、擦拭和润滑机器的旋转和移动的部分，以及把手伸入栅栏内。清拭运转中机器的固定部分时，不准把抹布缠在手上或手指上使用，只有在转动部分对工作人员没有危险时，方可允许用长嘴油壶或油枪往油盅和轴承里加油。

37 生产现场禁止在哪些地方行走和坐立？

答：生产现场禁止在栏杆上、管道上、靠背轮上、安全罩上或运行中设备的轴承上行走和坐立，如必须在管道上坐立才能工作时，必须做好安全措施。

38 应尽可能避免靠近和长时间停留的地方有哪些？

答：应尽可能避免靠近和长时间地停留在可能受到烫伤的地方，如汽、水、燃油管道的法兰盘、阀门、煤粉系统和锅炉烟道的人孔及检查孔和防爆门、安全门、除氧器、热交换器、汽鼓的水位计等处。如因工作需要，必须在这些处所长时间停留时，应做好安全措施。

设备异常运行可能危及人身安全时，应停止设备运行。在停止运行前除必需的运行维护人员外，其他清扫、油漆等作业人员以及参观人员不准接近该设备或在该设备附近逗留。

39 遇有电气设备着火时，应采取哪些措施？

答：遇有电气设备着火时，应采取的措施为：

（1）遇有电气设备着火时，应立即将有关设备的电源切断，然后进行救火。

（2）对可能带电的电气设备以及发电机、电动机等，应使用干式灭火器、二氧化碳灭火器或 1211 灭火器灭火，对油开关、变压器（已隔绝电源）可使用干式灭火器、1211 灭火器等灭火，不能扑灭时再用泡沫式灭火器灭火，不得已时可用干砂灭火；地面上的绝缘油着火，应用干砂灭火。

（3）扑救可能产生有毒气体的火灾（如电缆着火等）时，扑救人员应使用正压式消防空气呼吸器。

40 防火工作的“四懂四会”是指什么？

答：四懂：懂火灾危险性、懂预防措施、懂扑救方法、懂自救逃生方法。

四会：会使用消防器材、会处理事故、会报火警、会组织疏散逃生。

41 防火重点部位是指哪些地点？

答：防火重点部位是指火灾危险性大、发生火灾损失大、伤亡大、影响大（以下简称“四大”）的部位和场所。一般指燃料油罐区、控制室、调度室、通信机房、计算机房、档案室、锅炉燃油及制粉系统、汽轮机油系统、氢气系统及制氢站、变压器、电缆间及隧道、蓄电池室、易燃易爆物品存放场所，以及各单位主管认定的其他部位和场所。

42 现场动火级别如何划分？

答：各单位根据火灾“四大”原则自行划分，一般分为二级。

（1）一级动火区，是指火灾危险性很大，发生火灾时后果很严重的部位或场所。

（2）二级动火区，是指一级动火区以外的所有防火重点部位或场所以及禁止明火区。

43 现场动火工作应遵循哪些原则？

答：现场动火工作应遵循以下原则：

（1）有条件拆下的构件，如油管、法兰等应拆下来移至安全场所。

（2）可以采用不动火的方法代替而同样能够达到效果时，尽量采用代替的方法处理。

（3）尽可能地把动火的时间和范围压缩到最低限度。

44 动火工作票中，所列各级人员各应审查哪些内容？

答：动火工作票中，各级人员应审查的内容为：

（1）工作票签发人应负责：①工作的必要性；②工作是否安全；③工作票上所填安全措施是否正确完备。

（2）工作负责人应负责：①正确安全地组织动火工作；②检修应做的安全措施并使其完善；③向有关人员布置动火工作，交待防火安全措施和进行安全教育；④始终监督现场动火工作；⑤办理动火工作票开工和终结；⑥动火工作中断、终结时检查现场有无残留火种。

（3）工作许可人应审查：①工作票所列安全措施是否正确完备，是否符合现场条件；②动火设备与运行设备是否确已隔断；③向工作负责人交待运行所作的安全措施是否完善。

（4）消防监护人应审查：①动火现场配备必要的、足够的消防设施；②检查现场消防安全措施是否完善和正确；③测定或指定专人测定动火部位或现场可燃性气体和可燃液体的可燃蒸气含量或粉尘浓度符合安全要求；④始终监视现场动火作业的动态，发现失火及时扑救；⑤动火工作间断、终结时检查现场无残留火种。

（5）动火执行人负责：①动火前必须收到经审核批准且允许动火的动火工作票；②按本工种规定的防火安全要求做好安全措施；③全面了解动火工作任务和要求，并在规定的范围内执行动火；④动火工作间断、终结时清理并检查现场无残留火种。

45 遇到何种情况时严禁动火作业？

答：遇到以下情况之一时，严禁动火：

（1）油船、油车停靠的区域。

（2）压力容器或管道未泄压前。

（3）存放易燃易爆物品的容器未清理干净前。

（4）风力达到5级以上的露天作业。

（5）遇有火险异常情况未查明原因和消险前。

46 动火工作票如何执行？

答：动火工作票要用钢笔或圆珠笔填写，应正确清楚，不得任意涂改。如有个别错、漏字需要修改时应字迹清楚。

动火工作票至少一式三份，一份由工作负责人收执；一份由动火执行人收执。动火工作终结后应将这两份工作票交还给动火工作签发人。一级动火工作票应有一份保存在厂安监部门。二级动火工作票应有一份保存在动火部门。若动火工作与运行有关时，还应多一份交运行人员收执。

动火工作票不得代替设备检修工作票。

动火工作票签发人不得兼任该项工作的工作负责人。动火工作负责人可以填写动火工作票。动火工作票的审批人、消防监护人不得签发动火工作票。

47 简述常用消防器材的适用范围。

答：常用消防器材的适用范围为：

（1）泡沫灭火器。扑救油脂类、石油类产品及一般固体物质的初起火灾。

（2）CO_2 灭火器。扑救贵重设备、档案资料、仪器仪表、600V以下的电器及油脂等的火灾。但不适用于扑灭某些化工产品（如金属钾、钠等）的火灾。

（3）干粉灭火器。扑救石油及其产品、可燃气体和电气设备的初起火灾。

（4）1211灭火器。扑救油类、精密机械设备、仪表、电子仪器设备及文物、图书、档案等贵重物品的初起火灾。

48 燃烧三要素是指什么？

答：燃烧三要素是指要有可燃物质；要有助燃物质；要有足够的温度和热量（或明火）。以上三个条件必须同时具备，并且相互结合、相互作用，燃烧才能发生。

49 油管道着火如何扑救？

答：油管道着火的扑救方法为：

（1）油管道泄漏、法兰垫破裂，喷油遇到热源起火，应立即关闭阀门，隔绝油源或设法用挡板改变油喷射方向，不使其继续喷向火焰和热源上。

（2）使用泡沫、干粉等灭火器扑救或用石棉布覆盖灭火，大面积火灾可用蒸汽或水喷射灭火，地面上着火可用砂子、土覆盖灭火。附近的电缆沟、管道沟有可能受到火势蔓延的危险时，应迅速用砂子或土堆堵，防止火势扩大。

50 储煤场、皮带、原煤仓着火如何扑救？

答：储煤场、皮带、原煤仓着火应分别采取以下方法灭火：

（1）储煤场煤堆着火时用水扑救。

（2）皮带着火应立即停止皮带运行，用现场灭火器材或用水从着火皮带两端向中间逐渐扑救，同时可采取阻止火焰蔓延的措施，如在皮带上覆盖砂土。

（3）原煤仓着火应用水喷雾或泡沫灭火器灭火。

51 《安规》中对在金属容器内工作时有什么规定？

答：在金属容器（如汽包、凝汽器、槽箱等）内工作时，必须使用24V以下的电气工具，否则需使用Ⅱ类（结构符号——回）工具，装设额定动作电流不大于15mA、动作时间不大于0.1s的剩余电流动作保护器，且应设专人在外不间断地监护。剩余电流动作保护器、电源连接器和控制箱等应放在容器外面。

52 对在容器内进行工作的人员有何要求？

答：对在容器内工作人员的要求为：

（1）凡在容器、槽箱内进行工作的人员，应根据具体工作性质，事先学习必须注意的事项（如使用电气工具应注意事项、气体中毒、窒息急救法等），做好安全措施。

（2）从事这项工作的人员不得少于两人，其中一人在外面监护。在可能产生有害气体的情况下，则工作人员不得少于三人，其中两人在外面监护。

（3）监护人应站在能看到或能听到容器内工作人员的地方，以便随时进行监护。

（4）监护人不准同时担任其他工作。

（5）工作人员应轮换工作和休息。

（6）在容器、槽箱内，如需站在梯子上工作时，工作人员应使用安全带，绳子的一端拴在外面牢固的地方。

（7）如在容器内衬胶、涂漆、刷环氧玻璃钢等工作，对这项工作有过敏性的人员不能参加。

53 对进行焊接工作的人员有何要求？

答：对进行焊接工作人员的要求是：未受过专门训练的人员不准进行焊接工作。焊接锅炉承压部件、管道及承压容器等设备的焊工，必须按照锅炉监察规程（焊工考试部分）的要求，经过基本考试和补充考试合格，并持有合格证，方可允许工作。焊接人员工作时必须穿上工作服、工作鞋。

54 使用行灯应注意哪些事项？

答：使用行灯应注意如下事项：

（1）行灯电压不准超过 36V。在特别潮湿或周围均属金属导体的地方工作时，如在汽包、凝汽器、加热器、蒸发器、除氧器以及其他金属容器或水箱等内部，行灯的电压不准超过 12V。

（2）行灯电源应由携带式或固定式的降压变压器供给，变压器不准放在汽包、燃烧室及凝汽器等的内部。

（3）携带式行灯变压器的高压侧应带插头，低压侧带插座，并采用两种不能互相插入的插头。

（4）行灯变压器的外壳须有良好的接地线，高压侧最好使用三相插头。

55 《安规》中对大锤和手锤的使用有何规定？

答：大锤和手锤的锤头必须完整，其表面必须光滑微凸，不得有歪斜、缺口、凹入及裂纹等情形。大锤及手锤的柄须用整根的硬木制成，不准用大木料劈开制作，应装得十分牢固，并将头部用楔栓固定。锤把上不可有油污。不准戴手套或用单手抡大锤，周围不准有人靠近。

56 在检修热交换器前应做好哪些工作？

答：只有经过分场领导批准和得到运行班长的许可后，才能进行热交换器的检修工作。

在检修前为了避免蒸汽或热水进入热交换器内，应将与热交换器相连的管道、设备、疏水管和旁路管等可靠地切断，所有被隔断的阀门应上锁，并挂上警告牌。检修工作负责人应检查上述措施符合要求后，方可开始工作。

检修前必须把热交换器内的蒸汽和水放掉，疏水门应打开。在松开法兰螺钉时应当特别小心，避免正对法兰站立，以防有水汽冲出伤人。

57 为什么要严格执行工作票制度？

答：在生产现场进行检修或安装工作时，为了能保证有安全的工作条件和设备的安全运行，防止发生事故，发电厂各分场以及有关的施工基建单位，必须严格执行工作票制度。

58 哪些人应负工作的安全责任？

答：应负工作的安全责任的人有：

（1）工作票签发人。

（2）工作票许可人。

（3）工作负责人。

注：整台机组的检修工作，除各个班组应有工作负责人外，有关分场应指定一个工作领导人，领导全部检修工作，并对工作的安全负责。

59 工作票签发人应对哪些事项负责？

答：工作票签发人应对以下事项负责：

（1）工作票是否必要和可能。

（2）工作票上所填写的安全措施是否正确和完善。

（3）经常到现场检查工作是否安全地进行。

60 工作负责人应对哪些事项负责?

答：工作负责人应对如下事项负责：

（1）正确和安全地组织工作。

（2）对工作人员进行必要的指导。

（3）随时检查工作人员在工作过程中是否遵守《安规》和采取安全措施。

61 工作许可人应对哪些事项负责?

答：工作许可人应对如下事项负责：

（1）检修设备与运行设备确已隔断。

（2）安全措施确已完善和正确地执行。

（3）对工作负责人正确说明哪些设备有压力、高温和有爆炸危险等。

62 接收工作票有什么规定?

答：接收工作票的规定为：

（1）工作票一般应在开工前一天，当日消除缺陷的工作票应在开工前 1h，送交运行班长。由运行班长对工作票全部内容进行审查，必要时填好补充安全措施，确认无问题后记上收到工作票时间，并在接票人处签名。

（2）审查发现问题，应向工作负责人询问清楚，如安全措施有错误或重要遗漏，工作票签发人应重新签发工作票。

（3）运行签收工作票后，应在工作票登记簿上进行登记。

（4）必须经过值长或单元长审批的工作票，应由发电厂做出明确规定，印发运行班组及有关车间科室。

63 什么情况下可不填写工作票?

答：在发生故障的情况下，以及夜间必须临时进行检修工作时，经值长许可后，可以没有工作票即进行抢修，但须由运行班长（或值长）将采取的安全措施和没有工作票而必须进行工作的原因记在运行日志内。

64 布置和执行工作票安全措施有什么规定?

答：布置和执行工作票安全措施的规定为：

（1）根据工作票计划开工时间、安全措施内容、机组启停计划和值长或单元长意见，由班长在适当时候布置运行值班人员执行工作票所列安全措施。重要措施（由发电厂自定）应由班长或主值班员监护执行。

（2）安全措施中如需由电气值班人员执行断开电源措施时，热机运行班长应填写停电联系单，送电气运行班长，据此布置和执行断开电源措施。措施执行完毕，填好措施完成时间、执行人签名后，将停电联系单退给热机运行班长并做好记录；如电气和热机为非集中控制，措施执行完毕，填好措施完成时间，执行人签名后，可用电话通知热机运行班长，并在联系单上记录受话的热机班长姓名。停电联系单可保存在电气运行班长处备查，热机运行班长接到通知后应做好记录。

如果工作负责人符合和工作许可人共同到现场（配电室）检查安全措施确已正确地执行，则可不使用停电联系单。

（3）安全措施全部执行完毕应报告运行班长，经运行班长了解执行情况无误后，联系工作负责人办理开工手续。

65 工作票中“运行人员补充安全措施”一栏，应主要填写什么内容？

答：工作票中“运行人员补充安全措施”一栏，应主要填写以下内容：

（1）由于运行方式和设备缺陷（如截门不严等）需要扩大隔断范围的措施。

（2）运行值班人员需要采取的保障检修现场人身安全和设备运行安全的运行措施。

（3）补充工作票签发人提出的安全措施。

（4）提示检修人员的安全注意事项。

（5）如无补充措施，应在本栏中填写“无补充”，不得空白。

66 工作票许可开工有什么规定？

答：工作票许可开工的规定为：

（1）《安规》关于“检修工作开始前，工作许可人和工作负责人应共同到现场检查安全措施”的规定，必须认真执行。

（2）工作许可人将工作票一份交工作负责人，自持一份共同到施工现场，由工作许可人向工作负责人详细交待安全措施布置情况和安全注意事项。工作负责人对照工作票检查安全措施无误后，双方在工作票上签字并记上开工时间，工作许可人留存一份，工作负责人自持一份，作为得到开工的凭证。工作负责人即可带领工作人员进入施工现场。

67 工作票延期有什么规定？

答：工作票延期的规定为：

（1）工作任务不能按批准完工期限完成时，工作负责人一般应在批准完工期限前2h向工作许可人（班长、单元长或值长）申明理由，办理延期手续。

（2）2日及以上的工作应在批准期限前一天办理延期手续。

（3）延期手续只能办理一次，如需再延期，应重新签发工作票，并注明原因。

68 工作结束前如遇到哪些情况，应重新签发工作票，并重新进行许可工作的审查程序？

答：工作结束前如遇下列情况，应重新签发工作票，并重新进行许可工作的审查程序：

（1）部分检修的设备将加入运行时。

（2）值班人员发现检修人员严重违反《安规》或工作票内所填写的安全措施，制止检修人员工作并将工作票收回时。

（3）必须改变检修与运行设备的隔断方式或改变工作条件时。

69 检修设备试运有哪些规定?

答：检修设备试运的规定为：

(1) 对需要经过试运检验施工质量后方能交工的工作，或工作中间需要启动检修设备时，如不影响其他工作班组安全措施范围的变动，工作负责人在试运前应将全体工作人员撤至安全地点，然后将所持工作票交工作许可人。

(2) 工作许可人认为可以进行试运时，应将试运设备检修工作票有关安全措施撤除，检查工作人员确已撤出检修现场后，联系恢复送电，在确认不影响其他作业班组安全的情况下，进行试运。如送电操作需由电气值班人员进行时，热机运行班长应填好“送电联系单”，交电气运行班长布置撤除安全措施及恢复送电。送电后，在联系单上记下送电完毕时间，执行人签名后由电气运行班长通知热机运行班长“可以试运”，并在联系单上记录受话人姓名。“送电联系单”保存在电气运行班。

(3) 试运后尚需工作时，工作许可人按工作票要求重新布置安全措施，并会同工作负责人重新履行工作许可手续后，工作负责人方可通知工作人员继续进行工作。如断开电源措施需由电气值班人员进行时，仍应由热机运行班长填写“停电联系单”，交电气运行班长联系停电。只有在收到已执行断开电源措施后的停电联系单，或接到电气运行班长电话通知断开电源措施已执行时（并做好记录），方可会同工作负责人重新履行工作许可手续。

(4) 如果试运后工作需要改变原工作票安全措施范围时，应重新签发新的工作票。

70 工作票终结有哪些规定?

答：工作票终结的规定为：

(1) 工作完工后，工作负责人应全面检查并组织清扫整理施工现场，确认无问题时带领工作人员撤离现场。

(2) 工作负责人持工作票会同工作许可人共同到现场检查验收。确认无问题时，办理终结手续。

(3) 工作许可人在一式两份工作票上记入终结时间，双方签名后盖上“已执行”印章，双方各留一份。

(4) 设备、系统变更后，工作负责人应将检修情况、设备变动情况以及运行人员应注意的事项向运行人员进行交待，并在检修交待记录簿或设备变动记录簿上登记清楚后方可离去。

(5) 工作负责人应向工作票签发人汇报工作任务完成情况及存在问题，并交回所持的一份工作票。

(6) 每月底由车间收回工作票进行检查、分析，并做出合格率评价，已执行的工作票应保存三个月。

第三节 电力生产事故调查处理知识

1 什么是事故?

答：事故是指人们在为实现某种目的行动过程中，由于突然出现意外的情况，并且因此而造成暂时的或永久的被迫停止其行动，这样的意外称为事故。在电力生产和运用过程中，由于客观上原因或主观的因素，违背电力安全经济运行的自身规律，从而导致运行障碍、异常和缺陷发生、发展，造成人身伤亡、设备损坏或巨额经济损失，以及对相当范围内的用户停电等严重后果。以上发生的损害程度达到或超过电力行业标准的事件和非正常运行状态，称之为事故。

2 什么是事故隐患？

答：事故隐患是指具有能引起事故的潜在能量，在某种条件下，会触发事故发生。

3 事故和事故隐患有何共性及不同之处？

答：事故和事故隐患的共性是在人们的行为过程中的不安全行为，并涉及人、物和系统环境。

事故和事故隐患的不同之处是事故隐患是在行动的静态过程中积聚和发展的，具有隐蔽性，不构成触发条件，尚未酿成事故。而事故是在行动的动态过程中发生的，有突然性和偶然性的特点。事故隐患是事故发生的直接原因。

4 《电力生产事故调查规程》中规定发生哪些情况，应定为电力生产人身事故？

答：《电力生产事故调查规程》中规定发生以下情况之一者定为电力生产人身事故：

（1）员工从事与电力生产有关工作过程中，发生的人身伤亡（含生产性急性中毒造成的人身伤亡，下同）的。

（2）员工从事与电力生产有关的工作过程中，发生本企业负有同等以上责任的交通事故，造成人身伤亡的。

（3）在电力生产区域内，外单位人员从事与电力生产有关的工作中，发生本企业负有责任的人身伤亡的。

5 《电力生产事故调查规程》中规定的“员工”是指哪些人员？

答：员工是指企业（单位）中各种用工形式的人员，包括固定职工，合同工，临时聘用、雇用、借用的人员，以及代训工和实习生等。

6 《电力生产事故调查规程》中规定的“电力生产区域”指哪些范围？

答：电力生产区域是指与电力生产有关的运行、检修维护、试验、修配场所，基建施工安装现场以及生产仓库、汽车库等。

7 《电力生产事故调查规程》中规定的“危险性生产区域”指哪些场所？

答：危险性生产区域是指容易发生触电、高空坠落、爆炸、中毒、窒息、机械伤害、火灾、烧烫伤等引起人身伤亡和设备事故的场所。

8 《电力生产事故调查规程》中规定的设备事故有哪几种？

答：《电力生产事故调查规程》中规定的设备事故有：特大设备事故、重大设备事故、一般设备事故、设备一类障碍等。

9 如何认定特大设备事故？

答：电力企业有下列情形之一，认定为特大设备事故：

（1）一次事故造成直接经济损失人民币2000万元以上的。

（2）其他经公司认定的。

10 如何认定重大设备事故？

答：电力企业有下列情形之一，未构成特大设备事故，认定为重大设备事故：

（1）装机容量400MW以上的火电厂、200MW以上的水电站，一次事故造成2台以上机组非计划停运，并造成全厂对外停电的。

（2）100MW以上火电机组、50MW以上水电机组的发电主设备损坏，40天内不能修复或修复后不能达到原铭牌出力的；或虽然在40天内恢复运行，但是自事故发生日起3个月内该设备非计划停运累计时间达40天的。

（3）电力设备、设施、机械等损坏，造成直接经济损失人民币500万元以上的。

（4）其他经公司认定的。

11 设备事故直接经济损失包括哪些？

答：直接损失包括更换的备品配件、材料、人工和运输费用。如果设备损坏不能再修复，则按同类型设备重置金额计算损失费用。保险公司赔偿不能冲减直接经济损失费用。

12 如何认定一般设备事故？

答：电力企业有下列情形之一，未构成重大设备事故，认定为一般设备事故：

（1）装机容量400MW以下的火电厂、200MW以下的水电站，一次事故造成2台以上机组非计划停运，并造成全厂对外停电的。

（2）发电厂升压站110kV以上任一电压等级母线全停的；因发电厂原因，330kV以上断路器被迫停止运行的。

（3）100MW以上火电机组、50MW以上水电机组被迫停止运行，时间超过24h的。

（4）发电设备异常需停机处理或者机组计划检修不能按期完成，虽经调度批准，但机组停运事件超过168h的。

（5）6kV以上发电设备发生恶性电气误操作的。

（6）因为发生一般电气误操作、热机误操作、监控过失等原因，造成发电主设备出现异常运行或者被迫停止运行的。

（7）水电站由于主要水工设施、水工建筑物损坏或者其他原因，造成水库不能正常蓄水、泄洪或者其他损坏的。

（8）发电设备发生下列情况之一的：

1）炉膛爆炸。

2）锅炉运行中的压力超过工作安全门动作压力的3%的；汽轮机运行中超速达到额定转速的1.12倍以上的；水轮机运行中超速达到紧急关导叶或者下闸转速的。

3）压力容器或者承压热力管道爆炸的。

4）汽轮机大轴弯曲，需要进行直轴处理的。

5）汽轮机叶片折断或者通流部分损坏的。

6）汽轮机发生水击的。

7）发电机组烧损轴瓦的。

8）发电机、主变压器绕组绝缘损坏的。

9）220kV以上断路器、电压互感器、电流互感器、避雷器发生爆炸的。

（9）发电主设备异常运行已经达到规程规定的紧急停止运行条件而未停止运行的。

（10）电力设备、设施、机械等损坏，造成直接经济损失人民币50万元以上的。

（11）其他经公司认定的。

13 如何认定设备一类障碍？

答：电力企业发生有下列情形之一，未构成一般设备事故，认定为设备一类障碍：

（1）发电机组被迫停止运行的。

（2）发电厂升压站110kV以下任一电压等级母线全停的；因发电厂原因，升压站110kV以上断路器被迫停止运行的。

（3）35kV以上断路器、电压互感器、电流互感器、避雷器发生爆炸的。

（4）发电设备异常，需停机处理，虽经调度批准，但机组停运时间超过24h的。

（5）其他经公司认定的。

14 电力企业在什么情况下，认定为环境污染与破坏事故？

答：电力企业有下列情况之一，认定为环境污染与破坏事故：

（1）人员发生明显中毒症状、辐射伤害或者可能导致伤残后果的。

（2）人群发生中毒症状的。

（3）因环境污染引起厂群冲突等影响社会安定的。

（4）对环境造成较大危害，直接经济损失人民币5万元以上的。

15 电力企业在什么情况下，认定为职业卫生健康事故？

答：电力企业有下列情况之一，认定为职业卫生健康事故：

（1）群众性食物中毒的。

（2）饮用水受到污染，造成群体中毒的。

（3）环境噪声造成员工听力完全丧失的。

（4）发生Ⅰ期以上尘肺病的。

16 事故调查中及时报告应包括哪些内容？

答：事故调查中及时报告应包括以下内容：

（1）事故发生的时间、地点、单位。

（2）事故发生的简要经过、伤亡人数、直接经济损失的初步估计；设备损坏初步情况；对社会是否造成影响等情况。

（3）事故原因的初步判断。

（4）事故发生后采取的措施以及事故控制情况。

17 进行事故调查时关于人身事故是如何规定的?

答：事故调查中关于人身事故的规定为：

(1) 人身伤亡事故。按照国家有关规定组织调查。发生事故的单位配合事故调查组开展工作。必要时，上级公司可指派安监人员和有关专业人员参加调查。

(2) 重伤及多人轻伤事故。由事故发生单位的领导或者其指定人员组织安监、生技（工程）、人资（社保）以及工会等部门成员成立事故调查组进行调查。事故报告由安监人员填写。

(3) 轻伤事故。由事故发生部门的领导组织有关人员进行调查。性质严重的，安监、生技（工程）、人资（社保）以及工会等部门派人参加，事故报告由安监人员或者部门安全员填写。

18 事故调查中关于重大以上设备事故是如何规定的?

答：重大以上设备事故，按照国家有关规定组织调查。发生事故的单位配合事故调查组开展工作。必要时，上级公司可指派安监人员和有关专业人员参加调查。

上级公司认定的重大以上设备事故的调查，由认定单位或其授权部门组织调查组进行调查。调查组由事故调查单位的领导或者其指定人员组织安监、生技（基建工程）、调度等部门人员组成。

19 事故调查中关于一般设备事故是如何规定的?

答：一般设备事故由发生事故单位的领导或者其指定人员组织安监、生技（基建工程）以及其他有关部门人员成立事故调查组进行调查。必要时，上级公司可指派安监人员和有关专业人员参加或者组织调查。事故报告由事故调查组织单位的技术人员填写。

20 事故调查中关于设备一类障碍是如何规定的?

答：设备一类障碍由发生障碍的部门（车间、工区、工地）的负责人组织调查。必要时，安监人员和有关技术部门专业人员参加。性质严重者，由发供电企业领导或者其指定人员组织调查。设备一类障碍报告由责任部门的技术人员填写。

21 简述电力生产事故的调查程序。

答：电力生产事故的调查程序为：

(1) 保护事故现场。发生事故的单位必须迅速抢救伤员并派专人严格保护事故现场。

(2) 收集原始资料。事故发生后，发生事故单位的安监部门或者其指定的部门应当立即组织当值值班人员、现场作业人员和其他有关人员在下班离开事故现场前，分别如实提供现场情况，并写出事故的原始资料。

(3) 调查事故情况。

(4) 分析原因、责任。

1) 事故调查组在事故调查的基础上，分析并明确事故发生、扩大的直接原因和间接原因。必要时，事故调查组可委托专业技术部门进行相关计算、试验、分析。

2) 事故调查组在事故调查的基础上，分析是否人员违章、过失、失职、违反劳动纪律；

安全措施是否得当；事故处理是否正确等。

3）根据事故调查的事实，通过对直接原因和间接原因的分析，确定事故的直接责任者和领导责任者；根据其在事故发生过程中的作用，确定事故发生的主要责任者、次要责任者、事故扩大的责任者。

（5）提出防范措施。事故调查组应当根据事故发生、扩大的原因和责任分析，提出防止同类事故发生、扩大的组织措施和技术措施。

（6）提出人员处理意见。事故调查组在事故责任确定后，应当根据有关规定提出对事故责任人员的处理意见。由有关单位和部门按照人事管理权限进行处理。

22 电力生产事故调查程序中关于保护现场是如何规定的？

答：（1）事故发生后，发生事故的单位必须迅速抢救伤员并派专人严格保护事故现场。未经调查和记录的事故现场，不得任意变动。

（2）事故发生后，发生事故的单位应当立即对事故现场和损坏的设备进行照相、录像，绘制草图，收集资料等工作。

（3）因紧急抢修、防止事故扩大以及疏导交通等，需要变动事故现场的，必须经发生事故的单位有关领导和安监部门同意，并做出标志、绘制现场简图、作出书面记录，保存必要的痕迹、物证。

（4）发生国务院《生产安全事故报告和调查处理条例》所规定的重大以上设备事故，发生事故的单位应当立即通知所在地人民政府和公安部门，并要求派人保护现场。

23 事故调查程序中关于收集原始资料是如何规定的？

答：（1）事故发生后，发生事故单位的安监部门或其指定的部门应立即组织当值值班人员、现场作业人员和其他有关人员在下班离开事故现场前，分别如实提供现场情况，并写出事故的原始材料。安监部门应当及时收集有关资料，并妥善保管。

（2）事故调查组成立后，安监部门及时将有关材料移交事故调查组。事故调查组应当根据事故情况查阅有关运行、检修、试验、验收的记录文件和事故发生时的录音、故障录波图、计算机打印记录、现场监控录像等，及时整理出说明事故情况的图表和分析事故所必需的各种资料和数据。

（3）事故调查组在收集原始资料时，应对事故现场搜集到的所有物件（如破损部件、碎片、残留物等）保持原样，并贴上标签，注明地点、时间、物件管理人。

（4）事故调查组有权向发生事故的单位以及其有关部门和人员了解事故的有关情况并索取有关资料，任何单位和个人不得拒绝。

24 进行设备事故调查时，应查明哪些情况？

答：进行设备事故调查时，应查明以下情况：

（1）设备事故等应当查明发生的时间、地点、气象情况；查明事故发生前设备和系统的运行情况。

（2）查明事故发生经过、扩大以及处理情况。

（3）查明与设备事故有关的仪表、自动装置、断路器、保护、故障录波器、调整装置、遥测遥信、遥控、录音装置和计算机等记录、动作情况。

(4) 查明设备资料（包括订货合同、大小修记录等）情况以及规划、设计、制造、施工安装、调试、运行、检修等质量方面存在的问题。

(5) 查明事故造成的设备损坏程度、经济损失，以及是否对社会造成不良的影响和其影响程度等情况。

(6) 了解现场规程制度是否健全，规程制度本身及执行中暴露的问题，了解企业管理、安全生产责任制和技术培训等方面存在的问题。事故涉及两个及以上单位时，应当了解相关合同或协议。

25 事故原因分析中存在哪些与事故有关的问题应确定为领导责任?

答：凡在事故原因分析中存在下列与事故有关的问题时要确定为领导责任：

(1) 企业安全生产责任制不落实。

(2) 规程制度不健全。

(3) 对职工教育培训不力。

(4) 现场安全防护装置、个人防护用品、安全工器具不全或不合格。

(5) 反事故措施不落实。

(6) 同类事故重复发生。

(7) 违章指挥。

26 在事故调查人员处理中出现哪些情况应从严处理?

答：在事故调查人员处理中对下列情况应从严处理：

(1) 违章指挥、违章作业、违反劳动纪律造成事故的。

(2) 事故发生后隐瞒不报、谎报或在调查中弄虚作假、隐瞒真相的。

(3) 阻挠或无正当理由拒绝事故调查；拒绝或阻挠提供有关情况和资料的。

27 事故调查结案后，事故调查的组织单位应将哪些资料归档?

答：事故调查结案后，事故调查的组织单位应将有关资料归档，资料必须完整，根据情况应当包括以下内容：

(1) 伤亡事故或者设备事故等报告。

(2) 事故调查报告书、事故处理报告书以及批复文件。

(3) 现场调查笔录、图纸、仪器表计打印记录、资料、照片、录像带等。

(4) 技术鉴定和试验报告。

(5) 物证、人证材料。

(6) 直接和间接经济损失材料。

(7) 事故责任者的自述材料。

(8) 医疗部门对伤亡人员的诊断书。

(9) 发生事故时的工艺条件、操作情况和设计资料。

(10) 处分决定和受处分人的检查材料。

(11) 有关事故的通报、简报以及成立调查组的有关文件。

（12）事故调查组的人员名单，内容包括姓名、职务、职称、单位等。

28 发生哪些事故后应由调查组填写事故调查报告书？

答：发生下列事故应由事故调查组填写事故调查报告书：

（1）人身死亡、重伤事故，填写《人身伤亡事故调查报告书》。

（2）重大及以上电网事故，填写《电网事故调查报告书》。

（3）重大及以上设备事故，填写《设备事故调查报告书》。

（4）公司根据事故性质及影响程度指定填写的。

29 安全记录、安全周期各指什么？

答：安全记录为连续无事故的累计天数。

安全记录达到100天为一个安全周期。

30 调查分析事故的原则是什么？

答：调查分析事故必须实事求是、尊重科学、严肃认真，做到事故原因不清楚不放过，事故责任者和应受教育者没有受到教育不放过，没有采取防范措施不放过，事故责任者没有受到处理不放过（简称“四不放过”）。各级领导应负责执行事故调查规程，并积极支持安全监察机构和安监人员监督事故调查规程的实施，不得擅自修改和违反。有关部门应按事故调查规程的规定，各自做好相应的工作，安监人员应认真做好监督工作。事故调查分析、异常情况报告要做到及时、准确、完整，事故发生后首先要求及时报告，最后的书面报告要符合要求。

31 怎样参与事故和异常情况的调查分析？

答：根据情况和必要，组织学习《中华人民共和国安全生产法》第五章生产安全事故的应急救援与调查处理中。第83条规定：生产经营单位发生生产安全事故后，事故现场有关人员应当立即报告本单位负责人。单位负责人接到事故报告后，应当迅速采取有效措施、组织抢救，防止事故扩大，减少人员伤亡和财产损失，并按照国家有关规定立即如实报告当地负有安全生产监督管理职责的部门，不得隐瞒不报、谎报或者拖延不报，不得故意破坏事故现场、毁灭有关证据。第88条规定：任何单位和个人不得阻扰和干涉对事故的依法调查处理。

参与事故和异常情况的调查分析，由车间安全第一责任人主持，车间安全员作记录，召集相关人员（所在班组的班长、当事人等）参加。

把握情况详细经过，不放过每一个细节和环节。原因的分析要客观公正。因为涉及当事人，责任分析等可以另外待以后调查。防止对策可征求有关专职工程师、技术人员、技师。

32 发生事故后现场当事人员应怎样进行处理？

答：发生事故后，现场当事人员应进行以下处理：

（1）一旦发生了事故，现场人员和值班员首先要努力使自己迅速保持镇静，收集检查与事故有关的全部光声音响、保护自动装置动作信号，对事故时现场人员认为无关的其他异常现象也应作认真记录，从而正确判明发生了什么事故及其严重程度，并按现场运行规程规定，立即采取步骤，阻止事故发展。保持镇静，临危不乱，是进一步处理事故，消除事故根源所必需的职业态度。

(2) 发现有人触电，应设法迅速将触电者接触的设备电源断开，采取必要的安全措施，注意自我保护，将触电者尽快救至安全地点，按紧急救护方法，正确、迅速、坚持抢救，并立即联系医疗部门进行救治。

(3) 根据现场情况，尽快向值班调度员、主管部门领导汇报事故情况，执行命令和指示，立即将故障设备退出运行，以避免使其继续遭受损坏而扩大事故。然后，对无故障设备进行详细检查，向调度员进行汇报，并按指令操作，恢复因事故而停电设备的运行。

(4) 注意并认真地保护事故现场，为安监部门现场调查事故提供方便。对特大事故、重大事故和比较典型的一类事故现场，更应加以保护，安监人员未到现场进行调查记录之前，不允许值班人员任意变动现场，使事故的真实性受到影响，给分析和总结事故原因造成困难。如果因为抢修和特殊情况需要设备尽快恢复运行，现场无法保留时，必须经安监部门或有关领导同意，并由他们指定或委托现场人员代为记录、处理现场，获得详实的第一手资料。

(5) 事故当事人和其他人员，应在下班离开之前就自己看到的、听到的和掌握的事故现象及处理事故过程中自己参与其中的行为活动，分别写出实事求是的记录并签名。

第四节　安全性评价知识

1 什么是安全性评价？它的目的是什么？

答：安全性评价也称危险性评价或风险评价，简称安全评价。它是综合运用安全系统工程的方法，对系统的安全性进行度量和预测的一种方法。进行安全性评价，实际是对系统存在的危险性或称之为不安全因素进行辨识定性和定量分析，即对系统发生危险的可能性及其严重程度，对系统的安全性给予正确的评价，并相应地提出消除不安全因素和危险的具体对策措施。

安全性评价的目的是寻求最低事故率、最少的损失和最优的安全投资效益。它可使宏观管理抓住重点，便于分类指导，也可为微观管理提供可靠的基础数据和材料，是实现科学管理和安全生产的重要环节，是安全系统工程的重要组成部分。

2 安全性评价的主要任务是什么？

答：安全性评价的主要任务是寻求系统安全的变化规律，并赋予一定的量的概念，然后根据系统的安全状况、危险程度，采取必要的措施，以达到预期的安全目标。

3 安全性评价的内容有哪些？

答：安全性评价的内容有：

(1) 危险的辨别。主要查明系统中可能出现的危险的种类、范围及其存在条件。

(2) 危险的测定及其分析。通过一定的事故测定和对固有的、潜在的危险的分析，掌握其激发条件。

（3）危险定量化。将系统中存在的危险进行定量化处理，对其危险程度及可能导致的伤害程度进行客观的评定。

（4）制定安全对策。为消除危险，提出相应的技术措施和管理措施。

（5）综合评价。在上述量化的基础上，综合进行评价，用单一的数字表示评价的结果，并据此与有关标准比较，判断其安全等级。

4 安全性评价的作用是什么？

答：安全性评价的作用是：

（1）安全性评价有助于政府安全监察部门对企业的安全生产实行宏观控制。

（2）安全性评价是预防事故的需要。

（3）安全性评价有助于提高企业安全管理水平。

（4）安全性评价是一种对本单位的安全基础进行自我诊断的有力手段，可以为企业领导的安全决策提供必要的科学依据。

（5）安全性评价是对企业职工一次有效的安全教育。

（6）安全性评价有助于保险部门对企业灾害实行风险管理。

（7）安全性评价是电力企业安全生产行之有效的管理方法。它实施自上而下与自下而上相结合的基于风险辨识、风险分析、风险评价、风险控制的闭环过程管理，对于夯实企业安全生产基础和提高安全管理水平具有积极的作用。

5 安全性评价可分为哪几类？

答：由于评价目的的不同，安全性评价类型也不同，一般可分为三种类型：

（1）对系统设计阶段的安全性评价。

（2）对系统过去状态的安全性评价。

（3）对正在运行的系统的安全性评价。

6 安全性评价的基本原理有哪些？

答：安全性评价的基本原理有：

（1）相关性原理。系统的整体功能和任务的实现是组成系统的各子系统和单元综合发挥作用的结果，因此，系统与子系统间、子系统与单元间、子系统与子系统间、单元与单元间，都存在着密切的相关关系。在评价过程中，只有找出这种相关关系，并建立相关模型，才能对系统的安全性评价作出正确的评价。

（2）类推评价原理。所谓类推评价，就是对两个有已知相互联系规律的不同事件，利用先导事件的发展规律，来评价迟发事件的发展趋势。类推法是经常使用的一种安全性评价方法，它可以由这一种现象推断另一种现象，由部分推断总体。具体的类推方法有五种：①平衡推算法；②代替推算法；③因素推算法；④抽样推算法；⑤比例推算法。

（3）概率推断原理。用概率值来预测现在和未来系统发生事故的可能性大小，以此来衡量系统危险性的大小，安全程度的高低。

（4）惯性原理。利用惯性原理进行安全性评价就是从过去事故统计资料中寻找出事故的变化趋势，并以趋势外延推测其未来状态，或者利用其延续性，将过去的数据作为今日同类项目的依据，如今天的安全投资是以昨天安全损失大小为依据。

7 安全性评价的方法有哪些？

答：根据评价方法的特征不同，安全评价的方法有以下三种：

（1）定性安全性评价。它是指对系统、子系统存在的所有危险因素进行辨别，并对其严重程度进行分级，给予初步的量化（分级式量化），最后得到子系统和系统危险性严重程度的方法。定性安全性评价主要以安全检查为基础，其具体方法有逐项赋值评价法和单项加权计分法。

（2）定量安全性评价。它是指利用精确的数学方法，求出系统事故发生的概率，进而计算出风险率与预定的安全指标进行比较，最终评价出系统是否安全。主要方法有两个体系：一个是以可靠性、安全性为基础的评价法；另一个体系指的是指数法。

（3）应用模糊数字的安全性评价：模糊安全性评价为多个子系统和多因素综合评价提供了一种利用模糊概念数学运算的科学方法，它的主要特点是将定性的模糊概念定量化。

8 电力企业安全性评价的现实意义是什么？

答：电力企业安全性评价的意义是：

（1）企业领导依据评价结果可掌握企业内部各个方面、生产的各个系统安全基础的强弱程度，看到“量化”后的差距。

（2）有利于对问题严重程度的确认。

（3）能强化企业的安全管理工作。影响安全的四因素：人、物、环境、管理，其中管理是“龙头”，管理高水平，其他的就好办一些。

（4）评价推动了各项规章制度的落实。

（5）评价过程也是一个自我教育和安全培训过程。

9 简述发、供电企业安全性评价的步骤。

答：一般情况下，发、供电企业的安全性评价按以下步骤进行：

（1）宣传安全性评价的意义。向各级人员宣传，使他们了解安全性评价的目的和方法，解除思想顾虑和怕麻烦的情绪，以便在“自查”时能主动、认真地检查，提出各种不安全因素，为正确地评价打好基础。

（2）组织好“自查”前的学习。企业安监部门事前应将全部查评项目按车间、科室分解，各车间再将项目分解到班组，然后，组织自查前的学习，明确查什么、怎么查。

（3）组织车间、班组自查。车间和班组应认真地进行自查，将发现的问题记在“安全性评价发现问题及整改措施”表上，然后汇报厂部，但不进行评分。

（4）企业组成查评组。一般情况下，查评组由生产厂长（公司副总经理）或总工程师任组长，副总工程师或安监和生产部门负责人任副组长，各有关职能部门专业工程师及车间负责人、专业工程师参加，分若干专业组，每组3～4人。查评组人员要事先熟悉查评项目及依据，了解自查发现的问题。

（5）分专业开展查评活动。查评组订好查评计划，如日程安排、重点查评班组、需要车间和科室提供什么资料等，然后查看设备、系统，查阅资料，抽样检查，并将检查情况及时记录在“查评扣分记录”上。

（6）汇总结果，提出安全性评价报告。查评组整理的“报告”应包括：文字总结、安全性评价结果明细表、安全性评价总评表、查评扣分记录、检查发现问题及整改措施。企业应组织厂（公司）领导，车间、科室干部和班组长参加的会议，由查评组汇报查评结果。

（7）落实整改措施。对发现的问题，根据各部门职责及各级安全责任制，分别列入整改计划，并付诸行动，并且，定期对落实情况进行检查。

（8）主管单位可组织专家组抽查或进行安全性评价。必要时，主管单位可组织专家组，按上述步骤对重点单位进行安全性评价或抽查。

第五节　职业病防治知识

1 什么是职业病？什么是职业病危害？

答：职业病是指企业、事业单位和个体经济组织等用人单位的劳动者在职业活动中，因接触粉尘、放射性物质和其他有毒、有害因素而引起的疾病。

职业病危害是指对从事职业活动的劳动者可能导致职业病的各种危害。职业病危害因素包括：职业活动中存在的各种有害的化学、物理、生物因素以及在作业过程中产生的其他职业有害因素。

2 《职业病防治法》是由我国什么机关，在什么时候首次审议通过的？以什么形式公布的？何时实施的？

答：2001年10月27日，《职业病防治法》在九届全国人大常委会第24次会议上审议通过。同时，以中华人民共和国第60号令公布。

《职业病防治法》于2002年5月1日起实施。

3 职业病防治的方针是什么？

答：《职业病防治法》明确了我国职业病防治工作坚持预防为主、防治结合的方针，建立用人单位负责、行政机关监管、行业自律、职工参与和社会监督的机制，实行分类管理、综合治理。

4 《职业病防治法》确立了哪两大目标？

答：《职业病防治法》第一条规定，通过预防、控制和消除职业病危害，防治职业病，实现保护劳动者健康及其相关权益和促进经济社会发展两大目标。

5 国家职业卫生标准分为哪九类？

答：按照《国家职业卫生标准管理办法》，国家职业卫生标准包括九大类：职业卫生专业基础标准；工作场所作业条件卫生标准；工业毒物、生产性粉尘、物理因素职业接触限值；职业病诊断标准；职业照射放射防护标准；职业防护用品卫生标准；职业危害防护导则；劳动生理卫生、工效标准；职业危害因素检测、校验方法。

6 我国职业病分为哪几类？

答：我国《职业病分类和目录》规定的法定职业病共10类132种：

（1）职业性尘肺病及其他呼吸系统疾病。尘肺病：13种。其他呼吸系统疾病：6种。

（2）职业性皮肤病：9种。

（3）职业性眼病：3种。

（4）职业性耳鼻喉口腔疾病：4种。

（5）职业性化学中毒：60种。

（6）物理因素所致职业病：7种。

（7）职业性放射性疾病：11种。

（8）职业性传染病：5种。

（9）职业性肿瘤：11种。

（10）其他职业病：3种。

7 劳动者在职业卫生保护方面有哪些权利？

答：劳动者享有下列职业卫生保护权利：

（1）获得职业卫生教育、培训。

（2）获得职业健康检查、职业病诊疗、康复等职业病防治服务。

（3）了解工作场所产生或者可能产生的职业病危险因素、危害后果和应当采取的职业病防护措施。

（4）要求用人单位提供符合防治职业病要求的职业病防护设施和个人使用的职业病防护用品，改善工作条件。

（5）对违反职业病防治法律、法规以及危及生命健康的行为提出批评、检举和控告。

（6）拒绝违章指挥和强令进行没有职业病防护措施的作业。

（7）参与用人单位职业卫生工作的民主管理，对职业病防治工作提出意见和建议。

8 国家法规公布的职业病危害因素有哪些？

答：职业病危害因素有：

（1）粉尘类：①矽尘；②煤尘；③石墨尘；④碳黑尘；⑤石棉尘；⑥滑石尘；⑦水泥尘；⑧云母尘；⑨陶瓷尘；⑩铝尘（铝、铝合金、氧化铝粉尘）；⑪电焊烟尘；⑫铸造粉尘；⑬其他粉尘。

（2）放射性物质类（电离辐射）。

（3）化学物质类，铅、汞、锰、磷、氯气、氨、氮氧化物、一氧化碳、二氧化硫、苯、甲苯、二甲苯、汽油、酚、三硝基甲苯、甲醛等共56类。

（4）物理因素：①高温；②高气压；③低气压；④局部振动。

（5）生物因素：炭疽杆菌、森林脑炎和布氏杆菌三类。

（6）导致职业性皮肤病的危害因素：导致接触性皮炎、光敏性皮炎、电光性皮炎、黑变病、痤疮、溃疡、化学性皮肤灼伤和其他职业性皮肤病的危害因素共八类。

（7）导致职业性眼病的危害因素：导致化学性眼部灼伤、电光性眼炎、职业性白内障的危害因素共三类。

（8）导致职业性耳鼻喉口腔疾病的危害因素：导致噪声聋、铬鼻病、牙酸蚀病案的危害因素三类。

（9）职业性肿瘤的职业病危害因素：石棉所致肺癌、间皮瘤；苯所致白血病；联苯胺所致膀胱癌；氯甲醚所致肺癌；砷所致肺癌、皮肤癌；氯乙烯所致肝血管肉瘤；焦炉工人肺癌；铬酸盐制造业工人肺癌的危害因素八类。

（10）其他职业病危害因素：氧化锌致金属烟热；二异氰酸甲苯酯致职业性哮喘；嗜热性放线菌致职业性变态反应性肺泡炎；棉尘致棉尘病；不良作业条件（压迫及摩擦）致煤矿井下工人滑囊炎。

9 企业工作场所应从哪几方面做到符合《职业病防治法》的要求？

答：按照《职业病防治法》第十五条规定，产生职业病危害的用人单位的设立除应当符合法律、行政法规规定的设立条件外，其工作场所还应当符合下列职业卫生要求：

（1）职业病危害因素的强度或者浓度符合国家职业卫生标准。

（2）有与职业病危害防护相适应的设施。

（3）生产布局合理，符合有害与无害作业分开的原则。

（4）有配套的更衣间、洗浴间、孕妇休息间等卫生设施。

（5）设备、工具、用具等设施符合保护劳动者生理、心理健康的要求。

（6）法律、行政法规和国务院卫生行政部门关于保护劳动者健康的其他要求。

10 按照《安全生产法》《职业病防治法》规定，用人单位在什么情况下不得解除与劳动者签订的劳动合同？

答：用人单位在下列情况下不得解除与劳动者签订的劳动合同：

（1）用人单位不得因劳动者对本单位安全生产、职业病防治工作提出批评、检举、控告或者拒绝违章指挥，强令冒险作业而降低其工资、福利等待遇或者解除与其订立的劳动合同。

（2）用人单位不得因劳动者在发现危及人身安全的紧急情况下停止作业或者采取紧急撤离措施而降低其工资、福利等待遇或者解除与其订立的劳动合同。

（3）当用人单位违反向劳动者履行如实的告知义务时，劳动者有权拒绝从事存在职业病危害的作业，用人单位不得因此解除或者终止与劳动者所订立的劳动合同。

（4）对未进行离岗前职业健康检查的劳动者，用人单位不得解除或者终止与其订立的劳动合同。

（5）在疑似职业病病人诊断或者医学观察期间，用人单位不得解除或者终止与其订立的劳动合同。

（6）用人单位因劳动者依法行使正当权利而降低其工资、福利等待遇或者解除、终止与其订立的劳动合同的，其行为无效。

11 什么是职业禁忌？

答：职业禁忌是指劳动者从事特定职业或者接触特定职业病危害因素时，比一般职业人群更易于遭受职业病危害和罹患职业病或者可能导致原有自身疾病病情加重，或者在从事作业过程中诱发可能导致对他人生命健康构成危险的疾病的个人特殊生理或者病理状态。

12 用人单位不得安排哪几类人员从事接触职业危害的作业?

答：按照《职业病防治法》规定，用人单位对以下四类人员不得安排接触职业病危害的作业：

（1）不得安排未成年工从事接触职业病危害的作业。

（2）不得安排孕期、哺乳期的女职工从事对本人和胎儿、婴儿有危害的作业。

（3）不得安排未经上岗前职业健康检查的劳动者从事接触职业病危害的作业。

（4）不得安排有职业禁忌的劳动者从事其所禁忌的作业。

13 按照《职业病防治法》及其配套法规规定，职业病诊断机构应具有哪些条件?

答：职业病诊断应当由取得《医疗机构执业许可证》的医疗卫生机构承担。卫生行政部门应当加强对职业病诊断工作的规范管理，具体管理办法由国务院卫生行政部门制定。承担职业病诊断的医疗卫生机构还应当具备下列条件：

（1）具有与开展职业病诊断相适应的医疗卫生技术人员。

（2）具有与开展职业病诊断相适应的仪器、设备。

（3）具有健全的职业病诊断质量管理制度。

承担职业病诊断的医疗卫生机构不得拒绝劳动者进行职业病诊断的要求。劳动者可以在用人单位所在地、本人户籍所在地或者经常居住地依法承担职业病诊断的医疗卫生机构进行职业病诊断。

14 按照《职业病防治法》规定，用人单位应当保障职业病病人依法享受国家规定的职业病待遇有哪些?

答：用人单位应当保障职业病病人依法享受国家规定的职业病待遇有：

（1）用人单位应当按照国家有关规定，安排职业病病人进行治疗、康复和定期检查。

（2）用人单位对不适宜继续从事原工作的职业病病人，应当调离原岗位，并妥善安置。

（3）用人单位对从事接触职业病危害作业的劳动者，应当给予适当岗位津贴。

（4）职业病病人的诊疗、康复费用，伤残以及丧失劳动能力的职业病病人的社会保障，按照国家有关工伤保险的规定执行。

（5）职业病病人除依法享有工伤保险外，依照有关民事法律，尚有获得赔偿权利的，有权向用人单位提出赔偿要求。

（6）劳动者被诊断患有职业病，但用人单位没有依法参加工伤保险的，其医疗和生活保障由该用人单位承担。

（7）职业病病人变动工作单位，其依法享有的待遇不变。用人单位在发生分立、合并、解散、破产等情形时，应当对从事接触职业病危害作业的劳动者进行健康检查，并按照国家有关规定妥善安置职业病病人。

（8）用人单位已经不存在或者无法确认劳动关系的职业病病人，可以向地方人民政府医疗保障、民政部门申请医疗救助和生活等方面的救助。

第二章

设备检修基础知识

第一节 检 修 管 理

1 电厂化学技改工程的主要内容和范围有哪些?

答：技改工程的主要内容和范围有：

(1) 围绕提高化学供水能力在水处理设备和管道系统上进行的更新改造项目。

(2) 提高化学供水的安全经济运行水平，节能、降耗、节约原材料及改善劳动条件的措施项目。

(3) 使化学供水操作和检修过程实现自动化、机械化的技术措施项目。

(4) 治理“三废”，搞好环境保护的技术措施。

(5) 采用新技术、新工艺、新设备、新材料的项目。

(6) 生产建筑物的更新改造及抗震加固措施。

2 化学车间检修专业应执行和编写哪些规程制度?

答：化学车间应执行和编写的规程制度有：

(1) 电力工业技术管理法规。

(2) 电业安全工作规程。

(3) 发电厂检修规程和化学检修工艺规程。

(4) 消防规程。

(5) 设备缺陷管理制度。

(6) 检修工作票制度、热力机械工作票制度的补充规定及其实施的补充细则。

(7) 申请票和工作票管理制度。

(8) 动火工作票制度。

(9) 气瓶管理制度。

(10) 安全管理制度。

(11) 设备管辖区域划分制度。

(12) 培训工作管理制度。

(13) 机动车辆安全管理制度。

(14) 压力容器防爆条例。

(15) 设备评级办法及实施细则。
(16) 氧气、乙炔使用管理制度。
(17) 设备变更及设备名称、编号更改管理制度。
(18) 备品备件管理制度。
(19) 改进工程管理制度。
(20) 检修管理制度。
(21) 合理化建议和技术革新管理制度。
(22) 图纸及技术资料归档制度。
(23) 环保管理条例。
(24) 紧急救护法。
(25) 行业和企业要求执行的各项规章制度。

3 设备大修应积累哪些技术资料?

答：设备大修应积累的技术资料有：
(1) 检修进度。
(2) 重大特殊项目的技术方案、技术措施及施工总结。
(3) 改变系统及设备结构的设计资料和图纸。
(4) 设备大修的检查、测量和修理记录。
(5) 设备大修所耗工时、器材消耗统计资料及零部件更换记录。
(6) 大修前后调整、试验情况报告。
(7) 缺陷消除情况和下次大修应重点解决的技术问题，以及需要更换的零部件。

4 设备检修台账一般应记录哪些内容?

答：设备检修台账一般应记录的内容有：
(1) 设备的制造厂家和技术规范。
(2) 设备大、小修前的原始检测记录。
(3) 本次大修所耗工时、材料、备品备件记录。
(4) 本次大修检修、调整后的测量数据记录。
(5) 设备变更和改进的技术记录及扼要总结。
(6) 大修验收记录、试运行记录、大修总结及调试总结。

5 技术组织措施计划的内容有哪些?

答：技术组织措施计划的内容包括：
(1) 改造旧设备，完善新设备。
(2) 降低水耗、酸耗、碱耗及化学试剂、药品使用量。
(3) 提高检修质量和设备健康水平。
(4) 提高机械化、自动化水平，改善劳动条件。
(5) 采用新的技术装备，推广先进经验。
(6) 搞好综合利用和环境保护工作。

(7) 采用科学管理，提高现代化管理水平。

6 大修和技改工程开工时应具备哪些条件？

答：大修和技改工程开工应具备的条件有：

(1) 重大特殊项目的施工技术组织措施已经批准。

(2) 工程项目、进度、技术措施、质量标准、技术要求、施工方案和安全注意事项已经组织检修人员学习，并掌握。

(3) 劳动力、主要器材、备品备件或设备已经备妥。

(4) 施工机具、专用工具和安全用具已经检查、试验，并符合要求。

7 简述检修工作的要求和注意事项。

答：检修工作的要求及注意事项有：

(1) 要求有严格的检修秩序和良好的工艺作风。

(2) 检修过程中应及时做好记录，其内容包括：设备技术状况、修理内容、设备结构的改动情况、测量数据、试验结果以及耗工、耗材等情况。所有记录应做到完整、清楚、简明、正确、实用。

(3) 紧密配合检修进度，测绘零部件的结构尺寸，或校核零部件（备品备件）图。

(4) 搞好机具管理，防止遗漏在设备或管道内。

(5) 按照“发电设备评级办法”做好水、油处理设备的评级工作。要求大修竣工 15d 之内即应完成该设备的评级工作。每年年底还应对所有水、油处理设备进行一次全面的评级。

(6) 注意施工现场整洁，及时整理、清扫，做到零部件定点存放，搞好文明施工。

8 状态检修的定义是什么？

答：在设备状态评价的基础上，根据设备状态和分析诊断结果安排检修时间和项目，并主动实施的检修方式，称为状态检修。

9 “三基”工作是指什么？其内容分别是什么？

答：设备管理的“三基”工作是指基层建设、基础管理和基本功三项工作。

(1) 基层建设是要建立一支作风好、纪律严、团结紧、技术强的工作集体，运行好、维护好、管理好设备。基层建设工作就是做好电力企业班组的建设工作。

(2) 基础管理是指电力生产企业在实际生产活动中，为保证企业生产目标和任务的完成所开展的如原始记录、设备台账、规程制度、技术资料和档案、定期试验、缺陷管理等一系列基础性的管理工作。主要有：原始记录的管理；设备台账管理；规程制度管理；设备技术档案和资料的管理；三项措施计划等。

(3) 基本功是指电力企业生产人员在从事生产活动中应具备的基本工作能力。电力生产企业运行和检修人员的基本功主要体现在“三熟三能”上。

10 按状态检修的要求推行备品备件管理的内容是什么？

答：推行备品备件管理的内容是：

（1）备品分类管理。
（2）选择备品储存方式。
（3）按备品类型决定最佳订货方式。
（4）被替换备品的处理。

11 在检修秩序和工艺作风方面有哪些要求？

答：在检修秩序和工艺作风方面的要求有：
（1）三不乱。不乱拆、不乱敲、不乱碰。
（2）三不落地。工量具、紧固件和零部件不落地。
（3）三净。开工时、检修期间和竣工后场地干净。
（4）三严。严格执行有关规程制度、检修协配计划和质量验收标准。

12 全面质量管理的基本特点是什么？

答：全面质量管理的基本特点是：由事后检验和把关为主转变为预防和改进为主。由管结果变为管因素，把影响质量的诸因素查出来，抓住主要矛盾，发动全体职工，依靠科学管理的理论、程序、方法，使生产和检修等全过程都处于受控状态。

13 全面质量管理的基本要求有哪些？

答：全面质量管理的基本要求有：
（1）实现全体职工参加的质量管理。
（2）实现全过程的质量管理。
（3）实现全企业的质量管理。
（4）采用多种多样的管理方法。

14 全面质量管理的主要方法包括哪些？

答：全面质量管理的主要方法有：
（1）数理统计方法。
（2）排列图法。
（3）调查表法。
（4）因果图法。

15 什么是 PDCA 循环法？并简要说明各个阶段的基本内容。

答：PDCA 循环法是一种科学的工作程序。PDCA 是英语 Plan（计划）、Do（执行）、Check（检查）、Action（总结）的第一个字母组合。

各个阶段的基本内容有：

（1）P 阶段。以提高质量、降低消耗、提高经济效益、降低成本为目标，通过分析诊断，制定技术经济指标和提高质量的目标，确定达到这些目标的具体措施和方法。这就是计划阶段。

（2）D 阶段。按照已制定的计划内容，扎扎实实地工作，以实现技术经济指标和提高质量为目标。这就是执行阶段。

（3）C 阶段。对照计划要求，检查执行的情况和效果，及时发现执行计划过程中的经验及问题。这就是检查阶段。

（4）A 阶段。根据检查的结果，采取措施，把成功经验加以肯定，制定成标准、规程、制度，巩固成绩，吸取教训。这就是总结阶段。

16 质量验收的工作步骤有哪些？

答：质量验收的工作步骤有：

（1）明确质量要求。根据检修工艺规程和其他有关规定，明确设备零部件的质量标准和技术要求。

（2）测试。用一定的手段和方法测试检修后的零部件或生产产品，得到结果或质量特性值。

（3）比较。将测试得到的数据同质量标准和技术要求相比较，确定是否符合要求。

（4）判定。根据比较的结果，判定检修后的零部件或生产的产品是否合格。

（5）信息反馈。根据测得的数据和判定的结果进行信息反馈，促使检修人员注意检修质量，生产人员重视产品质量。

17 检修工作人员的职责有哪些？

答：检修工作人员的职责有：

（1）接受上级领导的命令和指示，服从分配，认真完成所分配的各项工作任务。

（2）认真执行设备专责制，对本专责所检修的设备负全部责任。

（3）遵守各项规程制度（包括热力工作票制度和操作票制度），接受领导和技术人员对检修工艺、检修质量、检修工期、检修安全等方面的监督。

（4）定期检查本专责设备，发现缺陷或检修中的问题应及时处理，并向领导汇报。

（5）积极参加班内组织的政治、技术、劳动竞赛等各项活动，并提出合理化建议。

（6）遵守厂规、劳动合同和劳动纪律。

（7）尊师爱徒、互相协作、加强团结。

（8）发扬勤俭节约精神，爱护工具、节约用料。

（9）定时对检修区域和卫生区域进行清洁卫生工作。

18 检修专责人的职责有哪些？

答：检修专责人的职责有：

（1）设备专责人要对所辖设备的检修质量、进度、安全，以及检修用工用料负责。

（2）设备专责人要对本专责设备状况负责，重点做好以下检查：

1）对正常运行设备进行巡回检查。

2）检修前对设备进行全面检查。

3）设备解体进行全面检查。

4）检修后对设备进行验收检查。

（3）设备专责人要对所管辖设备的检修工艺负责，保证部件完整无损、组装正确、标志及信号齐全、设备和现场整洁。若专责人未参加检修，则由检修负责人负责。

（4）设备专责人要对所辖设备的检修记录的完整性和正确性负责，要求测得全、量得准、管得清、记得好。

（5）设备专责人要掌握和熟悉专责设备的有关规程、图纸资料，以及备品备件的储备情况。

（6）设备专责人要定期参加专责设备的评级鉴定工作。

（7）设备专责人对于没有技术标准和重大特殊检修项目、没有安全保证措施的检修工作有权拒绝开工。

（8）配件的材料不符合规程规定或措施要求的，设备专责人有权不使用；若限于客观条件需代用，所产生的问题则应由批准使用的人员负责。

（9）设备专责人对他人所检修的专责设备，质量不符合标准有权不验收。

19 设备缺陷如何分类？

答：设备缺陷分为重大设备缺陷和一般设备缺陷。

重大设备缺陷包括：

（1）主、辅设备或主要管道系统发生缺陷时，严重威胁安全运行，必须在短期内消除的缺陷。

（2）主、辅设备或主要管道系统发生缺陷时，在短期内虽不威胁安全运行，但直接影响主设备出力的缺陷。

（3）主、辅设备发生缺陷时，虽不威胁安全运行和影响设备出力，但直接影响各项消耗指标或被迫采用不合理运行方式的缺陷。

除重大设备缺陷之外的所有设备缺陷，均属一般设备缺陷。

20 检修前的准备工作有哪些？

答：检修前的准备工作包括：专用工具和量具的准备；所需材料和备品的准备；设备图纸和技术资料的准备；检修开工手续的办理。

21 大小修现场主要预防的多发性事故有哪些？

答：大小修现场主要预防的多发性事故有：

（1）高处坠落伤害事故。

（2）高空落物伤害事故。

（3）机械伤害事故。

（4）起重作业伤害事故。

（5）触电伤害事故。

（6）施工现场火灾事故。

22 文明施工管理标准有哪些？

答：文明施工管理标准有：

（1）进入大小修现场的施工人员，必须严格遵守公司有关安全文明生产的规定；文明用语，不说脏话，不随地吐痰，不乱走乱动；行为端正，礼貌待人，虚心接受公司检查人员的忠告和指导。

(2) 进入大小修现场的施工人员，应以单位为准，统一按《电业安全工作规程》要求着装，佩带胸卡，列队进出厂区，并清点人数。

(3) 检修现场必须保持整洁，本着“谁污染，谁负责”和“谁污染，谁清扫”的原则，必须做到工完、料净、场地清和“三不”落地规定。

(4) 爱护公物，珍惜环境；备品备件和工器具要求定置摆设，有序美观，不许乱堆乱放。

(5) 检修过程中，拆下的废旧设备和物品，应及时运走，不允许长时间停放在检修现场。回装的设备，应停放在指定的地点，必须保证安全通道畅通。

(6) 易污染的煤粉和保温棉，清出、拆出后应立即装进袋内；8h之内，必须运出检修现场。

(7) 硬度大于铝材的工器具、备品备件及其他物品，严禁直接放在地面上，需要停放时，下部必须铺设胶皮或防止地面受损的其他材料。

(8) 机组大小修过程中，所有检修设备的标识牌及安全标志不允许损坏，拆下的标识牌应保存好，待检修工作结束后，及时按原位置安装好。

23 机组大小修过程中，安全措施至少应进行几次复查验收？

答：机组大小修过程中，安全措施至少应进行三次复查验收：

(1) 大小修开工前运行人员已做好安全措施后，进行第一次复查验收。

(2) 大小修设备解体后，进行第二次复查验收。

(3) 大小修设备回装前，进行第三次复查验收。

24 安全生产的定义是什么？

答：安全生产是指在生产过程中消除或控制危险及有害因素，保障人身安全健康、设备完好无损及生产顺利进行的一系列活动。

25 安全管理的定义是什么？

答：安全管理主要是指劳动安全管理，它是企业管理的一个组成部分，是以安全为目的，进行有关决策、计划、组织和控制方面的活动。

26 什么是安全？

答：安全是预知人类活动的各个领域里所存在的固有的或潜在的危险，并且为消除这些危险所采取的各种方法、手段和行动的总称。从生产的角度讲，安全所表征的是一种不发生死亡、伤害、职业病及设备财产损失的状况。在一定意义上，安全就是防止灾害，消除最终导致死亡、伤害、职业病及各种损失发生的条件。

27 什么是人身安全？

答：人身安全是指在安全生产中，消除危害人身安全和健康的因素，保障员工安全、健康、舒适地工作。

28 什么是设备安全？

答：设备安全是指消除损坏设备、产品等的危险因素，保证生产能够正常地进行。

29 危险因素和有害因素分别指什么？

答：危险因素是指可能对人造成伤亡或对物造成突发性损坏的各种因素。

有害因素是指可能影响人的身体健康，导致疾病，或对物造成慢性损坏的各种因素。

30 外委维护检修单位的安全管理内容有哪些？

答：外委维护检修单位的安全管理内容有：

（1）外委维护单位应严格执行国家、行业和上级、地方劳动部门颁发的有关安全的法律、法规、规程、制度、措施等，应认真遵守《电业安全工作规程》《两票管理制度》和其他安全工作相关的管理制度，认真遵守公司的有关规定和措施。

（2）外委维护单位必须具有能胜任承包任务的领导班子；有熟悉所承包维护工作的专业技术和施工维护（检修、运行）生产现场安全要求的技术人员和熟练工人；有完善的施工维护机具和安全防护设施及用具。

（3）外委维护单位能准确理解和执行公司提供的有关安全技术规程制度和施工维护（检修、运行）图纸、质量标准、工艺要求等技术文件。大型工程应有专项施工维护（检修、运行）组织措施和保障安全、文明施工（检修、运行）的技术措施。

（4）外委维护单位施工人员必须接受安全教育培训经考试合格后，方可进入施工维护现场；要将施工维护人员安全教育书面报公司安全管理部门，包括《电业安全工作规程》及施工维护安全技术措施考试及人员考试成绩。公司安全管理部门按有关规定对外委维护单位工作人员进行安全培训考试。考试不合格者不得入厂。

（5）外委维护单位施工维护人员应使用符合承包工作现场要求的劳动保护用品和防护用具。

（6）外委维护单位的电工、焊工、起重工、架子工、机动车司机等特种作业人员，必须经过专项的安全技术训练；经地方有关部门考试合格，取得合格证，方可上岗。其他岗位的工作人员没有上岗证，严禁带票作业。

（7）外委维护单位必须做到安全文明施工，严格执行施工维护安全措施，认真落实“外委维护项目安全管理协议”内容；在施工维护期间，维护单位安全人员，要佩戴证章始终在现场监督检查。安全人员外出时，维护单位负责人要及时明确安全人员，并与项目管理部门安全负责人员取得联系并得到认同。

（8）外委维护单位不允许将所包维护项目转包或分包。

（9）外委维护单位在施工维护中必须接受公司安全和质量的监督和指导，对违反安全技术组织措施或安全工作规程的行为，公司有权纠正；对情节严重者有权立即停止其工作，因此造成工期的延误由外委维护单位负责。

31 在发生何种情况下，将对外委施工维护单位进行停工处理？

答：在发生下列情况时，将对外委施工维护单位进行停工处理：

（1）在进入现场施工维护前，未到公司办理开工手续的。

（2）维护人员未进行安全教育培训，公司专业技术人员未对外委维护单位进行安全交底进入施工维护现场的。

(3) 施工维护中发生较大的不安全情况，需要调整分析采取措施的。

(4) 发生多次违章作业，经纠正处罚收效不大的。

(5) 施工维护中未能认真执行安全技术措施的。

(6) 施工维护安全措施不完善，危及设备运行和人身安全的。

32 外委单位维护、检修阶段的安全要求有哪些?

答：外委单位维护、检修阶段的安全要求有：

(1) 设备检修、安装均需严格执行相关制度要求，按照规程、资料等设计要求强化指标控制、严控工艺质量，或按合同书要求进行，严格执行安全工作规程、工作票制度。

(2) 外委项目中有关安全和劳动卫生的项目不得任意削减，凡安全设施不合格的项目一律不予验收。

(3) 外委单位人员每天进入现场工作前，必须按照规定召开班前会，交待安全注意事项，布置当天（当班）工作内容及关键技术要求，并做好记录后，方能开始工作。

(4) 外委单位工作人员进入生产区域进行施工维护作业时，必须履行工作票手续，严禁无票作业。

(5) 外委单位维护、检修人员，应在指定的地点进行施工作业，不得进入维护、检修区域外的生产现场；在作业中严禁违章作业。

(6) 外委单位施工人员在作业中必须认真执行有关安全规程制度及维护、检修安全措施，有权拒绝接受和执行有可能造成人身伤害和设备损坏事故的违章指挥。维护、检修人员进入现场着装应符合要求，应穿好工作服，戴好安全帽；严禁酒后上班，严禁吸烟和随地大、小便，乱扔杂物等。

33 检修施工组织措施应包括哪几方面的内容?

答：检修施工组织措施应包括以下四方面的内容：

(1) 编制检修施工计划。

(2) 制定施工进度。

(3) 制定技术措施及安全措施。

(4) 检修中所需人力、物力和器材的准备。

34 化学监督有何重要意义?

答：发电厂热力设备、热力系统、电气设备的安全和经济运行，在相当大的程度上取决于化学技术监督工作的好坏。如锅炉用水由于化学监督不严，水质长期超过控制标准，会造成锅炉给水、省煤器、过热器、水冷壁等管路的结垢、腐蚀，甚至发生管路爆破事故，同时由于结垢降低了锅炉运行的经济性，如锅炉尾部受热面结垢 1mm，将使燃料消耗增加 1.5%～2%；又如由于水质不好，使汽轮机设备及热力管道系统出现盐垢，造成调速系统失灵、汽轮机各级叶片应力增大，严重时造成断叶片事故；再如循环水处理不好，会使凝汽器铜管结垢，使汽轮机真空降低，1 台 100MW 机组结垢 2mm 时，按年运行 6000h 计算每年多消耗燃料的价值达 700 万元之多。此外，绝缘油由于监督不严也会造成油质劣化，造成电气设备事故。综上所述，搞好化学技术监督工作是很重要的。

35 化学监督的任务是什么？

答：化学监督的主要任务是：认真贯彻有关规章制度和标准，加强水、汽监督，保证水、汽质量合格，防止热力设备腐蚀、结垢、积盐；加强油务监督和管理，防止油质劣化；加强燃料和灰的监督，配合锅炉燃烧，提高机组效率；及时发现和消除与化学监督有关的隐患，防止事故发生。

化学监督应贯彻“预防为主”的方针，充分发动群众，坚持实事求是的科学态度，加强人员培训，不断采用新技术、新的监测手段，提高监督水平。化学监督工作的具体任务主要有：

(1) 供给质量合格、数量足够和成本低的锅炉补给水，并根据规定对给水、炉水、凝结水、冷却水和废水等进行必要的处理。

(2) 对水、汽质量，油质和燃料等进行化学监督，防止热力设备和发电设备的腐蚀、结垢和积盐，防止油质劣化以及提供指导锅炉燃烧的有关数据。

(3) 参加热力设备、发电设备和用油设备的基建安装和检修时的有关检查和验收工作。针对存在的问题配合设备所在单位采取相应的措施。

(4) 在保证安全和质量的前提下，尽量降低水处理和油处理等的消耗指标。

36 化学监督的范围有哪些？

答：化学监督的范围有：

(1) 根据行业规定，对锅炉蒸汽、炉水、给水、汽轮机凝结水、蒸发器、蒸汽发生器、热网补给水、水内冷发电机的冷却水、混合减温水、化学水处理水、生产回水、疏水以及密闭系统循环水的水、汽质量等按控制指标进行监督。

(2) 新建或扩建机组时，要做好未安装设备的防腐、清洗、碱煮、酸洗工作和试运阶段的调试以及水、汽质量监督。

(3) 热力设备启动前，应对设备、热力系统、管道和水箱等清洁度进行监督，可以采用冲洗的办法，当冲洗出来的水达到无色透明时为合格。

(4) 热力设备检修解体后，首先由化学监督人员会同设备所在单位负责人，检查结垢、沉积物和腐蚀情况并进行分析判断，提出改进措施。

(5) 热力设备停运时，必须协助做好保护工作，并定期进行检查与监督。

(6) 搞好燃煤监督。对原煤、煤粉、飞灰、炉渣等应及时采样、化验、指导锅炉燃烧。

(7) 搞好燃油监督。对油及时采样、化验，指导锅炉燃烧。

(8) 对新油和运行中的油进行定期采样化验，发现问题及时进行处理。

(9) 对新投人运行的充油电气设备要进行色谱分析。

37 如何做好化学监督工作？

答：(1) 制定化学监督的有关规程、制度和细则。

(2) 做到取样准确、保证各项化验质量，正确及时处理影响热力系统的水、汽质量问题。

(3) 做好新油和运行中透平油、绝缘油的质量监督，指导各种充油设备管辖单位，开展油的防劣化和再生工作。

（4）及时反映热力设备、热力系统及水、汽、油方面的状况，对超指标和违章作业等要及时与有关单位联系。

（5）对热力设备进行调整试验，并制定监督控制指标，拟定设备清洗和防腐方案。

（6）参加设备大修检查、验收及设备评级工作。

（7）推广先进经验，改进监督手段，提高监督水平。

（8）根据化学人员对水质化验结果的分析数据，要求锅炉值班人员搞好排污工作，要求检修人员进行割管检查并保证汽水分离器、蒸汽减温器、采样器等设备的检修质量。

（9）化学和检修人员共同进行除氧器的调整试验和蒸发器的热化学试验。

（10）为保证凝结水溶氧及硬度符合标准，根据化学监督要求进行抽管检查。

（11）掌握燃料的品种，及时进行化验，指导锅炉燃烧。

（12）参加有关化学方面的事故原因分析，根据分析发现的问题制订对策并贯彻执行。

（13）编写年度化学监督工作总结。

38 化学监督的主要内容有哪些？

答：化学监督的主要内容有：

（1）制备水质合格、数量足够的锅炉和汽轮机用水，并通过调整试验来不断降低成本。

（2）对给水进行加氨和除氧处理，如联合水处理工况时则进行加氧处理。

（3）对于汽包锅炉进行加药及排污处理。

（4）对直流锅炉和亚临界汽包锅炉进行凝结水的净化处理。

（5）对热电厂返回的凝结水进行除油、除铁处理。

（6）对循环冷却水进行防腐、防垢、防止有机物附着等处理。

（7）做好设备停运期间的保护工作。

（8）做好设备大修期间的监督工作，并对热力设备的腐蚀结垢状况进行评价，组织好有关化学清洗工作。

（9）做好水处理设备的调整试验，做好热化学试验。

（10）对汽、水、油、氢做好监督工作。

39 班组的基本任务是什么？

答：根据企业的生产经营目标和车间（分场、工区、工地等）下达的工作计划，安全、文明、优质、高效全面完成各项生产任务和工作任务。

40 编制检修计划时应包括的主要内容有哪些？

答：编制检修计划时应包括的主要内容有：

（1）电业检修规程和上级有关安排。

（2）上次检修未能解决的问题和试验。

（3）设备存在的缺陷。

（4）零部件磨损、腐蚀、老化的规律。

（5）设备安全检查记录和事故对策。

（6）有关的反事故措施。

（7）技术监督要求，采取的改进意见。

（8）技术革新建议和推广先进经验项目。

（9）季节性工作要求。

（10）检修工时、定额和检修材料消耗记录。

41 火力发电厂为什么采用计算机监控系统?

答：由于计算机具有运算速度快、存储容量大、多变量处理、协调控制能力强和通信效率高等特点，能明显地改善火电厂自动化运行水平，提高电厂的安全水平与经济效益。所以，火电厂要采用计算机监控系统。

42 转动机械安装分部试运前，应具备哪些条件？工程验收应有哪些记录或签证?

答：转动机械分部试运前应具备下列条件：

（1）设备基础混凝土已达到设计强度，二次灌浆混凝土的强度已达到基础混凝土的设计标准。

（2）设备周围的垃圾已清扫干净，脚手架已拆除。

（3）有关地点照明充足，并有必要的通信设备。

（4）有关通道应平整畅通。

（5）附近没有易爆、易燃物，并有消防设备。

工程验收应有以下记录或签证：

（1）设备检修和安装记录。

（2）润滑油牌号和化验证件。

（3）分部运行签证。

43 编写检修工作总结应包含的内容有哪些?

答：总结的主要内容为检修计划完成情况；检修计划变更情况及变更原因；检修质量情况（包括修后技术等级的升降，机组强迫停运情况；消除重大缺陷和采取的主要措施等）；检修的开、竣工日期及检修管理经验等。

44 企业为什么要实施 ISO9000 系列标准？ISO9002 的全称是什么?

答：实施 ISO9000 系列标准的原因是：

（1）为了适应国际化大趋势。

（2）为了提高企业的管理水平。

（3）为了提高企业的产品质量水平。

（4）为了提高企业的市场竞争力。

ISO9002 全称是：《质量体系生产、服务、安装的质量保证模式》。

45 什么是质量成本？其目的是什么？其内容大致有哪些?

答：在产品质量上发生的一切费用支出，包括由于质量原因造成损失而发生的费用，以及为保证和提高产品质量支出的费用，统称质量成本。

目的：核算同质量有关的各项费用，探求提高质量、降低成本的有效途径。
质量成本的内容主要有：
（1）厂内质量损失。
（2）外部质量损失。
（3）检验费用。
（4）质量预防费用。

46 标准化的作用主要表现在哪些方面？

答：标准化的作用主要表现在以下方面：
（1）为实行科学管理奠定基础。
（2）促进经济全面发展，提高经济效益。
（3）积累实践经验，推广应用新技术和科研成果，促进技术进步。
（4）为组织现代化生产创造前提条件。
（5）合理利用国家资源，节约劳动力和量化劳动消耗。
（6）合理发展产品品种，提高企业应变能力，更好满足社会需要。
（7）保证产品质量，维护消费者利益。
（8）在社会生产各组成部分之间进行协调，确立共同遵循的准则，建立稳定的秩序。
（9）消除贸易障碍，促进国际国内贸易发展，提高产品在国际市场的竞争能力。
（10）保障身体健康和生命安全。

47 设备检修后应达到的要求有哪些？

答：设备检修后应达到的要求有：
（1）达到规定的质量标准。
（2）消除设备缺陷。
（3）恢复设备出力，提高效率。
（4）消除泄漏现象。
（5）安全保护装置和主要自动装置动作可靠，主要仪表、信号及标志齐全正确。
（6）保温层完整，设备现场整洁。
（7）检修记录正确、齐全。

48 制定《电业生产事故调查规程》的目的是什么？

答：通过对事故的调查分析和统计，总结经验教训，研究事故规律，开展反事故斗争，促进电力生产全过程安全管理，并通过反馈事故信息，为提高规划、设计、施工安装、调试、运行、检修的水平及设备制造质量的可靠性提供依据。

49 火力发电厂为什么要设置热工自动化系统？

答：为了在电力生产过程中观测和控制设备的运行情况，分析和统计生产状况，保证电厂安全经济运行，提高劳动生产率，减轻运行人员的劳动强度，所以电厂内装有各种类型测量仪表、自动调节装置及控制保护设备。这些设备和装置就是热工自动化系统。

50 竣工验收要严把哪几关?

答：验收是保证检修质量的一项重要工作。验收人员必须坚持原则，以认真负责的态度做好验收工作。竣工验收要严把“四关”：

(1) 把项目关，不漏项，修一台，保一台。

(2) 把工艺关，按规程办事，规规矩矩，干净利索。

(3) 把质量验收关，做到三不交，三不验（检修质量不合格，不交工，不验收；零部件不全，不交工，不验收；设备不清洁，不交工，不验收)。

(4) 把资料台账关，做好各项记录，建立的台账齐全，能正确反映检修实际情况。

51 检修计划编制的根据有哪些?

答：检修计划编制的根据有：

(1) 电业检修规程和上级指示及要求。

(2) 设备存在的缺陷。

(3) 上次检修未能解决的问题和试验记录。

(4) 零部件磨损、腐蚀、老化规律。

(5) 设备安全检查记录和事故对策。

(6) 有关的反事故措施。

(7) 技术监督要求采取的改进意见。

(8) 技术革新建议和推广先进经验项目。

(9) 季节性工作要求。

(10) 检修工时定额和检修材料消耗记录。

52 如何制定大修施工过程的组织措施?

答：大修施工过程组织措施的主要内容如下：

(1) 正确确定检修项目，并对特殊的项目组织人员进行讨论。

(2) 根据定员及检修项目，编制检修工时定额和进度计划。

(3) 大修工序一般分为拆、修、装三个阶段：

拆——需核实检修内容，对原计划进行必要的修订调整；

修——重点安排技术力量，突破关键工作；

装——注意各工序的平衡，做好各项目的检修记录。

53 发电厂检修实行的验收制度分哪几级？其有什么要求?

答：电厂检修实行的验收制度分三级：班组验收、车间验收、厂部验收三级。

验收要求：各级验收人员应由工作认真负责、技术业务熟练的行政负责人或技术员担任，并保持相对稳定。

54 检修施工计划的编制应包括哪些内容?

答：检修施工计划编制应包括的内容：检修项目、内容、方案的确定依据，以及确定方案时的可行性论证和预计效益的说明等。

55 制定技术措施应包括的内容有哪些？

答：技术措施应包括以下内容：

（1）做好施工设计。

（2）明确施工过程的质量标准和验收方法。

（3）准备好技术革新记录表格，确定应测绘的图纸来校核备品的尺寸。

（4）编制出设备在投产前或投产后的试验项目、试验方法和应测量的数据。

56 检修人员要做到的“三熟三能”是指什么？

答：“三熟”指的是：

（1）熟悉设备的系统和基本原理。

（2）熟悉检修的工艺质量和运行知识。

（3）熟悉本岗位的规程制度。

“三能”是：

（1）能熟练地进行本工种的修理工作和排除故障。

（2）能看懂图纸和绘制简单的加工图。

（3）能掌握一般的钳工工艺和常用材料性能。

57 如何在检修过程中进行培训？

答：在检修过程中进行培训，应主要抓住三个环节：

（1）检修前的技术交底。检修前给受培人员讲解检修项目、进度、施工方法、质量标准、安全措施等。必要时进行操作示范。

（2）检修期间的培训。根据检修中经常出现的问题拟出专题，在现场进行一事一训，帮助受训人员掌握某一方面的复杂技术。

（3）检修竣工后的经验总结。根据检修计划完成情况、检修规程和质量标准贯彻情况，以及检修中暴露的人身和设备的不安全现象等，总结经验，提出改进措施。

58 转动机械检修时应如何做好安全措施？

答：首先按工作票制度要求办理工作票手续。在设备检修前应做好以下安全措施：

（1）防止设备转动的安全措施，如切断电源（电动机的开关、隔离开关或熔丝应拉开，开关操作电源的熔丝也应取下）。

（2）必要时还应采取可靠的制动措施。

（3）做好系统隔断的安全措施，与运行中的设备及有关系统的联系阀门、闸板等均应关闭。

（4）在上述地点都应挂上警告牌。

（5）检修工作负责人在工作前，必须对上述安全措施进行检查，确认无误后，方可开始工作。

59 如何制定职工培训大纲？

答：制定职工培训大纲的要求为：

（1）根据本工作岗位规范要求掌握的技术点，确定培训内容与要求。

（2）根据内容确定培训教材。

（3）根据培训内容与要求确定各培训阶段所需时间。

（4）确定考核内容和要求。

60 如何制定培训计划？

答：制定的培训计划应包括以下内容：

（1）受培训对象。

（2）培训所要达到的目标。

（3）根据培训大纲要求，设置培训课程或内容。

（4）具体列出每一阶段的培训时间表。

（5）考试考核的办法，考试的要求及评分标准。

（6）实施培训所需用的人员、场地、教材、材料、费用及其他条件。

61 执行工作票制度的目的是什么？

答：在生产现场进行检修或安装工作时，为了能保证有安全的工作条件和设备的安全，防止事故发生，发电厂的各个部门必须严格执行工作票制度。

62 一般在哪些情况下需设置质量管理点？

答：需设置质量管理点的情况是：

（1）关键工序，关系产品主要性能，涉及使用安全的重点工序或工序的关键部位。

（2）加工工艺有特殊要求，对下道工序加工或装配有重大影响的加工项目。

（3）质量不稳定，出现不合格产品较多的加工阶段和项目。

（4）用户对产品质量特性的反映，以及来自上级管理机关、市场等各方面的质量信息反馈比较集中的环节。

（5）企业生产过程的各方面影响因素包括：企业生产条件、市场竞争、材料、能源及环境发生重大变动时，涉及的有关工序和工作等。

63 掌握质量波动规律的依据主要有哪些？

答：产品使用质量的记录和数据，原材料、外协件、外购件的入厂检验记录和质量取样，工序质量控制图表记录，废品、次品数量比例和发生原因的记录，计量器具测试设备的使用、调整和检修记录，国内外同行业质量情报资料等。

64 什么是维护检修？

答：维护检修是在维持设备运行状态下（有时也可短时停止运行）进行检查和消除缺陷，处理临时发生的故障或进行一些维护修理工作。

65 新设备运进现场应考虑哪些安全措施？

答：新设备运进现场时，应考虑单件质量、起吊及运输方法，以及运吊过程中可能出现的问题。

66 在岗人员的培训应遵循什么原则？

答：在岗人员培训应遵循：学以致用，按需施教，干什么学什么，缺什么补什么的原则。面向实践，注重实际能力的培养。

67 设备发现问题后，检修时应弄清的问题有哪些？

答：设备发现问题后，首先要弄清以下几个问题：

（1）损伤的原因。

（2）是个别缺陷还是系统性缺陷。

（3）若原来未发现的缺陷造成了进一步的损伤，是否会危及安全，即是否会造成人身事故或较大的设备事故。

68 编制特殊项目的技术措施应包括哪些具体内容？

答：具体内容包括以下几点：

（1）提出特殊项目的主要原因和依据，以及该项目的主要目的、要求。

（2）对复杂的特殊项目，应做出理论计算、技术设计和工艺设计方面的报告。

（3）为达到设计要求，应制定在施工中对重点质量、工艺、安全等方面所采取的措施和说明。

（4）提出特殊项目需要的特别材料和一般材料预算，对大型设备和备件提出详细的型号、规格、规范要求。

（5）对该项目进行所需费用、效益的技术经济比较，特别是对改进工程应做出效益的分析。

（6）提出该项目总的费用，预计实施后的效果。

（7）提出工时、进度的要求。

69 什么是质量方针？

答：由组织的最高管理者正式发布的该组织的质量宗旨和质量方向。

第二节　零部件的修复

1 什么是零部件表面的喷塑？

答：零部件表面的喷塑是采用一定的工艺方法在其金属表面上覆盖一层塑料，以达到零部件金属表面与腐蚀性介质隔离的目的，这样的制品具有金属与塑料两者的优点。

2 用于喷塑的塑料品种及工艺方法有哪些？

答：工程塑料中常用于喷涂的品种有：尼龙、线性低密度聚乙烯、聚氯醚、聚苯硫醚、氯化聚醚和聚丙烯等，喷塑时可根据零部件的具体使用要求，选择合适的塑料品种进行喷涂。

喷涂的工艺方法有：热熔法、静电喷涂法、流化床法。喷涂时可根据工件的形状及特点选择适当的喷涂方法。结构形状较复杂的用静电喷涂法；工件内部由于受静电屏蔽作用而使粉末难以黏附的，宜用热熔法；结构简单、表面圆滑的工件，可采用流化床法。

3 设备检修解体前应了解的事项有哪些？应做哪些准备工作？

答：设备检修解体前应了解的事项有：设备内部构造、设备特性、运行状况、设备存在的问题和解体工艺。

检修设备前应准备好专用工具和量具，制定出检修计划，判断设备存在的问题，参照图纸技术资料备好备品备件，最后办理工作票开工手续。

4 零部件损坏的原因有哪些？

答：零部件损坏的主要原因有磨损、疲劳、变形和腐蚀等。

5 零部件的拆卸方法主要有哪些？

答：零部件的拆卸方法主要有：击卸法、拉拔法、顶压法、温差拆卸法和破坏拆卸法。

(1) 击卸法是利用手锤（或其他重物）敲击或撞击零件产生冲击能量，把零件拆下。

(2) 拉拔法是一种利用静力或不大的冲击力进行拆卸的方法。对于精度较高、不允许敲击或无法用击卸法拆卸的零部件，拉拔法是较合适的拆卸方法。

(3) 顶压法是一种利用静力拆卸的方法，一般适用于形状简单的静止配合件，常用螺旋C型夹头、手压机、油压机或千斤顶等工具和设备进行拆卸。

(4) 温差拆卸法是利用金属热胀冷缩的性能，用加热包容件（如轴承）或冷却被包容件（如主轴）的方法来拆卸过盈配合件。

(5) 破坏拆卸法可采用车、锯、凿、钻、割等方法来完成。当必须拆卸焊接、铆接等固定连接件或相配合连接的两部件互相咬死时，不得已采取这种保存主件、破坏副件的措施。

6 零部件的清洗方法有哪些？其特点是什么？

答：零部件的清洗方法有：擦洗、浸洗和吹洗。

(1) 擦洗。其特点是操作简易、方便。

(2) 浸洗。其特点是操作简易，但清洗时间较长，通常采用多次浸洗。

(3) 吹洗。其特点是操作简单，清洗时间短，清洗效果较好。

7 清洗工作中的注意事项有哪些？

答：清洗零部件时应注意以下事项：

(1) 清洗时要根据不同精度等级的零部件要求，选用布或棉纱，但轴承清洗不能用棉纱，应用扁毛刷进行清洗。

(2) 用热煤油、溶剂油清洗零部件时，应严格控制油的加热温度，灯用煤油加热温度应小于40℃；溶剂油加热温度应小于65℃，且不得用火焰直接对盛煤油的容器加热，以确保安全。用热的机械油、汽轮机油或变压器油清洗零部件时，油温不应超过120℃。

(3) 用蒸汽或热空气吹洗过的零部件，应及时除尽水分，并涂以润滑油脂。

(4) 零部件油垢过厚时应先擦除，再用碱性清洗液清洗。清洗水温宜加热至60～90℃。材质性质不同的零部件，不宜放在一起清洗。清洗后的零部件，应用清水冲洗或漂洗洁净，并使其干燥。

（5）设备加工面上的防锈漆，应用适当的稀释剂或脱漆剂等溶剂清洗。气相防锈剂可用12%～15%亚硝酸钠和0.5%～0.6%碳酸钠水溶液或酒精清洗。

（6）零部件加工表面如有锈蚀，用油无法除去时，可用棉纱蘸上醋酸擦掉，酸的浓度可按工作需要配制。除锈后用石灰水中和或用清水洗涤，最后用干净布擦净。

（7）清洗后的零部件最好立即装配。暂时不装时要注意保管防尘。

8 零部件清洗剂的常用种类和应用范围有哪些？

答：清洗剂的选择一般根据被清洗零件的要求来决定。清洗剂分为两类：

（1）汽油、煤油、轻柴油、乙醇和化学清洗剂等。这类清洗剂适用于单件、中小型零件及大型部件的局部清洗。

（2）蒸汽或热的压缩空气、火碱与磷酸三钠混合液。这类清洗剂适用于油垢较多的零部件及滚动轴承的清洗。

9 零部件检查的目的是什么？

答：零部件检查的目的是对检修设备的零部件情况做全面、细致的了解，对零部件的磨损或损坏情况做到心中有数，以便采取针对性的措施，进行检修或更换，以免设备存在事故隐患，造成人力物力的浪费。

10 零部件的检查方法有哪些？

答：零部件的检查方法有：

（1）凭感觉检查。主要有以下三种：

1）用目测法鉴定。用目测或借助于放大镜来鉴定零件外表的损坏，如破裂、断裂、裂纹、剥落、磨损、烧损、退火等情况。

2）根据声音鉴定。用小锤轻轻敲击零件、部件，从发出的声音来判断内部有无缺陷（如裂纹），如检查轴承合金层与基体的结合情况。

3）凭感觉鉴定。零件的配合间隙能凭鉴定者的手动、触摸感觉出来。如用手夹住滚动轴承内圈，推动外圈，就可以粗略地判断轴向间隙和径向间隙。再夹住外圈拨动内圈，从转动是否灵活、均匀，就可以判断其质量。

（2）用机械仪器检查。主要有以下两种：

1）用各种通用量具来测量零件的尺寸、形状和相互位置。

2）用各种仪器，如动平衡仪、着色探伤剂、磁性探伤仪、X射线探伤仪、γ射线探伤仪、超声波探伤仪等来检查零部件的内在缺陷（如裂纹、气孔）。

11 管道损伤的修整方法有哪些？

答：管道损伤包含两个方面：一是安装前管材的损伤；二是管道输水后的损伤。修补方法是根据管材材质、损伤部位、现场条件等方面的情况来决定。

（1）管道调直。在安装管子时，有些管子由于运输等原因发生变形，当超出标准允许的弯曲度和椭圆度时，就需要进行管道调直。管道调直一般使用油压机、螺丝杠式压力机、手动压床或使用千斤顶。

(2) 管口整圆。钢管及管件的端口失圆，往往是由于制作或运输中的碰撞，进行处理时可在现场用千斤顶、大锤及手拉葫芦等校圆，并旋转对口，否则将影响接口的质量。

(3) 管身裂纹处理。铸铁管材及管件的插口端有纵向裂缝，主要是由于装卸、运输中的碰撞，在组装前必须逐件敲击检查，将其破裂管段切除。

(4) 管上砂眼的封堵。管件上的砂眼、夹砂、坑缺等局部缺陷，可采取以下几种修补方法：

1) 对于管件上的砂眼、孔穴、裂纹，可根据管件材质，采取补焊或钻孔攻丝、安装塞头的方法堵漏。

2) 在损伤部位垫胶皮，安装管卡箍。

3) 用环氧树脂砂浆填补坑陷，以及用玻璃钢覆盖缺陷部位。

4) 在管件预热的情况下，可采用铸铁焊条对局部损伤的铸铁管件进行补焊，但对焊补操作技巧有一定的要求。否则焊补不当将引起局部过热，使管件的金相组织发生变化，在承压下容易产生破裂。

12 如何使用玻璃钢堵漏？

答：玻璃钢又称为玻璃纤维增强塑料，是用环氧树脂作为黏结材料，玻璃纤维布作为增强材料制成的。可用来修补管子上的各种裂缝，其方法如下：

(1) 将待修管子表面剔凿成燕尾形槽口，清洗除锈、除油，涂刷环氧树脂底胶。

(2) 待底胶初步固化后，再均匀涂刷一道环氧树脂胶液，并将一块玻璃纤维布沿着涂刷处铺开。铺贴平整后，立即用毛刷从中央刷向两边，赶除气泡。包贴时，要做到贴实，不得存有气泡和折皱。然后在玻璃纤维布上面涂刷一层胶料，同时使玻璃纤维布被胶料浸透，再贴第二层玻璃纤维布。此种修补方法，排除气泡是关键，应仔细操作。

(3) 包贴层数视管道口径、压力和渗漏的程度而定，一般包贴 4～6 层。底层及面层采用 0.2mm 厚的玻璃纤维布，其余各层采用 0.5mm 厚的玻璃纤维布。每贴两层隔一定时间，也就是说第一、第二层初步固化后，才能进行第三、四层包贴，以此类推。

(4) 每层的搭接缝要错开，搭头长度约 15cm，口径较小时可包成一条玻璃钢环带。

(5) 玻璃钢的强度是逐渐增高的，一般采用常温养护。当气温在 15℃以上时，养护时间不得少于 72h；当气温在 15℃以下时，养护时间不得少于 168h。在养护期间管子不能进水承压。

13 如何采用黏结技术修复一般零件的裂纹？

答：修补一般零部件的裂纹，其黏结剂的配方为环氧树脂（100）、乙二胺（6～8）、邻苯二甲酸二丁酯（20）、氧化铝粉（适量），括号内的数字表示质量份额（下同）。黏结前要求把零件清理干净。黏结的要求是：

(1) 对强度要求不高的零部件，可在表面上覆盖 4～5 层浸润黏结剂的玻璃纤维布。

(2) 对强度要求较高的零部件，可在裂纹两端钻终止孔（不贯穿），并沿裂纹凿出鸠尾槽，槽及终止孔中灌入黏结剂。

(3) 工作表面若有载荷，可在垂直于裂纹方向上间隔加工出波形槽，槽中嵌满浸润黏结剂的玻璃丝布，使裂纹两侧扣合。

(4) 最后待黏结剂固化后将修复表面打磨光滑。

14 如何采用黏结方法对罗茨鼓风机转子与机壳间隙过大进行修复?

答：罗茨鼓风机转子与机壳间隙过大修复时，其黏结剂的配方为环氧树脂（100）、乙二胺（6～8）、邻苯二甲酸二丁酯（20）、填充剂（辉绿岩粉、铁粉等）少许。黏结前转子表面应粗糙，但不得有铁锈和油垢。黏结时先涂环氧底胶一层，2h 后涂面胶，底胶和面胶的配比计量要准确，稀稠适宜。涂胶时不断转动转子，勿使流淌，并使厚度均匀。固化后烘烤2～3h，温度 80℃左右。修复后转子与机壳可达标准间隙 0.28～0.38mm。

15 如何采用黏结方法修复水泵吸水法兰与壳体结合处的裂纹?

答：修复水泵吸水法兰与壳体结合处的裂纹时，选择的黏结剂配方为环氧树脂（100)、邻苯二甲酸二丁酯（25)、无水乙二胺（7)。黏结前应将有裂纹的部位清理干净，裂纹两端各钻 6mm 左右的终止小孔，然后以裂纹为中心，錾出尺寸适宜的 U 形槽，槽的两端伸出终止孔约 50mm。以环氧黏结剂加玻璃纤维布层填满 U 形槽，待固化后将表面稍加打磨，注意密封面。

16 如何采用黏结方法修复被冲蚀成孔洞及蜂窝状的水泵叶轮?

答：修复被冲蚀成孔洞及蜂窝状的水泵叶轮时，黏结剂的配方为环氧树脂（100)、乙二胺（含量大于 70%)（6～8)、邻苯二甲酸二丁酯（15～20)、瓷粉适量。黏结前要将孔洞清洗干净，然后以黏结剂加瓷粉以及碎玻璃丝布堵塞孔洞，表面贴布应防止产生气泡，固化后烘烤，最后进行加工修整和找平衡。

17 轴类校直的方法有哪些? 并简要说明。

答：常用的轴类校直方法有：冷校直法、热校直法和混合校直法。

（1）冷校直法。在轴弯曲的适当部位施加一定的外力，使轴的变形得以矫正的校直方法称冷校直法。它包括捻打直轴法、调直器校直法（冷压校直法）。

1）捻打直轴法。把轴放在硬木上或垫有铜皮的方铁上，轴弯曲最高点的凸面放在下方，凹面朝上，两端压住，然后用锤子、捻棒由中间向两端敲打，使轴的凹面材料受敲打而延伸，把轴校直。

2）冷压校直法。在常温下，在轴的凸面施加静压力使之发生塑性变形，当静压力消除后即可使变形矫正。

（2）热校直法。先在轴弯曲的最高部位加热，然后快速冷却，凸面快速收缩，达到校直的目的。它包括局部加热校直法和电弧点焊校直法。

1）局部加热校直法。一般采用氧-乙炔焰喷嘴进行弯曲轴加热校直。对于细轴或精加工过的小件，应选用小号火嘴和氧化性火焰，并使火头离开加热表面 2～3mm，以得到小的加热面积和较快的加热速度；对于粗大的轴则用大号火嘴、中性火焰，以得到较大的加热面积及较慢的加热速度。氧化性火焰的加热温度在 300～400℃之间，最高不超过轴的回火温度。

操作方法为：找出轴弯曲的最高点确定为加热区，用有孔的石棉布包紧，将加热区露出，将弯轴平放，最高点朝上，两端垫 V 形铁，快速加热后，立即水冷。反复加热、冷却，直至合格为止。对于高合金钢零件，需保温缓冷。采用氧化性火焰加热校直，当一次调直不够须再加热时，不可在同一加热点、线上加热，而应在原加热点、线附近再对称地加热。热校直成功的关键是找准轴的最大弯曲的位置及方向，加热的火焰形成的热区也要和轴弯曲的方向一致，否则轴会出现扭曲。当发生扭曲现象时，则根据轴的扭曲情况，在原热点的左边或右边再加热，冷却后可矫正扭曲。校直后的轴需经回火处理，以消除其内应力。加热温度一般为580～650℃。

2）电弧点焊校直法。这种方法主要用在轴类的加工过程中，在检修过程中一般不采用此法。现简单介绍如下：对于细长轴，在粗加工后若造成弯曲，则在精加工前可先用电弧点焊校直后再加工。

校直方法为：用ϕ2～3的焊条，电流为2～4A，在轴的凸面处点焊，然后空气冷却。应注意点焊速度要快，用ϕ3焊条时，焊点直径一般为4～5mm；用ϕ2焊条时，焊点直径一般为3～4mm。

(3) 混合校直法。包括局部加热加压校直法和加热加压校直法。

1）局部加热加压校直法。在轴的凸面加热，这样凹面的应力得到松弛，从而使轴校直。

2）加热加压校直法。在轴的最大弯曲处圆周上加热（可采用氧-乙炔焰或感应加热器），温度为580～650℃，低于钢材原调质的回火温度，加热后在轴的凸面处加压校直的方法。

18 为什么要对零部件进行检查？检查的项目包括哪些？检查方法有哪些？

答：为了对检修的设备的零部件做全面细致的了解，对零部件的磨损或损坏做到心中有数：①以免不合格的零件再装到设备上；②不能让不必修理或不应报废的零部件进行报废或修理，造成设备隐患，造成不必要的人力和物力的浪费。

对零部件检查的项目包括：零件的尺寸、形状、表面状况、结合强度、内部缺陷及零部件的动或静平衡、配合情况等。

检查方法有：凭感觉检查、用机械仪器检查。

19 凭感觉检查必须是哪些人员？有哪几种检查方法？

答：凭感觉检查必须是有丰富经验的检修人员检查。

其方法有三种：

(1) 目测法鉴定。一般用于零件外表的损坏。

(2) 声音法鉴定。用小锤轻轻敲击零部件，从发出的声音来判断内部有无缺陷。

(3) 凭感觉鉴定法。一般零件间隙凭鉴定者手动、触摸的感觉来鉴定。

20 一般用来检查零部件的机械仪器有哪些？

答：检查零部件的机械仪器有两种方法：

(1) 用各种量具来测量零部件的尺寸、形状和相互位置。

(2) 用各种仪器来测定零部件的平衡性与内部存在的缺陷。

21 零部件损坏的原因有哪些？

答：零部件损坏的原因主要有：磨损、疲劳、变形和腐蚀等。

22 一般零部件修复的工艺方法有哪些？

答：一般零部件修复的工艺方法有：焊、接、喷、黏、镀、铆、配、校、镶、改等工艺方法。

23 零部件修复中采用镶嵌方法有哪些特点？

答：零部件修复中采用的镶嵌方法的特点是：可以对局部损坏的零件，根据不同的要求和作用，采用镶套、镶齿、镶边和镶筋的方法，让零件恢复原有的配合性质，以达到旧零件修复再使用的目的。

24 管道的堵漏方法有哪些？

答：管道的堵漏方法有：焊接堵漏法、打卡子堵漏法、塞头堵漏法、捻铅堵漏法、胶泥堵漏法、玻璃钢堵漏法、堵漏剂堵漏法。

25 经热喷涂的工件利用不同的耐蚀材料后有哪些性能？

答：经热喷涂的工件利用不同的耐腐蚀材料作涂层，使零部件具有耐磨、耐热、耐蚀、抗氧化、消声、隔热、绝缘、减压、减震、抗冲击等一种或几种性能。

26 热喷涂的方法主要有哪几种？

答：热喷涂的方法主要有：电弧喷涂、火焰喷涂、等离子弧喷涂、爆涂等四种。

27 适用于电弧喷涂的材料有哪些？

答：适用于电弧喷涂的材料有：碳素钢、不锈钢、铜、铬钢、锌等材料。

28 在钢、铁的表面喷涂钛或钽钛涂层时，具有防什么介质的腐蚀能力？

答：在钢、铁表面喷涂钛或钽钛涂层时，具有防氯离子氧化性酸介质的腐蚀能力。

29 当曲轴、传动轴等因磨损而需修复时，应当怎样修复？

答：当曲轴、传动轴等因磨损而需要修复时，应先用镍拉毛、再采用电弧热涂法喷涂45号钢或弹簧钢来修复。

30 涂镀是在工件表面采取快速沉积什么的一种技术？

答：涂镀是在工件表面采取快速沉积金属的一种技术。

31 涂镀方法适用于哪些金属零部件的修复？

答：涂镀方法适用于碳钢、铸铁、合金钢、镍和铬、铝、铜及合金零部件的修复。

32 为什么要进行零部件表面的喷塑？

答：零部件表面的喷塑是为了使金属表面覆盖上一层塑料薄膜，以达到零部件金属表面与腐蚀性介质隔离的目的，这样的制品具有金属与塑料两者的优点。

33 黏接技术一般用于零部件的什么缺陷修复？

答：黏接技术一般用于零部件的磨损、裂纹、泄漏等缺陷的修复。

34 黏接剂的优点有哪些？按基料化学成分可分为哪几类？

答：黏接剂的优点是：零部件表面光滑、平整、美观、黏接能力分布均匀，质量轻、强度高、胶缝的绝缘、密封、耐蚀性好等。

黏接剂按基料化学成分可分为：有机和无机两大类。有机类黏接剂可分为天然黏接剂和合成黏接剂。无机黏接剂可分为磷酸盐黏接剂和硅酸盐黏接剂。

35 就地水位计指示不准确的原因有哪些？

答：就地水位计指示不准确的原因有：

(1) 水位计的汽水连通管堵塞，会引起水位计水位上升，如汽连通管堵塞，水位上升较快；水连管堵塞，水位逐渐上升。

(2) 水位计放水门泄漏，就会引起水位计内的水位降低。

(3) 水位计水管有不严密处，使水位指示偏低；汽管漏时，水位指示偏高。

(4) 水位计受到冷风侵袭时，也能使水位低一些。

(5) 水位计安装不正确。

第三节 装 配 知 识

1 什么是装配？

答：在设备生产和检修过程中，按照一定的精度标准和技术要求，将若干个零部件连接或固定起来，使之组合成机器的过程，称为装配。

2 装配工作的基本要求有哪些？

答：装配工作的基本要求有：

(1) 固定连接的零部件不允许有间隙。活动连接的零部件，可以在正常的间隙下，灵活均匀地按规定的方向运动。

(2) 装配时应检查零部件的有关相配尺寸和精度是否合格，零件有无变形和损坏等，并应注意零件上的各种标记，防止错装。

(3) 变速或变向机构的装配，必须做到位置正确、操作灵活。

(4) 各种运动部件的接触表面，必须保证有足够的润滑，油路必须畅通，油箱油位适当。

(5) 运动机构的外表面不得有凸出的螺钉头等。

(6) 各种管道和密封部件，装配后不得有渗漏现象，每一个部件装配完后，要仔细检查和清理干净，尤其封闭的箱体内不得留有杂物。

3 过盈连接的装配方法有哪些？

答：由于过盈连接配合表面的型式及各种零件结构性能的要求不同，装配方法分为以下几种：

(1) 压入法。根据主要设备和工具的不同，压入法又可分为：

1）冲击压入法。利用手锤或重物敲击的冲击力进行装配。这种方法适用于对配合精度要求较低，配合长度较短，采用第二、三、四种过渡配合的连接件，多用于单个零件的装配上。

2）工具压入法。利用螺旋式、杠杆式、气动式压入工具进行装配的方法。这种方法适用于第一种过渡配合和轻型过盈配合的连接件，不宜用压力机压入的小尺寸的连接件。

3）压力机压入法。利用压力机进行装配的方法。这种方法适用于大型连接件和过盈配合的连接件。

（2）热胀配合法。根据零件的不同和对配合精度的要求不同，热胀配合法可以选择固体燃料加热、燃气加热、介质加热、电阻加热、辐射加热、感应加热等热胀配合法加热方式。

（3）冷缩法。用干冰或液氮冷却被包容件。

（4）液压套合法。

热胀配合法和冷缩法统称为温差法。

4 滚动轴承的拆卸方法有哪些？用加热法拆卸时应注意什么？

答：滚动轴承的拆卸方法有：敲击法、拉出法、压出法和加热法。

采用加热法拆卸时，应先将轴承两旁的轴颈用石棉布包好，尽量勿使其受热。拆卸时还应先将拉轴承器顶杆旋紧，然后将热机油浇在轴承内套上。在内套被加热膨胀后，停止浇油，迅速旋转螺杆即可把轴承拆下。注意动作要快，防止浇油过多或时间过长而使轴膨胀，反而增加拆卸的难度。加热时机油的温度应在80～100℃，不得超过100℃。

5 为何要调整轴承间隙？

答：滚动轴承装配后，若间隙过大，使同时承受负荷的滚动体个数减少，应力集中，轴承寿命、旋转精度降低，同时会引起其振动和噪声。当负荷发生冲击时，这种影响尤为严重。若间隙过小，则轴承易发热和磨损，同样会降低轴承寿命。因此，选择恰当的轴承间隙是保证轴承正常工作，延长其使用寿命的重要措施之一。

6 使用拉轴承器时应注意什么？

答：使用拉轴承器时，顶杆中心线应与轴的中心线保持一条直线，不得歪斜。安放拉轴承器时要小心稳妥，初拉时动作要平稳均匀，不得过快过猛，在拉出过程中不应产生顿跳现象。拉轴承器的拉爪位置要正确，拉爪应平直地拉住内圈，为防止拉爪脱落，可用金属丝将拉杆绑在一起；各拉杆间距离及拉杆长度应相等，否则易产生偏斜和受力不均。

7 滚动轴承拆卸的一般要求是什么？

答：滚动轴承拆卸的一般要求是：

（1）滚动轴承拆卸时施力部位要正确。当从轴颈上拆卸轴承时应施力于内圈。从轴承座孔中取轴承时则施力在外圈上，不能通过滚动体传递作用力。

（2）凡是紧配合的轴承套圈，不论是内圈还是外圈，在没有必要拆卸时应该任其留在原来的位置上，不必要的拆卸会大大增加轴承损坏的可能性。

（3）拆卸轴承时，用力必须平稳，施力不得歪斜，以防止轴承圈在轴颈上或轴承座孔中卡死，损坏轴承或圈座的表面。

（4）拆卸用的工具避免使用容易破碎的材料，防止碎屑等落入轴承内部。轴承上任何部分都不允许用手锤直接锤击。

（5）当遇到只有对外圈施力才能使内圈从轴颈上卸下时，应注意待轴承被拉出一个最短距离，内圈可以着力后，马上停止对外圈施力，改为施力于内圈。当对外圈施力时，用旋转拆卸法即拉压外圈时使轴旋转，同时还要仔细观察一下外圈的两端面是否有厚薄之分，力只能施加在厚的一端面，绝对不能加在薄的一端面。

8 滚动轴承装配的注意事项有哪些？

答：滚动轴承装配的注意事项有：

（1）轴承上无型号的一面永远靠轴肩，轴承不得偏斜，轴承安装时的受力位置应符合要求，避免轴承损坏。

（2）用油浴热装轴承时，油温应控制在120℃以下，轴承加热的时间不宜过短，一般不少于15min。油浴加热槽底要加设金属网，使轴承不与槽底接触。

（3）采用套筒手锤法安装时，应注意防止异物落入轴承内，受力应均匀，不得歪斜，不得用力过猛。出现卡涩现象时，千万不能硬打硬砸，要查明原因，取下轴承，妥善处理后再进行安装，切记受力点是轴承内圈而不是外圈。

（4）轴承装配前应在配合表面上涂一层薄润滑油，以便于安装。

（5）当轴颈被磨细或轴承孔被磨大时，一般不要采取用冲子打点或压花的方法解决，可采用喷涂法和镶套法解决。

（6）当轴承内圈与轴颈的配合较紧、轴承外圈与轴承座孔的配合较松时，应先将轴承装在轴颈上，然后将轴连同轴承一起装入轴承座孔中。若轴承的外圈与轴承座孔的配合较紧，轴承内圈与轴颈的配合较松时，则应先将轴承装入轴承座孔中，再把轴装入轴承内圈，此时受力点是轴承外圈而不是内圈。

9 试述用垫片法调整轴承轴向间隙的步骤及方法。

答：具体做法是：把轴承压盖处原有的垫片全部取出，然后慢慢地拧紧轴承压盖上的紧固螺栓，同时用手慢慢转动轴，当感到转动发紧时，说明轴承内已无间隙，应停止拧紧螺栓，并用塞尺测量轴承压盖与轴承座孔之间的间隙。装配时，所加垫片厚度应是此间隙值与轴承所需要的轴向间隙之和。垫片厚度确定后，将垫片放好并拧紧压盖紧固螺栓，即可得到要求的轴向间隙。

10 为什么要进行联轴器找正？

答：联轴器找正的目的就是使机器的主动轴和从动轴两轴中心线在同一直线上。防止回转设备由于找正不良造成运转时振动超标，响声异常，甚至造成设备损坏。

11 选择滚动轴承配合应考虑的因素有哪些？

答：选择、确定轴承配合时，应考虑负荷的大小、方向和性质以及转速的大小、旋转精度和拆装方便等一系列因素。

（1）当负荷方向不变时，转动套圈应比固定套圈配合紧一些。通常内圈随轴一起转动，而外圈固定不动，所以内圈与轴常取过盈配合，如n6、m6和k6等。而外圈与孔常取较松的配合，如K7、J7、H7和G7等。此时C、D级轴承用5、6级精度的配合，E、G级轴承用6、7级精度的配合。

（2）负荷越大，转速越高，并有振动和冲击时，配合应越紧。

（3）当轴承旋转精度要求高时，应用较紧的配合，以借助于过盈量来减小轴承的原始间隙。

（4）当轴承作游动支承时，外圈与轴承座孔应取较松的配合。

（5）轴承与空心轴的配合应较紧，以避免轴的收缩而导致配合松动。

（6）对于需要经常拆卸或因使用寿命短而须经常更换的轴承，可以取较松的配合，以便于拆装和更换。

12 滚动轴承装配后应检测的内容有哪些？

答：滚动轴承装配后应检测的内容有：

（1）轴承装到轴上后，要用对光法或塞尺法检查轴肩与内圈端面是否有间隙。沿整个轴的圆周不应透光，用0.03mm的塞尺不能插入内圈端面与轴肩之间。

（2）安装推力轴承，必须检查紧圈的垂直度和活圈与轴的间隙。

（3）轴承装配后，应检查其转动是否灵活、均匀，响声是否正常。

（4）轴承安装后应测量其轴承压盖与轴承外圈端面之间的轴向间隙是否符合要求。

（5）在装配分离型向心推力轴承及圆锥滚子轴承时，应按机器的技术要求调整轴承外圈端面与轴承压盖之间的轴向间隙。

（6）对开式轴承体要求轴承外圈与轴承压盖的接触角在正中对称，且在中心角80°～120°内；外圈与轴承座的接触角应在正中对称120°以上，轴承压盖与轴承座的接触面之间不应有间隙。

13 螺纹的基本要素有哪些？

答：螺纹的基本要素有：牙型、直径、线数、螺距和导程、螺纹的旋向。

14 螺纹的旋向有哪几种？如何判别其旋向？绘制螺纹时旋向标注应注意什么？

答：螺纹的旋向有右旋和左旋两种。

当螺纹旋进为顺时针方向旋转时，称为右旋螺纹；反之为左旋螺纹。

绘制螺纹时旋向标注应注意：右旋螺纹为常用螺纹，在图样上不必标注；而左旋螺纹必须在图样上注明“左”字。

15 装配图的作用有哪些？如何识读装配图？

答：装配图的作用有：在设计过程中，根据要求先画出装配图以确定零件的结构、相对位置、连接方式、传动路线和装配关系等；在装配时，根据图样把零件装配成部件或完整的机器；在检修中，根据图样进行拆装和修理，并根据标注的技术要求，逐条进行鉴定验收等作用。

识读装配图时，首先看标题，了解部件的名称；再看明细表和装配图上的零件编号，了解组成零件的概况。然后分析视图，了解该装配体的表达方法。最后分析各零件的基本结构形状和作用，弄懂各部件的工作原理和运动情况。

16 什么是温差拆卸法?

答：温差拆卸法是利用其金属的热胀冷缩性能来拆卸零部件（如大型联轴器的加热，使联轴器热胀配合间隙增大，利用拉拔法卸下）。

17 遇有难拆的螺钉如何拆卸?

答：遇有难拆的螺钉，需要掺入煤油。有一些零件需要加热后才能拆卸下，不允许用大锤打下或用力敲打。对有些精密的零件用软工具来拆卸，或用一般的工具垫软性材料来拆装。

18 如何进行机体上盖的拆卸?

答：机体上盖拆卸时应用专用工具来揭开，如击卸法、顶丝法、拉拔法等。

19 什么是击卸法？其优缺点有哪些？利用击卸法拆卸零部件时应注意哪些事项?

答：击卸法是利用手锤（或其他重物）敲击使零件产生松动，使零件部件卸下。

利用击卸法拆卸零部件的优点是就地可以拆卸下零部件；缺点是冲击处易损伤，损坏零部件。

利用击卸法拆卸零部件时应注意：

（1）选用适宜的手锤质量。

（2）必须对受冲击的零部件采取垫有软性物质物体来保护，如木块、紫铜棒等。

（3）在击卸前先弄清零件配合间的牢固程度和拆卸方向并试击。试击时感觉锤击的声音较为坚实时，应检查有无漏拆件、止退件，纠正后方可再行击卸。

（4）选择适当的落击点，以防零件受冲击后变形，精度下降或损坏。

（5）因锈蚀等原因造成击卸困难时，应采用煤油浸润锈蚀接合处。待浸蚀一定时间后，然后轻轻击打使其松动后再拆卸。

（6）击卸时应注意安全，以防锤头飞出或飞溅物伤人。

20 什么是拉拔法？什么是顶压法?

答：拉拔法是利用静力或不大的冲击力来拉拔（三爪拿子、两爪拿子等）进行拆卸的方法。

顶压法是一种利用静力拆卸的方法，一般用于形状简单的静止配合件。

21 常用的顶压设备有哪些?

答：常用的顶压设备有：千斤顶、油压机、手压机、螺旋C型夹头、螺孔顶卸等。

22 利用螺孔顶卸零部件时的注意事项有哪些？拆卸时应注意哪些事项?

答：利用螺孔顶卸零部件时，为了拆卸方便，许多设备制造设计时就供有拆卸专用的螺孔，拆卸时可将螺钉旋入，利用对角和交叉的顺序，依次逐渐顶起零部件。对薄而大的零件，应注意变形。顶卸铸铁类脆性材料零部件时，先进行试顶，各螺钉旋入应均匀，以免发生零部件碎裂、损坏。

拆卸旋转部件时应尽可能不破坏原来的平衡条件，不得在拆卸、保存、安装时发生碰撞。

23 为什么说零部件的清洗工作是设备检修中的一个重要环节？

答：因为清洗工作可以提高零部件装配质量，延长或保证设备的使用寿命，尤其对于滚动轴承和滑动轴承更为重要。如果清洗不彻底，就会造成严重的事故。

24 油管如何清洗？清洗时应注意哪些事项？

答：油管清洗要用工业苯80%和酒精20%的混合液清洗，洗净后用木塞堵住。

清洗时应注意：使用苯要严格防火，工作人员戴好防护口罩。清洗后的油管不要用铁丝绑布条拉洗。

25 用油清洗后的零部件为什么要进行脱脂？

答：因为有些零部件、设备和管路工作时，禁忌油脂，所以得进行脱脂处理。

26 二氯乙烷、三氯乙烷、四氯化碳、95%乙醇等脱脂剂的适用范围是什么？其特点分别是什么？

答：二氯乙烷脱酯剂适用于金属制件。其特点：有剧毒、易燃、易爆，对黑色金属有腐蚀性。

三氯乙烷脱脂剂适用于金属制品。其特点：有毒、对金属无腐蚀性。

四氯化碳脱脂剂适用于金属和非金属制品。其特点：有毒，对有色金属腐蚀。

95%乙醇脱脂剂适用于要求不高的零部件和管路。其特点：易燃、易爆、脱脂性差。

27 对于脱脂性能要求不高的和易擦拭的零部件如何检查是否合格？用蒸汽吹洗后的脱脂件如何检查脱脂是否合格？

答：对于脱脂要求不高和容易擦拭的部件，可用白滤纸或白布擦拭其表面，滤纸或白布上看不到油渍为合格。

蒸汽吹洗过的部件，取其冷凝液，放入直径1mm左右的樟脑片，以樟脑片不停地转动为合格。

28 联轴器与轴的装配应符合什么要求？

答：联轴器与轴的装配应符合如下要求：

（1）装配前应分别测量轴端外径及联轴器的内径，对有锥度的轴头，应测量其锥度并涂色检查配合程度和接触情况。

（2）组装时应注意厂家的铅印标记，宜采用紧压法或热装法，禁止用大锤直接敲击联轴器。

（3）大型或高速转子的联轴器装配后的径向晃度和端面的瓢偏值都应小于0.06mm。

29 叙述外径千分尺的读数原理。

答：外径千分尺是根据内外螺纹作相对旋转时能沿轴向移动的原理制成的，结构上有刻度的尺架设有中心内螺纹与能够转动的测微杆外螺纹是一对精密的螺纹传动副，它们的螺距$t=0.5$mm。当测量杆旋转一圈时，其沿轴向移动0.5mm，又因微分套筒与测量杆一起转动并移动，所以微分套筒既能显示出刻度尺架的轴向刻度值，又能借助微分筒上圆周的测微刻度读出测微值。微分筒在前端外圆周上刻有50个等分的圆周刻度线，微分筒母旋转一周（50格），测量杆就沿轴向移动0.5mm，微分筒沿圆周转动一格，测量杆则沿轴向移动0.5mm/50=0.01mm。

30 怎样看剖面图？

答：剖面图的特点是能清楚地表达机件的内形。在剖视图中，虽然机件的外形反映不够清晰，但可在相关视图中表达清楚，识读剖面图的方法与步骤如下：

（1）概括了解。首先看整组视图，弄清各视图、剖面图的名称、剖切的方法、剖切位置，做到对机件的形状、结构有个概括的了解。

（2）分解分析视图，一一想象内外形状。

1）先从剖面图中分解线框，利用投影关系，孔、实分明，远近易弄清特点，找到其相关投影，一一想象机件各部分形状，重点想像内形，并兼顾外形的想象。

2）如果外形想象困难，可将剖视图中某些线条拉伸成为线框，进行视图分解分析，想象出外形。

3）进行综合想象，达到对整体的全面了解。把各部分形体进行相对位置和连接关系的想象，此时应根据原视图对照想象，形成整体形状。

31 怎样综合运用各种表达方法来表达机件？

答：熟悉并掌握机件的各种表达方法是综合运用各种表达方法的必备条件，明确“视图少，表达清”的原则是综合运用机件各种表达方法的基本要求，选择表达方案，有计划、有目的、有步骤地综合运用各种表达方法，并通过比较，择优确定表达方案是必然的途径，一般宜按以下步骤进行：

（1）形体分析。对机件做形体分析，了解机件的形状、结构及各部分相互位置、结合方式。

（2）选择主视图。

（3）确定其他视图。

（4）考虑是否要采用剖视、剖面表达机件内部。

（5）考虑是否可采用简化、规定画法。

（6）综合考虑，用比较法确定优秀的表达方法。

32 为什么石墨化对钢材的性能有影响？

答：当钢中产生石墨化现象时，由于碳从渗碳体中析出成为石墨，钢中渗碳体数量减少，而石墨在钢中有如空穴割裂基体，石墨本身强度又极低，因此石墨化会使钢材的强度降低，使钢材的室温冲击值和弯曲角显著下降，引起脆化。尤其是粗大元件的焊缝热影响区，粗大的石墨颗粒可能排成链状，产生爆裂。石墨化1级时，对管子的强度极限σ_b影响不明显；2～3级时，管子钢材的强度极限较原始状态降低8%～10%；3～3.5级时，σ_b较原始状态降低17%～18%。

33 影响钢材石墨化的因素是什么？

答：影响钢材石墨化的因素是：

（1）温度。碳钢在450℃以上，0.5%M_0钢约在480℃以上开始石墨化，温度越高，石墨化过程越快。

（2）合金元素。不同的合金元素对石墨化的影响不同，Al、Ni和Si元素促进石墨化的发展，而Cr、Ti、Ne等元素则阻止石墨化的发展。Cr是降低石墨倾向最有效的元素，在低钼钢中加入少量的Cr(0.3%～0.5%)，就可以有效地防止石墨化，如12CrMo钢，运行经验证明不产生石墨化。

（3）晶粒大小和冷变形。因为石墨常沿晶界析出，所以粗晶粒钢比细晶粒钢石墨化倾向小。冷变形会促进石墨化过程，因此对有石墨化倾向的钢管在弯管后必须进行热处理。管子热处理时冷却不均匀所产生的区域应力，会促进石墨化。金属中裂纹、重皮等缺陷，是最容易产生石墨化的地方。

34 液压千斤顶顶升或降落时应采取哪些安全措施？

答：千斤顶顶升或降落时应采取的安全措施为：

（1）千斤顶的顶重头必须能防止重物的滑动。

（2）千斤顶必须垂直放在荷重的下面，必须安放在结实的或垫以硬板的基础上，以免发生歪斜。

（3）不准把千斤顶的摇把（压把）加长。

（4）禁止工作人员站在千斤顶安全栓的前面。

（5）千斤顶升至一定高度时，必须在重物下垫板，千斤顶下落时，重物下的垫板应随高度逐步撤掉。

35 如何进行轴承（油加热）热套装配？

答：轴承（油加热）热套装配的步骤为：

（1）熟悉轴承热套装配的步骤。

（2）掌握装配的技术要点，如轴与轴承的公差配合等（过盈量一般为0.02～0.05mm之间，最大不超过0.1mm）。

（3）加热轴承时控制油温与加热时间（温度控制在150～250℃之间，不超过300℃；加热时间视工件大小而定，但不宜过长，以免材质退火）。

（4）操作中要注意动作的协调、迅速、到位，并防止出现烫伤。

36 三角螺纹本身都具有自锁性，为什么有些场合下还需要采取防松措施？

答：通常连接用的三角螺纹，其升角小于当量摩擦角，故连接具有自锁性。在静载荷作用下，且工作温度变化不大时，这种自锁性可以防止松脱。但如果连接在冲击、震动、变载荷的情况下工作，则螺纹副间的预紧力可能变小或瞬时消失。这种现象重复多次后，就会使连接松脱。因此在有些场合下还需要采取防松措施。

37 新检修人员的基本培训包括哪些内容?

答：新检修人员的基本培训内容：

(1) 规程制度，包括电业安全工作规程，现场检修、验收规程，检修工艺规程和质量标准等。

(2) 工艺操作基本知识，包括：一般常用工具、量具的用途、使用和保管方法；常用材料、备品配件的名称、规格和用途；看图和绘制草图，钳工基本知识与操作等。

(3) 专业知识，包括专业基本理论知识，专业设备的名称、构造、原理、特性、用途和有关技术记录等技术管理知识。

38 零部件损坏的主要原因有哪些?

答：零部件损坏的主要原因是：摩擦、磨损、疲劳、变形和腐蚀等。

39 造成零部件磨损的主要原因是什么?

答：造成零部件磨损的主要原因是：机器零部件在长期工作过程中，由于摩擦而引起零件表面材料的损坏。如冲击负荷、高温氧化、腐蚀等。

40 零部件磨损可分为哪几种?

答：根据磨损时间的长短，零部件磨损可分为自然磨损和事故磨损两种。

41 什么是自然磨损? 自然磨损的特点是什么? 造成自然磨损的因素是什么?

答：自然磨损是指机器零件在正常工作条件下，长时间内逐渐产生的磨损。

自然磨损的特点是磨损是均匀地长时间逐渐增加的，这不会引起机器工作能力过早地或迅速地降低。

造成自然磨损的因素是：零件配合表面摩擦力的作用、冲击负荷的作用、高温氧化的作用、腐蚀作用等因素。

42 什么是事故磨损? 造成事故磨损的原因有哪些? 其特点是什么?

答：机器零件在不正常工作条件下，短时间内产生的磨损，称事故磨损。

造成事故磨损的原因有机器构造的缺陷，零件材料低劣，制造和加工不良，部件或机器安装配合不正确，违反操作规程和润滑规程，修理不及时或修理质量不高等。

事故磨损的特点是磨损量不均匀地迅速地在短时间内产生，并引起设备过早地降低工作能力。

43 摩擦的本质决定于什么? 其种类有哪几种?

答：摩擦的本质既决定于分子的因素，又决定于机械的因素。

摩擦的种类有四种，分别是：干摩擦、界限摩擦、液体摩擦、半干摩擦和半液体摩擦。

44 什么是干摩擦? 什么是界限摩擦? 什么是液体摩擦? 什么是半干摩擦和半液体摩擦?

答：在两个滑动摩擦表面之间，不加润滑剂，使两表面接触，就发生干摩擦。

在两个滑动摩擦之间，由于润滑剂不足，无法建立液体摩擦，摩擦表面上只保持一层极薄（0.1～0.2um）的油膜，这种油膜润滑状态下的摩擦是液体摩擦过渡到干摩擦的最后界限，所以称为界限（临界或边界）摩擦。

两个滑动摩擦表面，由于充满润滑剂材料而隔开，表面不发生直接接触，摩擦发生在润滑剂内部，这种摩擦称为液体摩擦。

处于干摩擦和界限摩擦间的摩擦为半干摩擦；处于液体摩擦和界限摩擦间的摩擦为半液体摩擦。半干摩擦和半液体摩擦都称为混合摩擦。

45 润滑剂有哪几种?

答：润滑剂有液体、半固体和固体三种；通常分别称为润滑油、润滑脂和固体润滑剂。

46 润滑油的主要功用是什么?润滑油的选择原则是什么?

答：润滑油的主要功用是减磨、冷却和防腐。

润滑油的选择原则是：

(1) 在保证机器摩擦零件的安全运转，为了减少能量的损耗，优先选黏度小的润滑油。

(2) 对于高速轻负荷工作的摩擦零件，选黏度小的润滑油；对于低转速重负荷运转的零件，应选黏度大的润滑剂。

(3) 对于冬天运转的机器应选择黏度小、凝固点低的润滑油；夏季工作的转动零件应选黏度大的润滑油。

(4) 受冲击负荷和作往复运行摩擦表面，应选用黏度大的润滑剂。

(5) 对工作温度较高、磨损较严重和加工比较粗糙的摩擦表面，选用黏度大的润滑剂。

(6) 对在高温下工作的机器应选用闪点高的润滑剂。

(7) 当没有合适的专用润滑油时，应选择黏度相近的代用油或混合油（配制）。

47 什么是润滑脂?主要由什么混合而成?其优缺点有哪些?主要功用有哪些?

答：半固体的润滑剂称为润滑脂或甘油。

润滑脂主要由矿物油与稠化剂混合而成。最常用的稠化剂为钙皂和钠皂。

润滑脂的优点有：动摩擦系数小，在机器运转或停车时其不易泄漏。

润滑脂的缺点有：静摩擦系数较大，会增加机器启动的困难。

润滑脂的主要功用是防腐、防磨与密封。

48 固体润滑剂有何特征?

答：固体润滑剂的特征有：

(1) 对摩擦表面黏度着力强。

(2) 具有各向异性的晶体强度性质，抗压强度大、抗剪强度小。

(3) 若为非各向异性的晶体，则要求其抗剪强度低于摩擦材料抗剪强度。

(4) 任何环境条件的变化不引起其特征有根本的变化。

49 二硫化钼润滑剂有哪些优越性?配比量一般为多少?分别适用于哪些设备?

答：二硫化钼的优越性有：良好的润滑性、附着性、耐湿性、抗压减磨性及抗腐蚀性等。对于在高速、高负荷、高温、低温及有化学腐蚀性等工作条件下工作的设备，均有优异的润滑效果。

二硫化钼润滑脂配比量一般为：润滑脂添加3%～5%的二硫化钼粉剂而成。

添加3%适用于轻负荷设备；添加5%适用于重负荷设备。

50 什么是动压润滑？什么是静压润滑？

答：动压润滑是轴承和轴颈之间具有一定间隙，利用油的黏性和轴颈的高速旋转，把润滑油带进轴承的楔形空间建立起压力油膜，使轴颈与轴承被油膜隔开。

静压润滑是利用外界的油压系统供给一定压力的润滑油而形成的，这时轴承完全处于液体摩擦状态。

51 形成液体动压润滑的条件有哪些？

答：形成液体动压润滑的条件为：

(1) 轴颈与轴承有一定的间隙。

(2) 轴颈有足够的回转速度。

(3) 轴颈和轴承应有精确的几何形状和较高的表面光洁度。

(4) 多支承的轴承应保持同轴性。

第四节 钳 工 基 础

1 钳工操作主要包括哪几方面？

答：钳工操作主要包括：划线、锉削、錾削、锯割、钻孔、扩孔、绞孔、套丝、矫正和弯曲、铆接、刮削、研磨、修理以及简单的热处理。

2 钳工主要是一个什么操作工种？常用的工具和设备主要有哪些？

答：钳工主要是通过用手工方法，经常在台虎钳上进行操作的一个工种。

钳工常用的工具主要有：手锤、錾子、刮刀、锯弓、扳手以及改锥等；常用的划线工具有划线平板、划针、圆规、样冲、划卡、直角尺、划线盘、游标高度卡尺、V形铁等。

常用的设备主要有：台虎钳、工作台、砂轮机等设备。

3 划线前应该做哪些准备工作？划线基准是根据什么来确定的？

答：划线前应准备的工作有：清理工件、涂色、装置中心塞块。

划线基准尽量按照图纸设计的基准来划线外，通常还有三种方法来确定划线基准：

(1) 以两个互相垂直的平面为基准。

(2) 以两条中心线为基准。

(3) 以一个平面和一条中心线为基准。

4 锉刀有哪几种？根据锉刀的锉纹可分为哪几种？

答：锉刀可分为普通锉、特种锉和整形锉三种。

根据锉刀的锉纹可分为单纹和双纹两种。

5 用锉刀锉内曲面时有哪些要求？锉外曲面时有哪些要求？

答：用锉刀锉内曲面时，应使用圆锉、半圆锉，锉刀要同时做向前推进、绕锉刀中心旋转、向左（或向右）移动（每次移动距离是锉刀直径的1～2倍）三个动作，三个动作应同时完成，内曲面就锉好了。

锉外曲面时用板锉即可，此时锉刀要同时完成向前推进和绕工件中心上下摆动。开始时，左手向下，右手抬起，随着锉刀的推进，左手逐渐向上抬起，右手向下压，依次反复，即可得到光洁、锉纹一致的外曲面。

6 平面锉削的方法有哪几种？

答：平面锉削的方法有：交叉锉削法、顺向锉削法、推锉法三种。

7 锤头一般用什么材料制作？并经过怎样处理方可使用？

答：锤头一般用T7、T8工具钢制作，并经过淬火处理后方可使用。

8 錾子的楔角如何选择？

答：錾子的楔角应与工件的软硬相适应，一般硬钢60°～70°，铸铁50°～55°，黄铜45°～50°，紫铜30°～35°。

9 挥锤有哪几种方法？握锤和握錾的方法分别有哪些？

答：挥锤的方法有：腕挥、肘挥和臂挥三种方法。

握锤的方法有紧握法和松握法两种；握錾的方法有正握法和立握法两种。

10 试述錾子淬火的步骤。

答：錾子淬火包含着两个内容，即淬火和回火。

錾子淬火的步骤如下：

(1) 将錾子的斜面磨光，其余部分均粗磨合适。

(2) 把錾子放入炉中加热，加热部分（锋口）长度20～30mm，当錾子加热至780℃（呈樱红色）时，从炉中取出，垂直放入水中（放入深度4～5mm），同时上下轻微抖动錾子，以便消除淬硬部位与不淬硬部位的明显分界线。

(3) 当露出水面的加热部分变成暗棕色时，取出錾子利用余热回火，此时应注意观察刃部颜色的变化情况，颜色变化的过程是白→黄→紫→蓝。当出现紫色（相当350°左右）时，即将錾子全部浸入水中，使其全部冷却。

11 麻花钻的主要角度分别是多少？

答：麻花钻的主要角度分别是：顶尖角又称顶角的角度118°±2°；前面角又称前角的角度，钻心外缘处为18°～30°，靠钻心处0°～30°；后面角的角度8°～14°；横刃斜角为50°～55°；螺旋角为18°～30°。

12 钻头钻孔呈多角形的原因有哪些？怎样防止？孔径尺寸大于规定尺寸，所产生的原因有哪些？怎样防止？

答：钻头钻孔呈多角形的原因有：钻头后角太大；两切削刃长短、角度不对称。防止的方法：正确刃磨钻头。

孔径尺寸大于规定尺寸所产生的原因有：①钻头两主切削刃有长有短，高低不平。②钻头来回摆动。防止的方法：①正确刃磨钻头。②消除钻头摆动。

13 钻孔壁粗糙的原因有哪些？怎样防止？钻孔位置偏移或歪斜的原因有哪些？怎样防止？

答：钻孔壁粗糙的原因有：钻头不锋利；后角太大；进刀量太大；冷却液不足、冷却液润滑性差。

防止的方法：钻头磨锋利；减小后角；减小进刀量；选润滑性好的冷却液。

钻孔位置偏移或歪斜的原因有：工件表面与钻头不垂直；钻头横刃太长；钻床主轴与工作台不垂直；进刀过急；工件固定不紧。

防止的方法：正确安装工件；磨短钻头横刃；检查转床主轴的垂直度；进刀不要太快；工件要夹得牢固。

14 钻头工作部分折断的原因有哪些？如何防止？

答：钻头工作部分折断的原因有：用钝钻头工作；进刀量太大；钻屑塞住钻头的螺旋转槽；钻头刚钻通时，进刀阻力迅速降低或突然增大了进刀量；工件松动；钻铸件时碰到缩孔。

防止钻头工作部分折断的方法有：把钻头磨锋利；减小进刀量，合理提高切削速度；钻深孔时，应经常退屑，使屑排出；钻孔即将穿通时，减少进刀量；将工件紧固；降低切削速度，根据工件硬度选择钻头的刃磨角度。

15 群钻有哪些优点？

答：群钻的优点是：能够分屑和断屑，切削省力，横刃可以磨得更为锋利，加强定心作用，使钻头轴线不易偏斜，有利于提高进刀量和表面光洁度等优点。

16 什么是铰孔？常用的铰刀有哪几种？常用锥铰刀的锥度有哪四种？分别适用于什么加工？

答：对原有的孔用铰刀再进行少量的切削，以提高孔的精度和光洁度，这种加工方法称为铰孔。

常用的铰刀有：手用铰刀、锥铰刀、可调试铰刀三种。

常用锥铰刀的锥度有：

(1) 1∶10锥铰刀，适用于加工联轴节上与销配合的锥孔。

(2) 莫氏锥铰刀（锥度近似1∶20)，适用于加工0～6号莫氏锥孔。

(3) 1∶50锥铰刀，适用于加工连接件的定销孔。

(4) 1∶30锥铰刀，适用于加工套式刀具上的锥孔。

17 用丝锥攻丝前，确定底孔直径时要考虑哪些因素？

答：用丝锥攻丝前，确定底孔直径时，要考虑工件材料塑性的大小和钻孔的扩张量，以便攻丝既有足够的空隙来容纳被挤出的金属，又能保证攻出螺纹具有完整的牙型。

18 公英制螺纹底孔直径如何计算？

答：钢和塑性较大的材料（公制）：

$$D = d - t \tag{2-1}$$

铸铁和脆性较大的材料（公制）：

$$D = d - (1.05t \sim 1.1t) \tag{2-2}$$

英制：

$$D = (\text{螺纹外径的英分数} \times 7 - 1)/64\ \text{英寸} \tag{2-3}$$

式中　D——底孔直径，mm；

d——螺纹内径，mm；

t——螺距，mm。

19 在攻不通孔的螺纹中，其钻孔深度应如何计算？

答：攻不通孔的螺纹中，其钻孔深度的计算公式为

$$\text{钻孔深度} = \text{所需螺纹深度} + 0.7d \tag{2-4}$$

式中　d——螺纹外径。

20 攻丝的方法及注意事项有哪些？

答：攻丝的方法及注意事项有：

（1）工件要夹紧，丝孔中心线要与孔的端面垂直。

（2）丝锥应放正，攻丝时用力要均匀，并保持丝锥与丝孔表面垂直。

（3）正确选择铰杠的长度和冷却液、润滑液。

（4）板转铰杠时，每次旋转1/2圈为宜（丝锥小时旋转圈应小于1/2转），每次旋进后应反转1/2或1/4行程，反转是为了拆断切屑，减少黏屑现象，保持刃口锋利，使冷却液顺利进入切削区，提高攻丝光洁度。

（5）攻丝不通孔时，应不断退出丝锥，倒出切屑。

（6）头锥攻丝感到费力时，用二锥与头锥交替使用，这样既省力，丝锥又易断裂。

21 套丝时坯杆直径应如何确定？怎样计算坯杆直径？

答：坯杆直径的大小，应根据螺纹直径和材料性质来选择，一般韧性材料套丝时，坯杆的直径要比脆性材料略小一些。

坯杆直径的计算公式是：坯杆直径＝螺纹直径－(0.1～0.4)(mm)。

22 什么是矫正？常用的矫正方法有哪三种？

答：用手工或机械的方法消除材料的不平、不直、翘曲和变形称为矫正。

常用的矫正方法有：机械矫正、火焰矫正、手工矫正。

23 什么是机械矫正？什么是火焰矫正？什么是手工矫正？

答：利用各种矫正机械使工件得到矫正的方法称为机械矫正。

用氧-乙炔火焰对工件局部加热，利用工件冷却时的局部收缩来矫正变形的工件称为火焰矫正。

利用手锤和一些辅助工具以手工的方法矫正工件称为手工矫正。

24 什么是弯曲？弯曲有哪几种？

答：利用材料的塑性，将工件弯成所需的形状称为弯曲。

根据材料性质、工件大小的不同，弯曲可分冷弯、热弯两种方法。

25 什么是刮削？其优点有哪些？

答：用刮刀从已加工工件表面刮去一层很薄的金属的操作叫做刮削。

刮削的优点为：提高工件尺寸精度，提高工件表面的光洁度，刀痕能够形成存油空隙，有利于摩擦配合，并且可增加表面的美观。

26 刮刀有哪几种类型？显示剂的种类有哪些？

答：刮刀分平面刮刀和曲面刮刀两种类型。

显示剂的种类有：红丹粉、蓝油、松节油、烟墨油、酒精、油彩、油墨等。

27 怎样用手刮法来刮削？怎样用挺刮法来刮削？

答：手刮法是用右手握住手柄，左手握住刀体距刀刃 50～80mm 处。刮削时左手向下压，同时左脚前跨，上身前倾，以增加左手压力，利用两臂前后摆动向前推挤，每完成一个动作，将刮刀提起。

挺刮法是将刮刀的柄部抵在大腿根部，双手握住刀体的前部，距刀刃 80～100mm 处。刮削开始时，利用腿和臀部的力量将刮刀向前推挤，同时双手施加压力，推挤结束的瞬间，立即将刮刀提起，从而完成一次刮削动作。

28 平面刮削可分为哪四个步骤？

答：平面刮削可分为粗刮、细刮、精刮、刮花四个步骤。

29 曲面刮刀刮削时，刮刀沿刮削加工面做什么运行？

答：曲面刮刀刮削时，刮刀沿刮削加工面做螺旋运行。

30 刮削易产生的弊病及原因有哪些？

答：刮削易产生的弊病及原因有：

（1）深凹痕。产生的原因是：刮削时压力过大以及刮刃口的弧形磨得过大。

（2）振痕。产生的原因是：刮削只在一个方向进行刮工件边缘时，刮刀平行于工件的边以及刀刃伸出工件太长，超过了刀宽的 1/4 等。

（3）丝纹。产生的原因是：刮刀刃口磨得不光滑以及刮刀刃口有缺口或裂纹。

31 销子的作用是什么？有哪几种类型？一般采用什么方法安装？

答：销子的作用是用于定位和紧固零部件。

销子有圆柱形和圆锥形两种类型。

销子的安装一般采用压入法或用软金属敲入两种方法，其过盈量一般为0.01mm。

32 装配圆锥销时的注意事项有哪些？

答：装配圆锥销时应注意：两零件的销孔应同时钻铰，然后将圆锥销塞入孔内，若销子能塞入孔内80%～85%即可打入销子，销子打入后大头应和零件表面平齐或稍露出零件表面，小头应缩进零件表面或与零件表面平齐。

33 检修中常用的手用工具有哪些？

答：检修中常用的手用工具有：锯弓、手锤、锉刀、铲刀、活络扳手、起子、錾子、刮刀、管钳等。

34 刮削的作用是什么？

答：刮削的作用是：

（1）提高工件的形状精度和配合精度。

（2）形成存油空隙，减少摩擦阻力。

（3）提高耐磨性，延长工件的使用寿命。

35 怎样确定锯割时的速度与压力？

答：锯割速度一般以每分钟往复20～60次为宜。锯软材料时可快些，压力应小些；锯硬材料时应慢些，压力可大些。

36 试述攻丝的步骤。

答：攻丝的步骤依次为：钻底孔、倒角、头锥攻丝、二锥攻丝。

37 如何指导初级工钳工操作练习？

答：（1）讲解钳工操作步骤。

（2）做必要的示范操作。

（3）让初级工练习，随时纠正其错误，直至其正确操作。

（4）教会初级工正确选用钳工工具。

38 安全工器具在每次使用前，必须进行哪些常规检查？

答：进行的常规检查有：

（1）是否清洁完好。

（2）连接部分应牢固可靠，无锈蚀与断裂。

（3）无机械损伤、裂纹、变形、老化、炭化等现象。

（4）是否符合设备的电压等级。

39 刮削表面产生振痕和撕纹的原因分别是什么？

答：两次刮削的方向应相互交叉。如果只在同一方向刮削，或刀刃伸出过长，都会使刮削表面产生振痕。

刮削表面产生撕纹，是由于刮刀刃口不锋利等原因造成的。为此，应保证刮刀刃的淬火和刃磨质量。

40 在修理中，如何判断螺纹的规格及其尺寸？

答：为了弄清螺纹的尺寸规格，必须对螺纹的外径、螺距和牙型进行测量，以便调换或配制。

测量方法如下：

（1）用游标卡尺测量螺纹外径。

（2）用螺纹样板量出螺距及牙型。

（3）用游标卡尺或钢板尺量出英制螺纹每英寸牙数，或将螺纹在一张白纸上滚压印痕，用量具测量公制螺纹的螺距或英制螺纹的每英寸牙数。

（4）用已知螺杆或丝锥测量螺纹配合，来判断其所属规格。

41 何谓錾削的切削角？

答：錾子的前倾面与切削平面之间的夹角称为切削角。

42 造成螺纹咬死的原因有哪些？

答：螺栓长期在高温下工作，表面产生高温氧化膜，松紧螺母时，因工作不当，将氧化膜拉破，使螺纹表面产生毛刺；或者螺纹加工质量不好，光洁度差，有伤痕；间隙不符合标准以及螺钉材料不均匀等，均易造成螺纹咬死现象。

第五节 起 重 基 础

1 起重工作的基本操作大致可分哪几种方法？

答：起重工作的基本操作大致可分为撬、顶、垫、捆、转、滑、滚、吊等九种方法。

2 起重工常用的吊装索具有哪些？常用的小型工具有哪些？

答：起重工常用的吊装索具有：麻绳、钢丝绳以及用麻绳或钢丝制作的吊索和吊索附件。

起重工常用的小型设备有：千斤顶、绞磨、卷扬机、滑车和滑车组等。

3 起重工在吊装、搬运各类型的物件时，必须考虑哪些情况？

答：起重工在吊装、搬运各类型物件时，必须考虑到它的质量及受力面、工作环境和安全性等，而后选用恰当的工具、设备和确定合理的施工方法。

4 使用吊环起吊物件时，应注意哪些事项？

答：使用吊环起吊物件时，应注意以下事项：

（1）使用吊环前，应检查吊环螺杆有无弯曲现象；螺纹与螺孔是否吻合；吊环螺杆承受负荷是否大于物件质量。

（2）螺杆应全部拧入螺孔，以防受力后产生弯曲或断裂。

（3）两个以下吊点使用吊环时，钢丝绳间的夹角不宜过大，一般应在60°之内，以防止吊环受到过大的水平力而造成吊环损坏。

5 使用吊钩时应注意哪些？

答：吊钩表面应光滑，不得有剥裂刻痕、裂纹等现象的存在，吊钩应每年检查一次，若发现裂纹应立即停止使用。

6 千斤顶按其结构和工作原理的不同，可分为哪几种？它们的一般起重量为多少？

答：千斤顶按其结构和工作原理的不同，可分为齿条式、螺旋式和油压式三种。

齿条式千斤顶一般起重量为3～6t，最大为15t。

螺旋式千斤顶一般起重量为5～50t。

油压式千斤顶一般起重量为3～320t。50t以上的油压千斤顶，一般都装有压力表，可随时观察油液的压力。

7 倒链有什么优点？倒链可用于什么作业？它由哪几部分组成？

答：倒链的优点为：结构紧凑、携带方便、使用稳当的手动起重设备。

倒链可用于拆卸设备机器、提升货物、吊装构件等作业。

倒链由链轮、手拉链、传动机械、起重链及上、下吊钩等组成。

8 倒链使用前应注意哪些事项？

答：倒链使用前应注意以下四点：

（1）检查吊钩、链条和轮轴等有无损伤，传动是否灵活。

（2）起重链条是否打扭，如有打扭现象应绽顺直后方可使用。

（3）应试验自锁良好时，才可使用。

（4）使用时不得超过铭牌上额定起重量。

9 使用滑车、滑车组时应注意哪些？

答：使用滑车、滑车组时应注意以下6点：

（1）使用前应检查滑车的轮槽、轮轴、夹板、吊钩各部分无损伤和无裂纹；并检查转动部件必须灵活，润滑良好，不得超载。

（2）滑车穿绕完毕后，应将绳收紧，检查有无卡绳、磨绳和绳间互相摩擦，如有问题应立即消除，不得勉强行事。

（3）滑车组在工作中，保持垂直，中心线通过重物中心，使重物平衡提升。

（4）不得有传力不畅，滑车组的钢丝绳应受力均匀，以免突然收紧产生很大冲击荷载，甚至造成断绳。

（5）重要的起重、高空作业以及起重量较大时，不宜使用吊钩型滑车，而应使用吊环，吊梁型滑车，以防脱钩事故。

（6）滑车使用前后应擦油保养，传动部分经常润滑，存放于干燥少尘的库房，悬挂或垫以木板搁好。

10 搭脚手架所用的架杆和踏板有哪些要求？对搭好后的脚手架有哪些要求？

答：搭脚手架所用的架杆和踏板的要求分别是：杆柱可采用木杆、竹杆或金属管。木杆可采用剥皮杉木或其他各种坚韧的硬木。杨木、柳木、桦木、油松和其他腐朽、拆裂、枯节等易拆断的木杆，禁止使用。竹杆应采用坚固无伤的毛竹，但青嫩、枯黄或有裂纹、虫蛀以及受机械损伤的都不准使用。脚手架踏板厚度不应小于4cm。

对搭好后的脚手架应稳固可靠、脚手架顶部在靠外缘需设有齐腰高的栏杆（1m高），在栏杆内侧设有18cm高的侧板，以防坠物伤人；上脚手架前应预测所承受荷重，不得超出预测荷重。

11 一切重大物件的起吊，搬运工作须由什么人统一指挥？

答：一切重大物件的起吊、搬运工作须由有经验的专人负责进行，参加工作的人员应熟悉起重搬运方案和安全措施。起吊搬运时只能由一个人指挥。

12 起重机的荷重在满负荷时应注意哪些事项？

答：起重机的荷重在满负荷时，应避免离得太高。起吊重物提升的速度要均匀平稳，不宜忽快忽慢，忽上忽下，以免重物在空中摇晃发生危险。放下时速度不宜太快，防止吊物到地时碰撞。

13 使用千斤顶时应注意的事项有哪些？

答：使用千斤顶时应注意以下六条：

（1）千斤顶的顶重必须防止重物的滑动。

（2）千斤顶必须垂直地放在荷重下面，必须安放在结实的或垫以硬板的基础上，以免举重时发生歪斜，压弯齿条或螺纹。

（3）不准在千斤顶的摇把上套接管子或用其他任何方法来加长摇把长度。

（4）当液压千斤顶（或空气式）升至一定高度后，必须在重物下垫以垫板，防止突然下降，发生事故。

（5）用两台千斤顶顶起同一重物时，应选择吨位和上升速度相同者；如速度不同应逐一多次轮流慢慢起动。

（6）禁止将千斤顶放在长期无人照料的荷重下面。

14 起重作业的“五好”“九不吊”分别指什么？

答：起重作业的“五好”是指：

（1）思想统一集中好。

（2）机器全面检查好。

（3）物件扎紧堆放好。

（4）互相密切联系好。

（5）统一指挥协调好。

“九不吊”是指：

（1）超负荷不吊。

（2）无专人指挥、重量不明、光线阴暗、指挥信号看不清不吊。

（3）安全装置失灵、机械设备有异声或故障不吊。

（4）物件捆绑不牢或吊挂不平衡不吊。

（5）吊挂工件直接进行加工，歪拖斜挂和吊运投送氧气、乙炔瓶等，受压容器无安全措施不吊。

（6）物件埋在地下或被压住情况不明不吊。

（7）吊物上站人或有浮动物件不吊。

（8）露天起重机遇六级以上大风或大暴雨不吊。

（9）物件的利边快口未加衬垫不吊。

15 吊环螺栓的安全操作要求有哪些？

答：吊环螺栓的安全操作要求有：

（1）无安全措施不允许使用一个吊环螺栓和一条钢丝绳进行起吊作业。

（2）不允许进行焊接检修或焊接在吊物上使用。

（3）吊环螺栓必须紧密拧合在吊索上，若螺母孔过浅应选用深螺母或用座垫将螺栓与吊索紧密贴合。

（4）起吊方向与螺栓环的方向必须一致，应回避横向拽拉致螺栓松动或紧固。

16 葫芦式起重机作业时的注意事项有哪些？

答：葫芦式起重机作业时的注意事项有：

（1）对于长期停止使用的葫芦式起重机重新使用时，应按规程要求进行试车，认为无异常方可投入使用。

（2）作业前应检查起重机轨道上、步行范围内是否有影响工作的异物与障碍物。

（3）检查电压降是否超过规定值。

（4）制动器动作应灵敏可靠。

（5）起开限位开关动作应安全可靠。

（6）起开、运行机构空车试运时是否有异常声响与震动。

（7）吊钩滑轮组是否转动灵活无异常。

（8）起升及吊装捆绑钢丝绳不得有破损。

17 简述起重机的四大基本结构。

答：起重机的四大基本结构为：

（1）起升机构。起升机构包括驱动装置、传动装置、制动装置和取物缠绕装置等四种装置。

（2）运行机构。运行机构包括驱动装置、传动装置和车轮装置等。

（3）旋转机构。旋转机构包括驱动装置、传动装置、制动装置和旋转装置等。

（4）变幅机构。变幅机构包括驱动装置、传动装置、制动装置、变幅装置等。

18 减速器在使用中的常见故障有哪些?

答：减速器在使用中的常见故障有：

(1) 连续的噪声。主要是齿顶与齿根相互挤磨所致，将齿顶尖角磨平即可解决。

(2) 不均匀的噪声。主要是斜齿轮副的螺旋角不一致或轴线不平行所致，应更换不合格的零件。

(3) 断续而清脆的撞击声。主要是啮合面存有异物或有凸起的疤痕所致。清除异物或铲除疤痕后即可解决。

(4) 发热。轴承损坏润滑不良或装配不当。

(5) 震动。减速器连接的部件有松动，底座或支架的刚度不够时会产生震动现象。

(6) 漏油。减速器箱的开合面不平，闷盖与箱体连接处当密封破坏后，会出现漏油现象。

19 简述制动器检修时的注意事项。

答：制动器检修时的注意事项为：

(1) 注意检查制动电磁铁的固定螺栓是否松动脱落，检查制动电磁铁是否有剩磁现象。

(2) 制动器各铰接点应转动灵活无卡滞现象，杠杆传动系统的“空行程”不应超过有效行程的10%。

(3) 检查制动轮的温度。一般不得高于环境温度120℃。

(4) 制动时制动瓦应紧贴在制动轮上且接触面不小于理论接触面积的70%。松开制动时，制动瓦块上的摩擦片脱开制动轮两侧的间隙应均等。

(5) 液压电磁铁的线圈工作温度不得超过105℃，液压推动器在通电后的油位应适当。

(6) 电磁铁的吸合冲程不符合要求，而导致制动器松不开，必须立即调整电磁铁的冲程。

20 上升极限位置限制器有哪几种形式?

答：上升极限位置限制器有两种形式：

(1) 重锤式起升高度限位器。重锤式起升高度限位器和重锤组成一个限位开关。常用的限位开关的型号有LX131、LX432、LX1031。其工作原理：当重锤自由下垂时，限位开关处于接通电源的闭合状态。当取物装置起升到一定位置时，托起重锤致使限位开关打开触头而切断总电源，机构停止运转，吊钩停止上升。如要下降，控制手柄回零重新起动即可。

(2) 螺旋式起升高度限位器。螺旋式起升高度限位器有螺杆传动和蜗杆传动两种形式，这类限位器的优点是自身重量小，便于调整和维修。螺杆式起升高度限位器由螺杆、滑块、十字联轴节、限位开关和壳体等组成。当起升重物升到上极限位置时，滑块碰到限位开关切断电路，控制了起升高度。当在螺杆两端都设置限位开关时，则可限制上升和下降的位置。螺旋式起升限位器准确可靠，但应注意的是每一次更换钢丝绳后应重新调整限位器的停止位置，避免发生事故。

21 简述缓冲器的结构类型。

答：缓冲器类型较多，常用的缓冲器有：弹簧缓冲器、橡胶缓冲器、聚氨酯缓冲器和液压缓冲器等。

（1）弹簧缓冲器。弹簧缓冲器主要由碰头、弹簧和壳体等组成。它结构比较简单，使用可靠，维修方便。当起重机撞到弹簧缓冲器时，其能量主要转变为弹簧的压缩能，因而具有较大的反弹力。

（2）橡胶缓冲器。橡胶缓冲器结构简单，但它所能吸收的能量较小，一般用于起重机运行速度不超过 50mm/min 的场合，主要起阻挡作用。

（3）聚氨酯缓冲器。聚氨酯缓冲器是一种新型缓冲器，在国际上已普遍采用，目前国内的起重设备也大量采用，大有替代橡胶缓冲器和弹簧缓冲器之势。聚氨酯缓冲器吸收能量大，缓冲性能好，耐油、耐老化、耐稀酸、耐稀碱的腐蚀，耐高温又耐低温，绝缘又能防爆，比重小而轻，结构简单，价格低廉，安装维修方便和使用寿命长。

（4）液压缓冲器。液压缓冲器能吸收较大的撞击能量，其行程可做得短小，故而尺寸也较小。液压缓冲器最大的优点是没有反弹作用，故工作较平稳可靠。当起重机碰撞液压缓冲器时后推动撞头、活塞及弹簧移动。弹簧被压缩时吸收极小的一部分能量，而活塞移动时压缩了液压缸筒内的液体，受到压力的液压油由液压缸筒流经顶杆与活塞的底部环形间隙，进入储油腔，在此处把吸收的撞击能量转化为热能起到了缓冲作用。在起重机反向运行后，缓冲器与止挡体逐渐脱离缓冲器，液压缸筒的弹簧可使活塞回到原来的位置。此时储油腔中液体又流回液压缸筒，撞头也被弹簧顶回原位置。

缓冲器应经常检查其使用状态，弹簧缓冲器的壳体和连接焊缝不应有裂纹或开焊情况，缓冲器的撞头压缩后能灵活地复位，不应有卡阻现象。橡胶缓冲器使用中不能松脱，橡胶撞块不得有老化、变质等缺陷，如有损坏应立即更换。液压缓冲器要注意密封不得泄漏，要经常检查油面位置，防止失效。添加油液时必须过滤，不允许有机械杂质混入且加油时应缓慢进行，使油腔中的空气排出缓冲器，确保缓冲器正常工作。

起重机上的缓冲器与终端止档体应该很好地配合，同一轨道上运行的两台起重机之间及同一台起重机的两台小车之间的缓冲器应等高，即两只缓冲器在相互碰撞时两碰头能可靠地对中接触。弹簧式缓冲器与橡胶式缓冲器已系列化，可以根据机构运行的冲量选择适当型号的缓冲器。缓冲器在碰撞之前，机构一般应切断运行，极限位置限制器的限位开关，使机构在断电且制动状况下发生碰撞，以减小对起重机的冲撞和震动。

22 葫芦式起重机的机械安全防护装置有哪些?

答：为了保证葫芦式起重机使用寿命，葫芦式起重机必备以下基本的机械安全装置：

（1）护钩装置。吊钩应设有防止吊载意外脱钩的保护装置，即采用带有安全爪式的安全吊钩。

（2）导绳器。为防止乱绳引起的事故，目前电动葫芦的起升卷筒大部分都设有防止乱绳的导绳器。导绳器为螺旋式结构，相当于一个大螺母卷筒，螺杆卷筒正反旋转时，导绳器一方面压紧钢丝绳不得乱扣，同时又向左右移动导绳器上有拨叉，拨动升降限位器拨杆上的挡块，达到上下极限位置时断电停车。

（3）制动器。葫芦式起重机的动作为三维动作，即上下升降为 Z 向，小车横向左右运动为 Y 向，起重机大车前后纵向运动为 X 向。每个方向动作的机构必须设有制动装置制动器。目前中国有三代电动葫芦共同服务于各项工程当中。20 世纪 50 年代生产的 TV 型电动葫芦虽已淘汰不准再生产，但仍有产品在使用，其制动器为电磁盘式制动器。目前仍在大批量生产供货的国产CD、MD型电动葫芦和引进产品AS型电动葫芦，它们的制动器为锥形制动器，均为机械式制动器，依靠弹簧压力及锥形制动环摩擦力进行制动。小车和地面操作的大车运行机构的制动器为锥形制动电机的平面制动器，司机室操纵的大车制动器为锥形制动器。

（4）阻进器。止挡又称为阻进器，在葫芦式起重机主梁单梁式起重机两端适当位置，控制极限尺寸设有带有缓冲器的阻进器，止挡与缓冲器为一体阻止葫芦小车车轮运行而停车，在电动葫芦桥式起重机主梁上两端适当位置设有阻进器，阻止小车横行至极限位置而停车，在梁式起重机大车运行轨道两端设有阻进器以阻止起重机停在极限位置上。

（5）缓冲器。缓冲器通常是装设在单梁起重机端梁上和装在起重机小车架端梁的端部上。目的是为减缓葫芦式起重机与止挡的碰撞冲击力，对起重机及吊载的冲击振动，古老的缓冲器是采用硬木，目前多采用橡胶的聚氨酯缓冲器。

23 简述葫芦式起重机的安全使用要求。

答：在有粉尘、潮湿、高温或寒冷等特殊环境中作业的葫芦式起重机，除了应具备常规安全保护措施之外，还应考虑能适应特殊环境使用的安全措施。

（1）粉尘环境。在有粉尘环境中作业的葫芦式起重机，应考虑以下安全保护措施：

1）为了保护司机的人身健康应采用闭式司机室进行操作。

2）起重机上的电动机和主要电器的防护等级，应相应提高。通常情况下葫芦式起重机用电动机及电器的防护等级为IP44，根据粉尘程度的大小，应相应增强其密封性能，即防护主要是防尘能力等级提高为IP54或IP64。

（2）潮湿环境。在正常情况下工作环境湿度不大于85%时，葫芦式起重机的防护等级为IP44，但目前要求适应湿度较大的场合越来越多，要求湿度为100%的场合也不少，甚至如核电站还有用高压水冲洗核设备的核粉尘污染，所采用的起重设备的防护等级必须提高。为此在湿度85%到100%之间的使用场合，起重机的电机与电器防护等级应为IP55。在潮湿环境中对10kW以上电机还应采取增设预热烘干装置。在露天作业的葫芦式起重机的电机及电器上均应增设防雨罩。

（3）高温环境。

1）司机室应采用闭式装有电风扇或安装空调的司机室。

2）电动机绕组及机壳上应埋设热敏电阻等温控装置，当温度超过一定界限时断电停机加以保护或在电机上增设强冷措施，通常为在电机上增设一专用电风扇。

（4）寒冷环境。对于在室外寒冷季节使用的葫芦式起重机，应有如下安全防护措施：

1）司机室内应设取暖装置，采用闭式司机室。

2）及时清除轨道、梯子及走台上的冰雪，以防滑倒摔伤。

3）起重机主要受力杆件或构件，应采用低合金钢或不低于Q235-C普通碳素钢，指在－20℃以下的材质。

（5）地面操纵。地面操纵时应采用非跟随式操纵形式，即操作人员不随吊载横向移动而移动，手电门不是悬吊在电动葫芦开关箱之下而是单独另行悬挂在一滑道上，这样操作者就可能远离吊载，在适当的位置上进行操作，即可避免遭受吊载的撞击危险。

地面操纵时起重机运行速度必须在 $v \leqslant 45\mathrm{m/min}$ 条件下，以防太快造成操作人员与起重机“赛跑”。

24 简述桥式起重机的构造。

答：桥式起重机由大车和小车两部分组成。小车上装有起升机构和小车运行机构，整个小车沿装于主梁上的盖板上的小车轨道运行。单梁桥式起重机又称为梁式起重机，其小车部分即是电动葫芦，它沿主梁工字梁下翼缘运行。大车部分则是由起重机大车桥架及司机室等组成。在大桥架上装有大车运行机构和小车输电滑触线或小车传动电缆及电气设备电气控制箱和电阻器等。司机室又称操纵室，其内装有起重机控制装置及电气保护柜、照明开关板等。按功能来说，桥式起重机则是由金属结构、机械部分和电气部分等三大部分组成。

25 塔式起重机有哪些不同类型？

答：塔式起重机按照不同的分类方法可分为以下不同类型。

（1）按旋转方式分：

1）上旋式。塔身不旋转，在塔顶上安装可旋转的起重臂，对侧有平衡臂。

2）下旋式。塔身与起重臂一起旋转，起重臂固定在塔顶，平衡重及旋转机构均布置在塔身下部。

（2）按变幅方式分：

1）动臂式起重臂。起重机变换工作半径是靠改变起重臂的倾角来实现的。

2）水平小车起重臂。起重机的起重臂固定在水平位置上，倾角不变，变幅是通过起重臂上的起重小车运行来实现的。

（3）按起重量分：

1）轻型。起重量在 0.5～3t，适用于一般五层以下住宅楼施工。

2）中型。起重量在 3～15t，适用于一般工业建筑安装工程和高层建筑施工。

3）重型。起重量可达 75t 以上，用于重型工业厂房及高炉设备安装。

26 司机登上起重机后应检查的内容是什么？

答：司机登机后应检查下列内容：

（1）检查作业条件是否符合要求。

（2）查看影响起重作业的障碍因素特别是特殊环境中实施的起重作业。

（3）检查配重状态。

（4）确定起重机各工作装置的状态，查看吊钩、钢丝绳及滑轮组的倍率与被吊物体是否匹配。

（5）检查起重机技术状况，特别应检查安全防护装置的工作状态。装有电子力矩限制器或安全负荷指示器的应对其功能进行检查。

（6）只有确认各操作杆在中立位置或离合器已被解除以后才能进行起动。

（7）气温在－10℃以下时要充分进行预热，液压起重机应保持液压油在 15℃以上时方可开始工作。发动机在预热运转中要进行检查油路、水路、电路和仪表情况，发现异常时要及时排除。

(8) 对于设有蓄能器的应检查其压力是否符合规定的要求。设置有离合器的起重机，应利用离合器操纵手柄，检查离合器的功能是否能正常工作。同时推入离合器以后一定要锁定离合器。

(9) 松开吊钩，仰起臂架，低速运转各工作机构。

(10) 平稳操纵起升、变幅、伸缩、回转各工作机构及制动踏板。同时观察各部分仪表、指示灯是否显示正常。各部分功能正常时方可正常作业。

27 简述起重机主要受力构件的报废标准。

答：起重机金属结构的主要受力杆件通常有：主梁、端梁、支腿、悬臂、立柱等钢结构、铆焊件，以及金属钢结构构件间的连接件（如螺栓和焊缝等）。

主要受力构件的报废标准为：

(1) 主要受力构件失去整体稳定时如不能修复应报废。

(2) 主要受力构件发生腐蚀时，当承载能力降低至原设计承受力能的87%以下时或者是主要受力构件断面腐蚀厚度达到原厚度的10%时如不能修复应报废。如作降载使用，重新确定的额定起重量对结构腐蚀后的承载能力应具有不小于1.4倍安全系数并应做全面检修及防腐处理。

(3) 主要受力构件产生裂纹时，应根据受力情况和裂纹情况决定是否报废或继续使用。如果在主要受力部位有裂纹或其他部件有明显裂纹时应报废。如果不是在主要受力部位有轻微的裂纹或有裂纹隐患处并能采取有效的补救和加强阻止裂纹继续扩展的措施或能改变应力分布的有力措施时可以继续使用，但应经常检查。

(4) 主要受力构件因过载产生塑性变形，使工作机构不能正常地安全运转，如不能修复应报废。对因主要受力构件产生塑性变形进行修复时，不应采用大量地改变钢材金相组织和机械性能的方法如火焰烘烤法等。但局部采用火焰烘烤改变变形或火焰烘烤并加有相应机械措施的修复变形是可以的。

(5) 主要受力部件因碰撞产生变形如臂架或塔架悬臂等，影响正常使用并失去修复价值时应报废。

(6) 主要受力构件因疲劳而出现下塌、扭转等变形而影响正常使用又无法修复时应报废。

(7) 对于桥式或门式起重机的主梁产生下挠变形，当满载时主梁跨中下挠值在水平线以下，达到跨度的1/700时，如不能修复应报废。

(8) 主梁的磨损。对于葫芦式起重机主梁多采用热轧工字钢、H钢或箱形梁等组合型主梁。电动葫芦通过车轮悬挂支承在主梁上。其葫芦式起重机不同于其他类型起重机的突出之处，在于主梁不但用来支承电动葫芦和吊载，同时又直接作为电动葫芦横行的运行轨道，这样主梁一方面必须具有足够的强度、刚度和稳定性用来支承载荷的能力，同时又要承受车轮运行时对它的磨损破坏，通常车轮是支承在主梁工字钢、H钢或箱形梁的下翼缘上表面，主梁被磨损的部位为主梁下翼缘上表面与车轮踏面相磨，主梁下翼缘两端与车轮轮缘相磨。当主梁下翼上表面被车轮踏面磨损的磨损量达到原厚度的5%时主梁也应报废。

28 制动装置制动器的报废标准有哪些?

答：制动装置制动器的报废标准有：

（1）制动衬料、制动环、制动带等刹车衬料件，当磨损量达到原厚度的50%时应报废。

（2）制动轮有裂纹破坏时，制动轮应报废。

（3）制动轮的磨损报废。起升机构和变幅机构的制动轮轮缘表面磨损量达到原厚度的50%时制动轮应报废。

（4）制动器各铰节点处的销轴和销轴孔的磨损量达到原销轴直径或销孔直径尺寸的5%时，销轴和带销轴孔的零件应报废。

29 简述钢丝绳的报废标准。

答：钢丝绳是易损件，起重机械总体设计不可能是各种零件都按等强度设计，例如电动葫芦的总体设计使用寿命为10年，而钢丝绳的使用寿命仅为总体设计使用寿命的1/3左右，就是说在电动葫芦报废之前允许更换二次钢丝绳。钢丝绳使用的安全程度即使用寿命或者称为报废的标准是由以下各因素判定，然而钢丝绳的损坏往往不是孤立的，而是由各种因素综合积累造成的，应由主管人员判断并决定钢丝绳是报废还是继续使用。

造成钢丝绳损坏报废的因素为：断丝的性质和数量、绳端断丝、断丝的局部聚集、断丝的增加率、绳股断裂，由于绳芯损坏而引起的绳径减小、弹性减小、外部及内部磨损、外部及内部腐蚀、变形，由于热或电弧造成的损坏等。

30 起重机吊运操作如何进行？

答：起重机吊运操作应根据指挥人员的信号（红白旗、哨、左右手势）进行操作，操作人员看不见信号时不准操作。

31 吊运危险物品时有何规定？

答：吊运有爆炸危险的物品，如压缩气瓶、强酸、强碱、易燃性油类等，应制定专门的安全技术措施并经主管生产的领导（总工程师）批准。

32 起重工在吊、搬运各种设备或重物时，选择合适的起重机械以及合理的吊运方法的依据是什么？

答：根据设备或重物的质量和外形尺寸等情况，来选择起重机械以及合理的吊运方法。

33 吊重物时，工作负责人应做哪些工作？

答：起吊重物前，工作负责人应检查悬吊情况及所吊物件的捆绑情况，确认可靠后方准许试行起吊；吊运重物稍一离地，就须再检查悬吊及捆绑情况，认为可靠后才可准许继续起吊。起吊过程中如发现绳扣不良或重物有倾倒危险应立即停止，待调整好重心后再继续起吊。

34 对起吊重物的绑扎有何要求？

答：起吊重物，必须先用绳子或链子很牢固地平衡地绑扎，绳子或链子不应有打结和扭动的情况，所吊物件若有棱角或特别光滑的部分，在棱角或光滑面与绳索相接触处应加以包垫，防止绳索受割剪损伤或打滑。

35 如何保养捆扎吊物用的白麻绳？

答：捆扎吊物用的白麻绳的保养方法为：

（1）麻绳应放在干燥的木板上及通风良好的地方，不能受潮或烘烤，使用中已受潮或沾泥沙的，要洗净晒干以免腐烂。

（2）不能在酸碱场所使用，以防止沾染酸碱后降低其强度。

（3）不宜在启动的起重机械上使用，麻绳穿绕滑轮时，滑轮直径应比麻绳直径大 8 倍以上。

（4）麻绳用于起吊和绑扎时，对可能接触到的棱角、尖锐边缘处，应用软物包垫，以免磨断。

（5）旧麻绳在使用时，应根据变旧程度降级使用。

36 安全带使用时应注意哪些事项？不使用时该如何保养？

答：使用安全带的注意事项为：

（1）安全带使用前必须做一次外观检查，且在使用中也应随时注意安全带外观，如发现有破损、变质等情况，应禁止使用。

（2）安全带应高挂低用或平等拴挂，切忌低挂高用；要将活梁卡子系紧，安全带穿到皮带内，否则禁止使用。

（3）安全带不宜接触 120℃以上的高温、明火和酸类物质，以及有锐角的坚硬物体和化学药品。

安全带不使用时的保养为：

（1）不用时应卷成螺旋状存放在架子上或吊挂起来，但不得接触潮湿的墙。

（2）安全带可放入低温水内用肥皂轻轻擦洗，再用清水漂干净，然后晾干，不允许浸入热水中以及在日光下曝晒或用火烤。

37 起重机械进行技术检查的规定及检查内容有哪些？

答：各式起重机的技术检查，每年至少一次；对新装、拆迁的起重机运行前，应进行技术检查。

起重机技术检查内容：保险装置、连锁装置和防护装置。具体检查内容有：保险装置完好；连锁装置和防护装置完整可靠；有关附件（绳索、链条、吊钩、齿轮和传动装置）的状况符合强度规定；磨损情况在允许范围内；固定螺母开口销完整；电力起重机的电气接地装置符合要求。

38 检修吊装设备时如何选择合适的钢丝绳？

答：由于钢丝绳具有质量轻，挠性好，能够灵活运用，弹性大，韧性好，能承受冲击载荷，高空运行没有噪声，破断前有断丝的预兆，整根钢丝绳不会立即折断的安全优点。选择时，如不在较高温度下和重压条件下工作，可选用油浸的麻或棉绳芯的钢丝绳，其比较柔软，容易弯曲，绳芯中有较多的含油量，可以油润钢丝；如在较高温度和不需重压条件下工作，可选用石棉绳芯制成的钢丝绳；当需要在较高温度下又需耐重压的条件下工作时，选用金属绳芯的钢丝绳，但其太硬不易弯曲。

39 使用链条葫芦起重时有哪些注意事项?

答：链条葫芦起重时的注意事项为：

（1）使用前应检查吊钩、主链是否有变形、裂纹等异常现象，传动部分是否灵活。

（2）在链条葫芦受力之后，应检查制动机构是否能自锁。

（3）在起吊重物时手拉链不许两人同时拉。

（4）重物起吊时，如暂不需要放下，则此时应将手拉链拴在固定物上或主链上，以防止制动机构失灵，发生滑链事故。

第三章

回转设备的检修

第一节　设备的拆装与清洗

1 设备拆卸时应注意哪些事项？

答：设备拆卸时的注意事项为：

（1）做好各部位间隙与垫的记录，必要时做上记号，以避免错误（注意：给零部件做记号时应分门别类；记号应做在侧面，不能做在工作面上）。做记号的方法，如图 3-1 所示。

（2）拆下的零部件，要放在干燥的木板上，并遮盖防尘和防止磕碰。对细长轴应多点支撑或垂直悬吊起来，以免造成弯曲。易生锈的零件应涂上一层黄油来防锈。

图 3-1　零部件做记号方法示意图

2 零部件装配时必须进行哪些清洁工作？

答：零部件装配时必须进行下列清洁工作：

（1）装配前，清除零件上残存的型砂、铁锈、切屑、研剂、油污及灰砂等，对孔、槽、沟及其他容易存留灰砂及污物的地方，应仔细地进行清除。

（2）装配后，清除在装配时产生的金属切屑。

（3）部件或机器试车后，洗去因摩擦而产生的金属微粒及其他污物。

3 机械设备拆卸的一般原则有哪些？

答：机械设备拆卸的一般原则为：

（1）拆卸之前应详细了解机械设备的结构、性能和工作原理，仔细阅读装配图，弄清装配关系。

（2）在不影响修换零部件的情况下，其他部分能够不拆就不拆，能够少拆就少拆。

（3）要根据机械设备的拆卸顺序，选择拆卸步骤。一般由整机到部件，由部件到零件，由外部到内部。

4 机械设备的拆卸注意事项有哪些？

答：机械设备的拆卸注意事项有：

（1）拆卸前作好准备工作。准备工作包括选择并清理好拆卸工作地，保护好电气设备和易氧化、锈蚀的零件，将机械设备中的油液放尽。

（2）正确选择和使用拆卸工具。拆卸时尽量采用合适的专用工具，不能乱敲和猛击。用锤子直接打击拆卸零件时，应该用铜或硬木作衬垫。连接处在拆卸之前，最好使用润滑油浸润，不易拆卸的配合件，可用煤油浸润或浸泡。

（3）保管好拆卸的零件，注意不要碰伤拆卸下来零件的加工表面，丝杠、轴类零件应涂油后悬挂于架上，以免生锈、变形。拆卸下来的零件，应按部件归类并放置整齐，对偶件应打印记并成对存放，对有特定位置要求的装配零件需要做出标记，重要、精密零件要单独存放。

5 简述螺纹连接设备的拆卸方法。

答：拆卸螺纹连接件时，要注意选用合适的呆扳手或一字旋具，尽量不用活扳手。在弄清螺纹的旋向之后，按螺纹相反的方向旋转即可拆下。

（1）成组螺纹连接件的拆卸。为了避免连接力集中到最后一个连接螺纹件上，拆卸时先将各螺纹件旋转1～2圈，然后按照先四周后中间、十字交叉的顺序逐一拆卸。拆卸前应将零部件垫放平稳，将成组螺纹全都拆卸完成后才可将连接件拆分。

（2）锈蚀螺纹的拆卸。锈蚀的螺纹不容易拆卸，可采用下列方法：

1）先用煤油润湿或者浸泡螺纹连接处，然后轻击震动四周，再行旋出。不能使用煤油的螺纹连接，可以用敲击震松锈层的方法。

2）可以先旋紧四分之一圈，再退出来，反复松紧，逐步旋出。

3）采用气割或锯断的方法拆卸锈蚀螺纹。

6 简述断头螺纹的拆卸方法。

答：断头螺纹的拆卸方法为：

（1）螺钉断头有一部分露在外面时，可以在断头上用钢锯锯出沟槽或加焊一个螺母，然后用工具将其旋出。断头螺钉较粗时，可以用錾子沿圆周剔出。

（2）螺钉断在螺孔里面时，可以在螺钉中心钻孔，打入多角淬火钢杆将螺钉旋出。也可以在钉中心钻孔，攻反向螺纹，拧入反向螺钉将断头螺钉旋出。

7 零部件的清洗方法有哪些？

答：零件上的油污，一般使用清洗剂，用人工或机械方式清洗。有擦洗、浸洗、喷洗、气相清洗及超声清洗等方法。

（1）人工清洗。人工清洗是把零件放在装有煤油、轻柴油或化学清洗剂的容器中，用毛刷刷洗或棉丝擦洗。清洗时，不准使用汽油，如非用不可，要注意防火。

（2）机械清洗。机械清洗是把零件放入清洗设备箱中，由传送带输送，经过被搅拌器搅拌的洗涤液，清洗干净后送出箱中。

（3）喷洗。喷洗需要专用设备，它是将具有一定压力和温度的清洗液喷射到工件上，清除油污。喷洗的生产效率高。

8 常用的清洗剂有哪些？

答：经常使用的清洗剂有碱性化学溶液和有机溶剂。

（1）碱性化学溶液。它是采用氢氧化钠、碳酸钠、磷酸钠和硅酸钠等化合物，按一定比例配制而成的一种溶液。

（2）有机溶剂主要有煤油、轻柴油、丙酮、三氯乙烯等。三氯乙烯是一种溶脂能力很强的氯烃类有机溶剂，稳定性好，对多数金属不产生腐蚀，其毒性比苯、四氯化碳小。企业产品大批量高净度清洗，有时用三氯乙烯溶液来脱脂。

9 清洗零部件时的注意事项有哪些？

答：清洗零部件时的注意事项有：

（1）零件经清洗后应立即用热水冲洗，以防止碱性溶液腐蚀零件表面。

（2）零件经清洗及在干燥后应涂机油防止生锈。

（3）零件在清洗及运送过程中不要碰伤工件表面。清洗后要使油孔、油路畅通，并用塞堵封闭孔口，以防止污物掉入。装配时拆去塞堵。

（4）使用设备清洗零件时，应保持足够的清洗时间，以保证清洗质量。

（5）精密零件和铝合金零件不宜采用强碱性溶液浸洗。

（6）采用三氯乙烯清洗时，要在一定装置中按规定的操作条件进行，工作场地要保持干燥和通风，严禁烟火，避免与油漆、铝屑和橡胶等相互作用，注意安全。

10 一般机械设备拆卸前的准备工作有哪些？

答：机械设备拆卸前的准备工作为：

（1）拆卸场地的选择与清理。

（2）保护措施。

（3）拆前放油。

（4）了解机械设备的结构、性能和工作原理。

11 设备拆卸的一般原则是什么？

答：设备拆卸的一般原则是：

（1）一般先由整体拆成总成，由总成拆成部件，由部件拆成零件，或由附件到主机，由外部到内部。拆卸比较复杂的部件时，必须熟读装配图，并详细分析部件的结构以及零件在部件中所起的作用，特别应注意装配精度要求高的零部件。这样可以避免混乱，使拆卸有序，达到有利于清洗、检查和鉴定的目的，为修理工作打下良好的基础。

（2）合理拆卸。在机械设备的修理拆卸中，应坚持能不拆的就不拆，该拆的必须拆的原则。

（3）正确使用拆卸工具和设备。在清楚拆卸机械设备零、部件的步骤后，合理选择和正确使用相应的拆卸工具是很重要的。

12 零部件拆卸时的注意事项有哪些？

答：零部件拆卸时的注意事项有：

（1）对拆卸零件要作好核对工作或作好记号，机械设备中有许多配合的组件和零件，因为经过选配或重量平衡等原因，装配的位置和方向均不允许改变。

（2）零件存放应遵循如下原则：同一总成或同一部件的零件应尽量放在一起，根据零件的大小与精密度分别存放，不应互换的零件要分组存放，怕脏、怕碰的精密零部件应单独拆卸与存放，怕油的橡胶件不应与带油的零件一起存放，易丢失的零件如垫圈、螺母要用铁丝串在一起或放在专门的容器里，各种螺柱应装上螺母存放。

（3）保护拆卸零件的加工表面。在拆卸的过程中，一定不要损伤拆卸下来的零件的加工表面，否则将给修复工作带来麻烦，并会因此而引起漏气、漏油、漏水等故障，也会导致机械设备的技术性能降低。

13 常用的拆卸方法有哪些？

答：常用的拆卸方法有：

（1）击卸法。利用锤子或其他重物在敲击或撞击零件时产生的冲击能量把零件拆下。

（2）拉拔法。对精度较高不允许敲击或无法用击卸法拆卸的零部件应使用拉拔法。它是采用专门拉器进行拆卸。

（3）顶压法。利用螺旋 C 型夹头、机械式压力机、液压压力机或千斤顶等工具和设备进行拆卸，适用于形状简单的过盈配合件。

（4）温差法。拆卸尺寸较大、配合过盈量较大或无法用击卸、顶压等方法拆卸时，或为使过盈较大、精度较高的配合件容易拆卸，可用此种方法。温差法是利用材料热胀冷缩的性能、加热包容件，使配合件在温差条件下失去过盈量，实现拆卸。

（5）破坏法。若必须拆卸焊接、铆接等固定联接件，或轴与套互相咬死，或为保存主件而破坏副件时，可采用车、锯、錾、钻、割等方法进行破坏性拆卸。

14 常用零部件的清洗方法有哪些？

答：常用零部件的清洗方法有：

（1）擦洗。将零件放入装有柴油、煤油或其他清洗液的容器中。用棉纱擦洗或毛刷刷洗。这种方法操作简便，设备简单，但效率低，用于单件小批生产的中小型零件。一般情况下不宜用汽油，因其有溶脂性，会损害人的身体且易造成火灾。

（2）浸洗。清洗剂的浸入式清洗，可以清洗各种形状的小型零件。在清洗时多采用手工擦洗和清洗槽浸洗两种形式。手工擦洗是把零部件先在容器内浸泡几分钟后，再用毛刷、尼龙刷或布清洗零部件表面，直至清洗干净为止。清洗槽浸洗与碱液浸泡法清洗相同。选用的清洗剂多为加温和常温高泡型。

（3）喷洗。将具有一定压力和温度的清洗液喷射到零件表面，以清除油污。此方法清洗效果好，生产效率高，但设备复杂。适于零件形状不太复杂、表面有严重油垢的清洗。

（4）气相清洗。采用了非常重要的 CO_2，超临界 CO_2 技术是使 CO_2 成为液态，用高压压缩成一种介于液体和气体之间的流体物质“超临界”状态。这种流体与固体接触时不带任何表面张力，因此能渗透到晶圆内部最深的位置，因而可以剥离更小的颗粒。

(5) 超声波清洗。它是靠清洗液的化学作用与引入清洗液中的超声波振荡作用相配合达到去污目的。

15 水垢的清洗方法有哪些?

答：机械设备的冷却系统经长期使用硬水或含杂质较多的水后，在冷却器及管道内壁上沉积一层黄白色的水垢。它的主要成分是碳酸盐、硫酸盐，有的还含二氧化硅等。水垢使水管截面缩小，热导率降低，严重影响冷却效果，影响冷却系统的正常工作，必须定期清除。

水垢的清除方法可用化学去除法。有以下几种：

(1) 磷酸盐清除水垢。用3%～5%的磷酸三钠溶液注入并保持10～12h后，使水垢生成易溶于水的盐类而后被水冲掉。洗后应再用清水冲洗干净，以去除残留碱盐而防腐。

(2) 碱溶液清除水垢。对铸铁的发动机气缸盖和水套，可用苛性钠750g、煤油150g加水10L的比例配成溶液，将其过滤后加入冷却系统中停留10～12h后，然后起动发动机使其以全速工作15～20min，直到溶液开始有沸腾现象为止，然后放出溶液，再用清水清洗。对铝制气缸盖和水套，可用硅酸钠15g，液态肥皂2g加水1L的比例配成溶液，将其注入冷却系统中，起动发动机到正常工作温度，再运转1h后放出清洗液用水清洗干净。对于钢制零件，溶液浓度可大些，约有10%～15%的苛性钠；对有色金属零件浓度应低些，2%～3%的苛性钠。

(3) 酸洗清除水垢。酸洗液常用的是磷酸、盐酸或铬酸等。用2.5%盐酸溶液清洗，主要使之生成易溶于水的盐类，如$CaCl_2$、$MgCl_2$等。将盐酸溶液加入冷却系统中，然后使发动机以全速运转1h后，放出溶液。再以超过冷却系统容量3倍的清水冲洗干净。用磷酸时，取比重为1.71的磷酸100mL、铬酐50g，水900mL，加热至30℃浸泡30～60min，洗后再用0.3%的重铬酸盐清洗，去除残留磷酸，防止腐蚀。清除铝合金零件水垢，可用5%浓度的硝酸溶液或10%～15%浓度的醋酸溶液。清除水垢的化学清除液应根据水垢成分与零件材料选用。

16 常用除锈的主要方法有哪些?

答：常用除锈的主要方法有：机械法、化学法、电化学法。

17 什么是机械除锈法?

答：机械除锈法利用机械摩擦、切削等作用清除零件表面锈层。常用方法有刷、磨、抛光、喷砂等。单件小批生产或修理中可由人工打磨锈蚀表面，成批生产或有条件的场合，可采用机器除锈，如电动磨光、抛光、滚光等。

喷砂法除锈是利用压缩空气，把一定粒度的砂子通过喷枪喷在零件锈蚀的表面上，不仅除锈快，还可为涂装、喷涂、电镀等工艺做好表面准备，经喷砂处理的表面可达到干净的、有一定粗糙度的表面要求，能提高覆盖层与零件的结合力。机械法除锈只能用在不重要的表面。

18 什么是化学除锈法?

答：化学除锈法是利用一些酸性溶液溶解金属表面的氧化物，以达到除锈的目的。目前使用的化学溶液主要是硫酸、盐酸、磷酸或其混合溶液，加入少量的缓蚀剂。为保证除锈效果，一般都将溶液加热到一定的温度，严格控制时间，并要根据被除锈零件的材料，采用合适的配方。

19 什么是电化学除锈法?

答：电化学除锈法（电化学酸蚀法）是零件在电解液中通直流电，通过化学反应达到除锈目的。这种方法比化学法快，能更好地保存基体金属，酸的消耗量少。一般分为两类：一类是把被除锈的零件作为阳极（阳极除锈），另一类是把被除锈的零件作为阴极（阴极除锈）。

阳极除锈是由于通电后金属溶解以及在阳极的氧气对锈层的撕裂作用而分离锈层。缺点是当电流密度过高时，易腐蚀过度，破坏零件表面，故适用于外形简单的零件。

阴极除锈是由于通电后在阴极上产生的氢气，使氧化铁还原和氢对锈层的撕裂作用使锈蚀物从零件表面脱落。缺点虽无过蚀问题，但氢易浸入金属中产生氢脆，降低零件塑性。因此，需根据锈蚀零件的具体情况，确定合适的除锈方法。

20 如何清除零件表面的涂装层?

答：可根据涂装层的损坏程度和保护涂装层的要求，进行全部或部分清除。涂装层清除后，要冲洗干净，准备再喷刷新涂层。

清除方法一般是采用手工工具，如刮刀、砂纸、钢丝刷或手提式电动、风动工具进行刮、磨、刷等。有条件时可采用化学方法，即用各种配制好的有机溶剂、碱性溶液退漆剂等。使用碱性溶液退漆剂时，涂刷在零件的漆层上，使之溶解软化，然后再用手工工具进行清除。使用有机溶液退漆时，要特别注意安全。工作场地要通风、与火隔离，操作者要穿戴防护用具，工作结束后，要将手洗干净，以防中毒。使用碱性溶液退漆剂时，不要让铝制零件、皮革、橡胶、毡质零件接触，以免腐蚀坏。操作者要戴耐碱手套，避免皮肤接触受伤。为完成各道清洗工序，可使用一整套各种用途的清洗设备，包括喷淋清洗机、浸浴清洗机、喷枪机、综合清洗机、环流清洗机、专用清洗机等。究竟采用哪一种设备，要考虑其用途和生产场所。

第二节　轴 承 的 检 修

1 什么是轴承？轴承的主要功能是什么？按运动元件摩擦性质的不同，轴承可分为哪几类?

答：轴承是在机械传动过程中起固定和减小载荷摩擦系数的部件。也可以说，当其他机件在轴上彼此产生相对运动时，用来降低动力传递过程中的摩擦系数和保持轴中心位置固定的机件。轴承是当代机械设备中一种举足轻重的零部件。

轴承的主要功能是支撑机械旋转体，用以降低设备在传动过程中的机械载荷摩擦系数。

按运动元件摩擦性质的不同，轴承可分为滚动轴承和滑动轴承两类。

2 轴承代号的含义是什么?

答：轴承代号的含义，见表 3-1。

表 3-1　　轴承代号含义表

代号	轴承类型	代号	轴承类型
0	双列角接触球轴承	6	深沟球轴承
1	调心球轴承	7	角接触球轴承
2	调心滚子轴承	8	推力圆柱滚子轴承
2	推力调心滚子轴承	N	圆柱滚子轴承，双列或多列用字母 NN 表示
3	圆锥滚子轴承	HU	外球面球轴承
4	双列深沟球轴承	QJ	四点接触球轴承
5	推力球轴承		

3 简述轴承类型的特点及作用。

答：轴承各类型的特点及作用如下：

（1）双列角接触球轴承。能承受较大的径向和轴向联合负荷和力矩负荷，用于限制轴和外壳双向轴向位移的部件中。常见的双列角接触球轴承型号：3200 ATN 轴承、3203A-ZTN 轴承、3205 ATN 轴承、3207 ATN 轴承等。

（2）推力滚子轴承。推力圆锥滚子轴承、推力圆柱滚子轴承用于承受轴向载荷为主的轴、径向联合载荷，但径向载荷不得超过轴向载荷的 55%。与其他推力滚子轴承相比，此种轴承摩擦因数较低，转速较高，并具有调心性能。常见的推力滚子轴承型号有：81120 轴承、81209 轴承、81217 轴承等。

（3）圆锥滚子轴承。圆锥滚子轴承可以承受大的径向载荷和轴向载荷。由于圆锥滚子轴承只能传递单向轴向载荷，因此为传递相反方向的轴向载荷就需要另一个与之对称安装的圆锥滚子轴承。常见圆锥滚子轴承型号有：52375/52637 轴承、30312 JR 轴承、H913849 轴承等。

（4）深沟球轴承。深沟球轴承主要承受径向载荷，也可同时承受径向载荷和轴向载荷。当其仅承受径向载荷时，接触角为零。常见的深沟球轴承型号有：6200 轴承、6308 轴承、6201 轴承、6000 轴承、6309 轴承等，深沟球轴承尺寸和型号可以直观地算出来。

（5）推力球轴承。这种轴承可承受轴向载荷，但不能承受径向载荷。常见的推力球轴承型号有：53244 X 轴承、51136 X 轴承、54406 U 轴承等。

（6）角接触球轴承。同时承受径向负荷和轴向负荷。常见的角接触球轴承型号有：3208A-2RS 轴承、3214A-RS 轴承、3307A-RS 轴承等。

（7）圆柱滚子推力轴承，单向的轴向载荷，它比推力球轴承的轴向载荷能力大得多，并且刚性大、占用轴向空间小。适用于转速低的场合。

轴承型号的后两位代表内径，例如：6205 后两位 05 代表该轴承的内径为 05×5=25(mm)。

4 轴承型号的后缀有哪些？

答：轴承型号的后缀有：CM：表示电动机用径向内部游隙；NS7：表示轴承内部油脂标号；S：表示轴承内部油脂的填充量；5：表示轴承的包装是商业包装的附件代号；Z：轴

承单侧钢板防尘盖；ZZ：轴承两侧钢板防尘盖；V：轴承单侧橡胶制非接触型防尘盖；VV：轴承两侧橡胶制非接触型防尘盖；DU：轴承单侧橡胶制接触性防尘盖；DDU：轴承两侧橡胶制接触性防尘盖；NR：轴承外套圈带有径向定位槽和定位环保持架材质和形制代号；M：铜合金车制保持架；EM：滚子引导铜合金车制保持架；EW：滚子引导刚保持架；W：套圈引导钢制保持架；ET：树脂保持架；TYN：树脂保持架；EA：调心滚子轴承钢制 S 型冲压保持架；CD：钢制合金保持架；CA：铜合金保持架的形制；AW：30 度角接触轴承/钢制保持架；BW：40 度角接触轴承/钢制保持架内部游隙代号。

5 轴承型号的内部游隙代号有哪些?

答：轴承型号的内部游隙代号有：C0：标准游隙代号（一般轴承型号中省略）；C1：比 C2 游隙略小的游隙；C2：比标准游隙小的游隙；C3：比标准游隙略大的游隙；C4：比 C3 游隙略大的游隙；C5：比 C4 游隙略大的游隙；CM：符合电动机用的内部游隙；CC0：非互换性标准游隙；CC1：比 CC2 小的非互换性游隙；CC2：比非互换性标准游隙小的游隙；CC3：比非互换性标准游隙略大的游隙；CC4：比 CC3 略大的游隙；CC5：比 CC4 略大的游隙；MC3：微型轴承标准游隙；MC1：小于 MC2 游隙；MC2：小于 MC3 游隙；MC4：大于 MC3 游隙；MC5：大于 MC4 游隙；MC6：大于 MC5 游隙。

6 轴承型号的精度等级代号有哪些?

答：轴承型号的精度等级代号有：P0：普通精度；P6：优于普通精度；P5：优于 P6 精度；P4：优于 P5 精度；P3：优于 P4 精度；P2：优于 P3 精度；PN7B：丝杠轴承/等于 P4 精度。

7 多列轴承组配代号有哪些?

答：多列轴承组配代号有：DB：背靠背组合；DF：面对面组合；DT：串联组合；SU：单只任意组配；DU：两只轴承任意组配；三联组合：DFD，DTD；四联组合：DFF，DFT。

8 轴承的角度分类有哪些?

答：轴承的角度分类有：A 角：30°接触角；B 角：40°接触角；C 角：15°接触角；A5 角：25°接触角；QJ：四点角接触轴承 35°接触角；TAC：滚珠丝杆轴承 60°接触角。

9 滚动轴承的结构、分类及特点是什么?

答：滚动轴承的结构，如图 3-2 所示。

内圈与外圈之间装有若干个滚动体，由保持架使其保持一定的间隔避免相互接触和碰撞，从而进行圆滑的滚动。

轴承按照滚动体的列数，可以分为单列、双列和多列。

(1) 内圈、外圈。内圈、外圈上滚动体滚动的部分称作滚道面。球轴承套圈的滚道面又称作沟道。一般来说，内圈的内径、外圈的外径在安装时分别与轴和外壳有适当的配合。推力轴承的内圈、外圈分别称作轴圈和座圈。

(2) 滚动体。滚动体分为球和滚子两大类，滚子根据其形状又分为圆柱滚子、圆锥滚

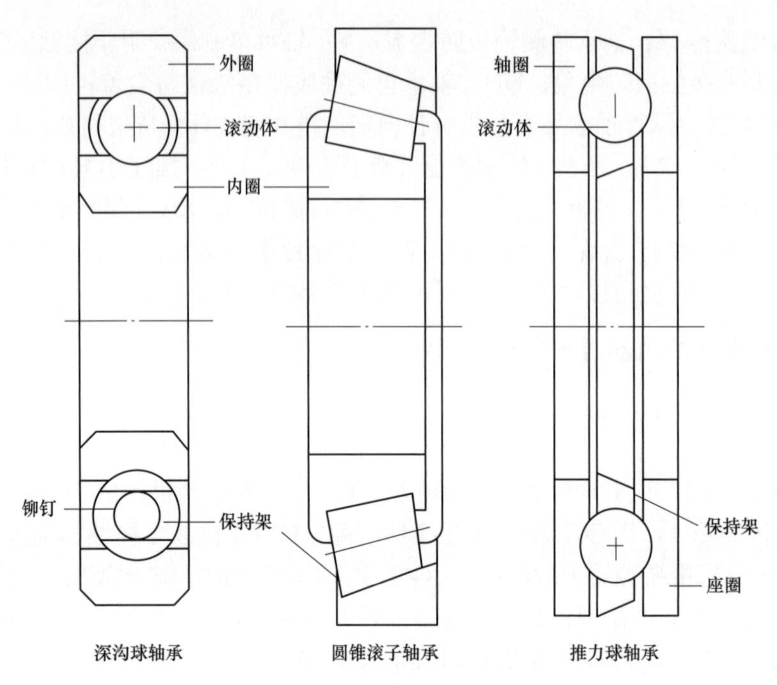

图 3-2　轴承各部分名称

子、球面滚子和滚针。

(3) 保持架。保持架将滚动体部分包围，使其在圆周方向保持一定的间隔。保持架按工艺不同可分为冲压保持架、车制保持架、成形保持架和销式保持架。按照材料不同可分为钢保持架、铜保持架、尼龙保持架及酚醛树脂保持架等。

滚动轴承的分类：

轴承受负荷时作用于滚动面与滚动体之间的负荷方向与垂直于轴承中心线的平面内所形成的角度称作接触角。接触角小于45°时主要承受径向负荷称为向心轴承；在45°～90°之间时，主要承受轴向负荷称为推力轴承。根据接触角和滚动体的不同，通用轴承分类如下：

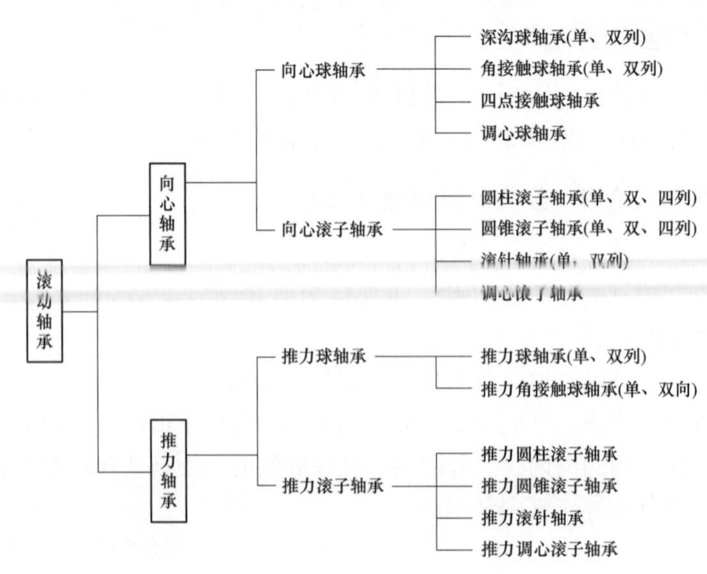

滚动轴承的特点：滚动轴承虽有许多类型和品种，并拥有各自固定的特征，但是它们与滑动轴承相比较，却具有下述共同的优点：

（1）起动摩擦系数小，与动摩擦系数之差少。

（2）国际性标准和规格统一，容易得到有互换性的产品。

（3）润滑方便，润滑剂消耗少。

（4）一般情况下，一套轴承可同时承受径向和轴向两方向负荷。

（5）可方便地在高温或低温情况下使用。

（6）可通过施加预压提高轴承刚性。

10 单列深沟球轴承的特性是什么？

答：单列深沟球轴承是滚动轴承中最具代表性的结构，用途广泛。位于内圈、外圈上的沟道，呈略大于滚动球半径的半径圆弧横断面。除承受径向负荷之外，还可以承受一定量两个方向的轴向负荷，摩擦力矩小，最适用于要求高速旋转，低噪声、低振动之用途。这种轴承，除开放式之外，还有加钢板防尘盖的轴承，加橡胶密封圈的轴承，或者在外圈外径附有止动环的轴承。一般多采用钢板冲压保持架。

11 简述滚动轴承安装前的准备工作。

答：滚动轴承安装前的准备工作有：

（1）安装场地的选择和要求。安装场地应与车床、磨床和其他机械设备相距一段距离。场地应打扫干净，经常保持干燥清洁，严防铁屑、砂粒、灰尘、水分进入轴承。

（2）检验轴承型号、备好安装工具。检验轴承型号、尺寸是否符合安装要求，并根据轴承的结构特点和与之配合的各个零部件，选择好适当的装配方法，准备好安装时用的工具和量具。常用的安装工具有手锤、铜棒、套筒、专用垫板、螺纹夹具、压力机等，量具有游标卡尺、千分尺、千分表等。

（3）检验轴承装配表面。轴承装配表面及与之配合的零件表面，如有碰伤、锈蚀层、磨屑、砂粒、灰尘和泥土存在，一是轴承安装困难，造成装配位置不正确；二是这些附着物形成磨料、易擦损轴承工作表面，影响装配质量。因此，安装前应对轴颈、轴承座壳体孔的表面、台肩端面及连接零件如衬套、垫圈、端等的配合表面，进行仔细检验。如有锈蚀层，可用细锉锉掉，细砂布打磨光，同时也要清除轴承装配表面及其连接零件上的附着物。

12 简述滚动轴承在安装中的注意事项。

答：滚动轴承在安装中的注意事项为：

（1）安装时不允许在轴承上钻孔、刻槽、倒角、车端面。否则，容易引起轴承套圈变形，影响轴承精度及寿命，同时切削掉的金属容易进入轴承的工作表面，加速滚道和滚动体的磨损，使轴承造成过早损坏。

（2）安装时不允许用手锤直接敲打轴承套圈。轴承的基准端面朝内紧靠轴肩安装，轴承的基准端面是根据轴承端面有无打字来区分的：深沟球轴承、调心球轴承、圆柱滚子轴承、调心滚子轴承和滚针轴承，以无字端面为基准面；角接触球轴承和圆锥滚子轴承，以有字端面为基准面。

（3）安装时压力应加在有安装过盈配合的套圈端面上，即装在轴上时，压力应加在轴承内圈端面上；装入轴承座孔内时，压力应加在轴承外圈端面上。不允许通过滚动体和保持传递压力。

（4）对于内圈为紧配合、外圈为滑配合的轴承，在安装时，属不可分离型者，应先将轴承装于轴上，再将轴连同轴承一起装入轴承座壳体孔内；属可分离型者，内、外圈可分别单独安装。

（5）为防止轴承安装倾斜，安装时轴和轴承孔的中心线必须重合。如安装不正，需重新安装时，必须通过内圈端面，将轴承拉出。

13 滑动轴承的主要故障有哪些？

答：滑动轴承在工作时，由于轴颈与轴瓦的接触会产生摩擦，导致表面发热、磨损甚而“咬死”。所以在设计轴承时，应选用减摩性好的滑动轴承材料制造轴瓦，合适的润滑剂并采用合适的供应方法，改善轴承的结构以获得厚膜润滑等。

（1）瓦面腐蚀。光谱分析发现有色金属元素浓度异常，谱中出现了许多有色金属成分的亚微米级磨损颗粒；润滑油水分超标、酸值超标。

（2）轴颈表面腐蚀。光谱分析发现铁元素浓度异常，铁谱中有许多铁成分的亚微米颗粒，润滑油水分超标或酸值超标。

（3）轴颈表面拉伤。铁谱中有铁系切削磨粒或黑色氧化物颗粒，金属表面存在回火色。

（4）瓦背微动磨损。光谱分析发现铁浓度异常，铁谱中有许多铁成分亚微米磨损颗粒；润滑油水分及酸值异常。

（5）轴承表面拉伤。铁谱中发现有切削磨粒，磨粒成分为有色金属。

（6）瓦面剥落。铁谱中发现有许多大尺寸的疲劳剥落合金磨损颗粒、层状磨粒。

（7）轴承烧瓦。铁谱中有较多大尺寸的合金磨粒及黑色金属氧化物。

（8）轴承磨损。由于轴的金属特性（硬度高，退让性差）等原因，易造成黏着磨损、磨料磨损、疲劳磨损、微动磨损等状况。

14 滑动轴承的故障原因及其消除方法有哪些？

答：滑动轴承的故障原因及其消除方法有：

（1）高温运行。滑动轴承在正常运行中，温度始终达规定的上限温度或超过规定温度应及时对滑动轴承及其相关部位进行检查。发生这种现象的原因，大多数是润滑剂选用不当，润滑油供给不足或中断。轴弯曲或者轴承中心线偏斜，因而产生边的侧压及间隙太小、承载力过大而引起。消除的方法有以下几点：

1）正确地选择润滑油，检查调整供油系统，保证充分地润滑，必要时，对润滑供油系统进行检修。

2）对弯曲的轴进行检修校直，要经常性地保证轴和轴承在正常情况下的运行。

3）间隙小时，可根据设计要求重新调整，使间隙合理。

4）不应超负荷运行。

（2）磨损加快。机器年久失修，油楔遭到磨损破坏，使接触角增大；润滑剂不清洁，杂质太多。轴承有点蚀、剥落、裂纹等现象；轴承受力不均，有偏载现象，轴颈经长期磨损成椭圆变形。

消除方法如下：

1）应当对机器定期性有计划地检修，使机器在良好的状态下工作。

2）轴承有点蚀（轻的可修理）、剥落裂纹现象时应及时修换轴承。应使润滑剂保持清洁，并定期更换。

3）检修与轴和轴承有关联的部件和零件，使之保持良好的静平衡和动平衡。

（3）轴径向跳动。大多数是因轴承间隙太大或压紧轴承瓦盖螺栓预紧力不够或松动而引起的。

其消除方法：适当减小轴承间隙；拧紧瓦盖螺栓螺母。

（4）轴启动迟缓。造成这种现象的原因有：轴承间隙太小，轴瓦的配合面有杂物（粉尘沉积），轴承配研精度差，电压低等原因。

消除的方法：间隙小应适当加大轴承间隙；瓦面不净应及时清洗，清除杂物使瓦面洁净；配研精度低，应仔细检查瓦面接触精度，必要时应进行配研修理，使其达到规定标准；电压低应仔细检查修理电气系统，使其保持正常的工作电压。

（5）瓦端面漏油。造成这种现象的原因有：油槽与瓦端面有连通现象；油槽及坡口过宽或过深；轴承与轴局部接触；轴承间隙太大或选用的润滑油黏度低等。

消除方法为：对轴瓦进行修理，各部均达到规定要求，必要时重新研瓦，组装时保证正确的间隙值，选用的润滑油黏度要适当。

15 简述滑动轴承安装的基本要求。

答：滑动轴承安装的基本要求为：

（1）滑动轴承在安装前应修去零件的毛刺锐边，接触表面必须光滑清洁。

（2）安装轴承座时，应将轴承或轴瓦装在轴承座上并按轴瓦或轴套中心位置校正。同一传动轴上的各轴承中心应在一条轴线上，其同轴度误差应在规定的范围内。轴承座底面与机件的接触面应均匀紧密地接触。固定连接应可靠，设备运转时，不得有任何松动移位现象。

（3）轴承与轴的接触表面接触情况可用着色法进行检查，研点数应符合要求。

（4）轴转动时，不允许轴瓦或轴套有任何转动。

（5）对开瓦在调整间隙时，应保证轴承工作表面有良好接触精度和合理的间隙。

（6）安装时，必须保证润滑油能畅通无阻地流入到轴承中，并保证轴承中有充足的润滑油存留，以形成油膜。要确保密封装置的质量。不得让润滑油漏到轴承外，并避免灰尘进入轴承。

16 滚动轴承有什么优点？

答：滚动轴承的优点是：轴承间隙小，能保证轴的对中性，维修方便，磨损小，尺寸小。

17 滑动轴承的种类有哪些？

答：滑动轴承的种类可分为整体式轴承和对开式轴承。根据润滑方式又可分为自然润滑式和强制润滑式。

18 滚动轴承组合的轴向固定结构型式有哪两种？

答：滚动轴承组合的轴向固定结构型式有双支点单向固定和单支点双向固定结构型式

两种。

19 怎样检查滚动轴承的好坏?

答：检查滚动轴承好坏的方法是：

(1) 滚动体及滚动道表面不能有斑、孔、凹痕、剥落、脱皮等缺陷。

(2) 转动灵活。

(3) 隔离架与内外圈应有一定间隙。

(4) 游隙合适。

20 滚动轴承拆装时的注意事项有哪些?

答：滚动轴承拆装时的注意事项有：

(1) 施力部位要正确，原则是与轴配合打内圈，与外壳配合打外圈；

(2) 要对称施力，不可只打一方，否则引起轴承歪斜、伤轴颈。

(3) 拆装前轴和轴承要清洁干净，不能有锈垢和毛刺等。

21 水泵轴承发热的原因有哪些?

答：水泵轴承发热的原因有：

(1) 油箱油位过低，使进入轴承的油量减小。

(2) 油质不合格，油中进水、进杂质或乳化变质。

(3) 油环不转动，轴承供油中断。

(4) 轴承冷却水量不足。

(5) 轴承损坏。

(6) 对滚动轴承来说，轴承盖对轴承施加的紧力过大。

22 使用拉轴承器（拉马）拆轴承应注意什么?

答：使用拉轴承器（拉马）拆轴承应注意：

(1) 拉出轴承时，要保持拉轴承器上的丝杆与轴中心一致。

(2) 拉出轴承时，不要碰伤轴的螺纹、轴颈、轴肩等。

(3) 装置拉轴承器时，顶头要放铜球，初拉时动作要缓慢，不要过急过猛，在拉拔过程中不应产生顿跳现象。

(4) 轴承器的拉爪位置要正确，拉爪应平直地拉住内圈，为防止拉爪脱落，可用金属丝将拉杆绑在一起。

(5) 各拉杆间距离及拉杆长度应相等，否则易产生偏斜和受力不均。

23 支持轴承可分为哪几种类型?

答：按轴承的支持方式可分为固定式和自位式两种；按轴瓦内孔形状可分为圆筒形支持轴承、椭圆形支持轴承、多油楔支持轴承和可倾瓦支持轴承等。

24 常见滚动轴承的损坏现象有哪些?

答：常见滚动轴承的损坏现象有：疲劳剥落、裂纹与断裂、压痕、磨损、电流腐蚀、锈蚀、保持架损坏等。

25 轴承盖的安装要求是什么?

答：轴承盖的安装要求如下：

(1) 检查并确认轴承座内清洁无杂物，全部零部件安装齐全，螺栓拧紧并锁牢，热工仪表元件装好并调整完，全部间隙正确并有记录。

(2) 轴承油杯插座与轴承应结合良好，以防漏油。

(3) 轴承盖水平结合面、油挡与轴承瓦座结合处应涂好密封涂料。

26 检查滚珠轴承的内容有哪些?

答：检查滚珠轴承的内容有：滚珠及内外圈有无裂纹、起皮和斑点等缺陷，并检查其磨损程度；检查滚珠轴承外圈与轴承座、内圈与轴颈的配合情况。

27 引起轴承超温的因素有哪些?

答：轴承超温的主要因素有：缺油或油过量；油质恶化；供油温度高；装配间隙不当；设备振动等。

28 轴承油位过高或过低有什么危害?

答：油位过高，会使油环运动阻力增大而打滑或停脱，油分子的相互摩擦会使轴承温度升高，还会增大间隙处的漏油量和油的摩擦功率损失。

油位过低，会使轴承的滚珠或油环带不起油来，造成轴承得不到润滑而使温度升高，把轴承烧坏。

29 滑动轴承轴瓦间隙有哪几种? 各起什么作用?

答：滑动轴承间隙是指轴颈与轴瓦之间的间隙，它有径向和轴向两种。

径向间隙分顶部间隙和侧间隙。径向间隙主要是为了使润滑油流到轴颈和轴瓦之间形成楔形油膜从而达到减少摩擦的目的。

轴向间隙是指轴肩与轴承端面之间沿轴线方向的间隙。轴向间隙分为推力间隙和膨胀。推力间隙允许轴在轴向有一定窜动量，膨胀间隙是为转动轴膨胀而预留的间隙。轴向间隙的作用是防止轴咬死，而留有适当活动余地。

30 滑动轴承轴瓦与轴承盖的配合和滚动轴承与轴承盖的配合有何区别? 为什么?

答：滑动轴承轴瓦与轴承盖的配合一般要求有 0.02mm 的紧力。紧力太大，易使上瓦变形；紧力太小，运转时会使上瓦跳动。

滚动轴承与轴承盖的配合一般要求有 0.05～0.10mm 的间隙。因为滚动轴承与轴是紧配合，在运转中由于轴向位移滚动轴承要随轴而移动。如果无间隙会使轴承径向间隙消失，轴承滚动体卡死。

31 轴承的工作条件及对轴承钢的性能要求是什么?

答：滚动轴承在工作时承受着高压，而且集中着周期性交变负荷，同时滚珠与轴套之间的接触面极小，工作时不但存在着转动而且由于滑动而产生极大地摩擦，因此对轴承钢的性能要求是：具有高而均匀的硬度和耐磨性，高的弹性极限和接触疲劳度，有足够的韧性和淬透性，同时在大气或润滑剂中具有一定的抗蚀能力。

32 附属机械轴承振动（双振幅）标准是什么？

答：附属机械轴承振动（双振幅）标准，见表3-2。

表 3-2　附属机械轴承振动（双振幅）标准

转速（r/min）	振幅（mm）		
	优等	良好	合格
$n \leqslant 1000$	0.05	0.07	0.10
$1000 < n \leqslant 2000$	0.04	0.06	0.08
$2000 < n \leqslant 3000$	0.03	0.04	0.05
$n > 3000$	0.02	0.03	0.04

33 支持轴承的轴瓦间隙要求是什么？

答：支持轴承的轴瓦间隙一般要求如下：

(1) 圆筒形轴瓦的顶部间隙，当轴颈直径大于100mm时，为轴颈直径的（1.5～2）/1000（较大的数值适用于较小的直径），两侧间隙各为顶部间隙的一半。

(2) 椭圆形轴瓦的顶部间隙，当轴颈直径大于100mm时，为轴颈直径的（1～1.5）/1000，两侧间隙各为轴颈直径的（1.5～2）/1000（较大的数值适用于较小的直径）。

34 支持轴承轴瓦间隙的测量可采用的方法有哪些？

答：支持轴承轴瓦间隙的测量可采用的方法有：

(1) 顶部间隙应用压熔丝法测量，熔丝直径约为测量间隙值的1.5倍。轴瓦的水平结合面紧螺栓后应无间隙。测量应多于两次，取两个接近数值的平均值。有条件时，可配合用塞尺检测两端上瓦口的间隙，选取一个接近的数值。

(2) 两侧间隙以塞尺检查阻油边处为准，插入深度15～20mm瓦口间隙以下应为均匀的楔形油隙。

35 滚动轴承内外圈与轴及轴承室配合松紧程度的原则是什么？

答：滚动轴承内外圈与轴及轴承室配合松紧程度的原则是：转动部分紧配合，静止部分松配合（这里所说的松、紧配合是按过盈量大小来区别的，紧的就大，松的就小）。

36 轴承是用来支承什么的？按照支承表面的摩擦，轴承可分为哪几类？

答：轴承是用来支承轴的。

按照支承表面的摩擦，轴承可分为滑动轴承和滚动轴承两类。

37 轴承的基本尺寸精度和旋转精度分为哪几个等级？用什么表示？如何排列？

答：轴承的基本尺寸精度和旋转精度分为四个等级。

轴承的基本尺寸精度和旋转精度用汉语拼音字母 G、E、D、C 表示。

排列是从 G 到 C 精度依次增加，即 G 级最低，C 级最高。

38 滚动轴承由哪几部分组成？其间隙可分为哪几组？分别代表什么？

答：滚动轴承由四部分组成：内圈、外圈、滚动体和保持架。

滚动轴承间隙可分为：基本组和辅助组。

基本组的代号以“O”表示，一般省略不写；辅助组的代号以数字 1-9 表示，代号数字越大，径向间隙越大。

39 滚动轴承的优缺点各有哪些？

答：滚动轴承的优点是：摩擦小、效率高、轴向尺寸小、拆装方便、耗油量小。

滚动轴承的缺点是：耐冲击性效果差、转动时噪声较大、制造技术要求较高和较好的材料。

40 滚动轴承按滚动体的形状主要可分为哪几类？

答：滚动轴承按滚动体的形状主要可分为：球轴承、滚子轴承、滚针轴承等。

41 为什么要对滚动轴承润滑？

答：对滚动轴承的润滑是为了减少摩擦和减轻磨损，防止锈蚀，加强散热，吸收振动和减少噪声等作用。

42 滚动轴承常用的密封装置分哪两大类？其密封装置的作用是什么？

答：滚动轴承常用的密封装置有接触式密封装置和非接触式密封装置两大类。

滚动轴承密封装置的作用是：防止灰尘、水分等进入轴承，并阻止润滑剂外漏。

43 一般滚动轴承的接触式密封用什么制成？在什么环境下工作？

答：一般滚动轴承的接触式密封用毡圈密封和皮碗式密封，多用于低速和中速机械。

毡圈密封一般其工作温度不超过 90℃，密封处转速不超过 4～5m/s。

皮碗式密封一般工作温度为 40～100℃，密封处圆周转速不超过 7m/s。

44 滚动轴承非接触式密封包括有哪些？

答：滚动轴承非接触式密封包括有：间隙式密封、迷宫式密封、垫圈式密封三种。

45 选择及确定轴承配合时应考虑哪些因素？

答：选择、确定轴承配合时，应考虑负荷的大小、方向和性质，以及转速的大小、旋转精度和拆装是否方便等一系列因素。

46 滚动轴承拆卸的方法有哪些？

答：滚动轴承拆卸的方法有：敲击法、拉出法、压出法和加热法。

47 利用敲击法、拉出法、加热法拆卸轴承时的注意事项分别有哪些？

答：利用敲击法拆卸轴承时应对称敲击、禁止用力过猛、死敲硬打，敲击要准确。

利用拉出法应注意拉伸顶杆应与轴保持同心，不得歪斜。初拉时要平稳均匀，不得过快、过猛。

利用加热法拆卸时，先将轴承两侧轴用石棉布包好，防止轴受热，再将轴承拉伸器安装好并拉上力，然后将机油加热至80～100℃，向轴承内圈浇油。内圈加热膨胀后，迅速旋转螺杆将轴承拉出。

48 滚动轴承的外观缺陷不得有哪些？安装前必须符合什么规定？为什么不允许把轴承当作量规去测量轴和外壳的精度？

答：滚动轴承的内外圈、滚动体和保持架不得有裂纹、麻坑、脱层、碰伤、毛刺、锈蚀等缺陷。

安装轴承前必须使尺寸符合规定。

如果把轴承当作量规去测量轴和外壳的精度，不但不能正确测定加工精度，并且能使轴承损坏。

49 滚动轴承的游隙有哪几种？

答：滚动轴承的游隙有三种：原始游隙、装配游隙、工作游隙。

50 什么是轴承的原始游隙、装配游隙、工作游隙？三者有何关系？

答：轴承的原始游隙就是未安装前自由状态下的游隙。

轴承的装配游隙就是轴承安装后的间隙。

轴承的工作游隙就是在规定负荷温度下的间隙。

三者关系是：原始游隙大于安装游隙，但工作游隙反而大于安装游隙。

51 滚动轴承旋转的灵活性应怎样检查？

答：开始时用手转动轴承，使轴承旋转，然后逐渐自行减速趋于停止。滚珠在滚道上滚动时，应有轻微的响声但没有振动并转动平稳，停止时逐渐减速，停止后没有倒退现象。如果轴承不良，它转动时会发出杂音和振动；停止时，将会像急刹车一样突然停止；严重时还有倒退的坐力使钢令向相反方向转动。

52 为什么要对滚动轴承在安装前进行原始径向间隙的检查是否符合设备的要求？

答：因为只有符合设备的要求才能达到下列要求：

（1）作用在轴承上的负荷合理地分布于滚体之间。

（2）限制轴承体和轴的轴向和径向移动在轴承游隙的规定范围之内。

（3）减少轴承在工作时的振动。

（4）减少工作中轴承发出的噪声。

（5）避免轴热咬住轴承并避免轴承发热。

53 常用来检查轴承径向间隙的方法有哪些？

答：常用来检查轴承径向间隙的方法有两种：一种是压铅丝法；另一种是利用百分表法。

54 怎样利用压铅丝法来测量轴承径向间隙的？

答：利用极细的铅丝穿过轴承，转动内圈，使滚动体压过铅丝，然后取出压扁的铅丝，用外径千分尺测量其厚度，所得数值就是滚动轴承的径向间隙。

55 滚动轴承装配方法有哪几种？

答：滚动轴承的装配方法有两种方法：一种是冷装法；另一种是热装法。冷装法又可分为：铜棒法、压入法、套筒手锤法三种。

56 利用冷装法安装轴承有哪些优缺点？

答：利用冷装法安装轴承的优点是方便、简单。

缺点是：易损坏公盈配合，安装轴承时容易使杂质掉入轴承中，易损坏轴承并费力，不安全。

57 轴承的热装法有哪些优缺点？如何利用热装法来安装轴承？

答：轴承热装法的优点是：不损坏公盈配合，不容易使轴承有杂质、省力并且装得快。

缺点是：轴承安装到轴上不能立即进入下一安装步骤，必须等自然冷却后才可安装；加热时必须有人守着，防止油温过高。

热装法是利用加热容器、机油和隔离网来加热轴承。其过程是将机油倒入加热容器中，放入隔离网（以防止轴承直接受热），轴承放入容器中加热，轴承加热后取出，利用干净棉布擦去表面油渍和附着物后，立即套入轴颈进行安装到位。注意加热时油温不得超过100℃。

58 安装轴承时应注意轴承无型号的一面永远靠着什么？

答：安装轴承时应注意轴承无型号的一面永远靠着轴肩。

59 轴承安装在轴上后应检查的问题有哪些？

答：应检查轴承无型号的一面是否靠着轴肩，轴承滚体组件内不得有污物，轴承应与轴的中心线成垂直状态、轴承内圈与轴肩是否靠紧、轴承的转动是否灵活、轴承有无损伤等，测定轴承安装后的游隙是否正常等。

60 用什么方法检查轴肩与轴承内圈是否有间隙？如何检查？

答：用对光法和塞尺法检查轴肩与轴承内圈是否有间隙。

用对光检查（将光源置放于轴后）轴肩与轴承内圈时，其间隙不得出现与内圈之间整个圆周有透光现象。

用塞尺（0.03mm）应不能插入轴承内圈与轴肩之间，否则说明轴承安装不到位。拆下轴承后，重新调整轴肩圆角半径。

61 一般滚动轴承与轴承室的紧力不大于多少毫米？若紧力过小或间隙很大会发生什么情况？

答：一般滚动轴承外圈与轴承室的紧力不大于0.02mm。

若紧力过小或间隙很大，会造成轴承外圈转动而产生磨损以及剧烈振动。

62 当轴承内圈与轴颈的配合较紧，轴承外圈与轴承座配合较松时，轴承应如何安装？当轴承内圈与轴颈配合较松，轴承外圈与轴承座配合较紧时，应如何安装？

答：当轴承内圈与轴颈配合较紧，轴承外圈与轴承座配合较松时，应先把轴承安装在轴上，然后再将轴连同轴承一起装入轴承座孔中。

当轴承内圈与轴颈配合较松，轴承外圈与轴承座配合较紧时，应先将轴承装入轴承座孔中，再把轴装入轴承内圈，此时受力点是轴承外圈。

63 检查可调整轴承的轴向间隙的方法有哪些？

答：检查可调整轴承的轴向间隙的方法有：可用千分表或塞尺法来测量。

64 在安装可以调整的轴承（如圆锥、滚柱、轴套与推力轴承）时，其调整轴向间隙的时间应是安装的哪一道工序，其调整的方法有哪些？

答：在安装可以调整的轴承时，其调整轴向间隙的时间是安装的最后一道工序。

可调整的轴承轴向间隙调整的方法是：在箱体上加垫片的方法调整，旋拧轴上螺母的调整等方法。

65 为什么说滚动轴承的轴向游隙调整好了，径向游隙自然也调好了？

答：因为滚动轴承的轴向游隙与径向游隙存在着正比关系，所以调整时，只调整好它们的轴向游隙，径向游隙自然就调整好了。

66 如何调整径向推力滚珠轴承的间隙？

答：这种滚珠轴承的间隙的调整是在端盖与轴承座之间加垫的方法来达到的。具体方法是：先将端盖拆下，去掉原有的密封垫片，重新把端盖拧紧，直到轴的盘动略感困难，不灵活为止（此时轴承内已无间隙）。这时用塞尺测量端盖与轴承座之间的间隙（设为Amm），将此间隙加上此种轴承应具有的轴向间隙（设Smm），端盖底下要垫的金属垫片厚度就是$A+S$(mm)。

67 如何调整径向推力滚柱轴承的轴向间隙？

答：先将轴推向一端，使两个轴承的间隙集中于一个轴承内，用塞尺测得滚动体与外圈间的间隙值后，经过计算求得轴向间隙，最后通过增减轴承端盖垫处的厚度来调整。

68 测量推力球轴承轴向间隙的方法是什么？

答：测量推力球轴承轴向间隙的方法是：利用塞尺测量滚动体与紧定套间的轴向间隙得到的，测得数值经计算必须符合轴承的间隙。

69 滚动轴承损坏的因素大致有哪两种情况？

答：滚动轴承损坏的因素是：

（1）由于滚动轴承达到或超过平均使用寿命而自然磨损衰老报废的损坏，它的损坏是正常和必然的。

（2）由于检修质量不良，维护保养和润滑不当所造成的过早损坏，这是一种不正常和可以避免的损坏。

70 滚动轴承的正常和持久的使用，主要取决于什么？

答：滚动轴承的正常和持久使用，除轴承本身外，主要取决于正确的检修工艺与维护保养，否则会造成轴承的过早损坏。

71 滚动轴承磨损的主要原因有哪些？

答：滚动轴承磨损的主要原因有：锈蚀引起的磨损、污垢引起的磨损、润滑不良引起的磨损、装修不良与运行不当引起的磨损、自然磨损以及事故磨损。

72 滚动轴承过热变色的原因有哪些？怎样消除？会造成什么后果？

答：造成滚动轴承过热变色的原因有：散热不良，润滑油油量不足或断油，冷却系统故障等。引起的高温，不能通过把应有的润滑油散发出热量，当温度超过 170℃时，会引起轴承的过热变色直至轴承回火。

保证轴承充足的润滑油位和油的质量，保证轴承的散热系统的畅通，才能消除轴承的过热变色。

轴承的过热变色会造成轴承本身的机械性能降低，失去原来的形状，最终造成滚动轴承的损坏。

73 造成滚动轴承锈蚀的主要物质是哪些？造成锈蚀的原因有哪些？

答：滚动轴承锈蚀的主要物质是水汽或腐蚀性物质。

造成滚动轴承锈蚀的原因是：因轴承的密封不良，而造成水汽或腐蚀性物质侵入轴承引起的；但有时却是因为使用了不合格的润滑油造成的。

74 造成滚动轴承裂纹及破碎的原因有哪些？

答：造成滚动轴承裂纹及破碎的主要原因有以下七种：轴承配合不当；装修不良；主动轴与从动轴中心不一致；制造质量不良；机组振动过大或外界硬质物质进入；长期严重过载；断油等。

75 滑动轴承有哪几种形式？

答：滑动轴承有整体式（即套筒式）轴承、对开式轴承和带有油环润滑的轴承三种型式。

76 整体式滑动轴承一般是用什么材料制造的？适用于每分钟不超过多少转的小型机械上？

答：整体式滑动轴承一般是用黄铜或锡青铜材料制造的。

适用于不超过200r/min的小型机械上。

77 滑动轴承是用什么材料做衬里的？如何检查衬里的浇铸质量？

答：滑动轴承是用钨金材料做衬里的。

检查钨金衬里的浇铸质量的方法是：用小铜锤沿钨金表面顺次地轻轻敲打，发出清脆叮当的声音，表示衬里浇铸完好，并且与底瓦黏贴很牢；如果发出的声音混浊或沙哑，表明钨金衬里有裂缝、砂眼及空洞，或着钨金与底瓦黏贴不牢固。

78 为了更准确地判断钨金衬里是否与底瓦黏贴牢固，应用什么方法来检查？

答：为了更准确地判断钨金衬里是否与底瓦黏贴牢固，应当把整个轴瓦浸泡在煤油中15～20min，然后取出用布擦干，沿钨金衬里与底瓦接触处涂上一层白粉，如果钨金衬里与底瓦黏贴不牢或脱胎，则白粉上就会出现斑点。

79 如果发现轴瓦钨金衬里有裂纹、铸孔或与底瓦脱离，应如何处理？

答：如果发现轴瓦钨金衬里有裂纹、铸孔或与底瓦脱离，必须更换或者重新浇铸。

80 开式滑动轴承研刮的目的是什么？对下瓦研刮有哪些要求？

答：滑动轴承研刮的目的是：要使轴颈与轴瓦在一定范围内很好地接触。

对下瓦研刮的要求是：接触角应该在60°～90°范围内，而且处在瓦的正中。但必须注意，在这个范围之外的非接触部分不应有明显的界限。对接触面应均匀达到一定的密度，接触角部分，每平方厘米至少应有两块接触印色。

81 开式滑动轴承的初刮通过什么检查方式获得轴颈与轴瓦的接触情况？

答：在轴颈上涂一层薄薄的红铅油，将轴颈放在轴瓦上，用手在正反两方向转动轴颈各一、两转，把轴颈取出，观看轴上印迹分布的情况。如果印迹分布不均匀，就需要继续研刮。

82 整体式滑动轴承的优点有哪些？装配前应检查什么？

答：整体式滑动轴承具有承载力大、成本低、装拆修理方便的优点。

装配前应检查轴承座和轴瓦的外观质量尺寸公差与配合间隙过盈量是否在允许的公差范围内。

83 整体式滑动轴承的过盈量过大或过小时会出现什么问题？

答：整体式滑动轴承的过盈量太大，会造成装配困难，并可能造成轴瓦变形，甚至破坏。

整体式滑动轴承的过盈量过小，工作时轴瓦会随轴转动。

84 将整体式滑动轴承装入轴承座时，对于过盈量配合小的轴瓦怎样安装？对于过盈量配合大的怎样安装？

答：对于过盈量配合小的轴瓦安装时，可用软金属或方木垫在轴瓦端面上，对正轴承座内孔，用锤轻轻敲击装入。也可利用导向轴或导向环来安装。在安装轴瓦前应在轴瓦表面涂一层薄机油以减少摩擦。

对于过盈量配合大的整体式滑动轴承安装时，可用压力机压入，或自制牵引式拉具将轴瓦装入轴承座内。在装入前可把轴瓦表面涂一层机油以便于安装。

85 当整体式轴承压入轴承座后，其内径可能减小，应当怎样处理？

答：当整体式轴承压入轴座后，轴瓦内径可能会减小，应当重新测量轴瓦内径尺寸，确认内径减小时，可用刮削方法修正，以保证轴瓦与轴颈之间的径向间隙。

86 为什么对开式滑动轴承适用于高速重载的旋转轴上？

答：因为对开式滑动轴承运转平稳，承载能力大，安装维修方便，轴承间隙可以调整，所以说，对开式轴承适用于高速重载的旋转轴上。

87 对开式滑动轴承由哪些部件组成？装配时应注意哪些问题？

答：对开式滑动轴承由上轴瓦、下轴瓦、轴承盖、轴承座、紧定螺栓组成。

装配对开式滑动轴承时，应特别注意以下问题：

(1) 轴瓦背必须与轴承座接触良好。

(2) 为了防止轴瓦在轴承座内发生转动和轴向移动，轴瓦与轴承座和轴承盖采用过盈配合（过盈量为0.02～0.06mm）。

(3) 轴瓦的对开面比轴承座的对开面高出一些（一般为0.05～0.1mm）。

(4) 轴瓦在装入轴承座时在瓦对开面上垫木块，用手锤以轻轻敲入。

(5) 轴瓦安装好后，通过定位销孔与轴瓦的凸台来固定轴瓦，以免发生轴向或径向移动。

88 对开式滑动轴承在检修检查时应特别注意哪些情况？

答：对检修中的对开式滑动轴承检查时，应特别注意下列情况：

(1) 不许有裂纹、重皮、气孔，以及严重划痕等缺陷。

(2) 轴瓦内孔的圆锥度、椭圆度不得超过规定值。

(3) 轴瓦瓦口接触应平整光滑，不得有漏缝、错位现象。

(4) 轴瓦与轴承座或轴承盖应接触紧密均匀，不得有翘角或存在间隙。

(5) 检查轴瓦与轴颈之间的接触角应合适，触点分布均匀等方面。

89 当对开式滑动轴承两瓦口平面出现漏缝时应当怎样处理？会造成什么不良的后果？

答：当对开式滑动轴承两瓦瓦口平面出现漏缝时，应当锉平或刮削平整，并经研磨来消除漏缝。

轴瓦因漏缝会造成润滑油泄漏、润滑不良、轴瓦发热、瓦口位置不固定而影响运行。

90 对开式滑动轴承处于负荷、转速不同时，轴瓦的接触点分别应达到每平方厘米多少点？

答：当对开式滑动轴承处于负荷、转速不同时，其接触点分别是：重负荷高转速的应达到 3～4 点/cm^2；中等负荷的应达到 2～3 点/cm^2；低速的 1～2 点/cm^2（一般情况转速超过 1000r/min 时取下限，转速低于 1000r/min 取上限）。

91 对开式滑动轴承刮研轴瓦的目的是什么？

答：对开式滑动轴承刮研轴瓦的目的是：为了使轴瓦与轴颈之间更好地均匀接触。

92 对开式滑动轴承轴瓦瓦背与轴承体的接触有哪些要求？

答：对开式滑动轴承轴瓦瓦背与轴承体的接触要求为：

（1）下轴瓦瓦背与轴承座之间接触面积必须在 60%以上，接触点密度达 3～4 点/cm^2。

（2）上轴瓦瓦背与轴承盖的接触面积在 40%以上，接触点密度应达到 1～2 点/cm^2。

93 对开式滑动轴承的内表面怎样进行粗刮？怎样进行精刮？

答：对开式滑动轴承的内表面粗刮时，一般是先刮下瓦，后刮上瓦。在轴瓦上涂一层红丹油，把轴颈放入轴瓦中，轴转动数圈后将轴取出，观察轴心表面接触面积是否达到 20%～30%，未达到要求，应当用三角刮刀将显示出的斑点刮去（刮刀吃刀应小，以免刮深）。如此反复地研刮，使接触面积基本达到初刮要求后，将轴瓦、轴承体、轴组装拧紧连接螺栓，松紧度以手能转动轴为宜。轴转动数圈后，拆下瓦盖与轴，检查瓦与轴的接触面积是否达到初刮的要求；如果接触面积不够，应继续用上述方法刮研直至达到要求。

精刮研时，将轴承体、轴与轴瓦组装，并在轴瓦两侧剖分面放上适当厚度的垫片，拧紧轴承座固定螺栓，轴与轴瓦的松紧度以手能转动为宜，然后转动轴数圈将轴承座拆开，取出轴观察轴颈与轴瓦摩擦下的痕迹来刮研。刮完后，重新组装并利用垫片的增减来调整轴瓦的松紧度，再行研磨和刮研。如此反复精研刮，直至轴瓦的接触点数（2～4 点/cm^2）分布均匀，接触角度、接触面积及轴的安装精度均达到安装技术要求为止。

94 对开式滑动轴承的间隙分为哪几类？测量的方法有几种？顶间隙起什么作用？顶间隙是侧面单侧间隙的几倍？

答：对开式滑动轴承的间隙分为：轴向间隙和径向间隙两类。其中径向间隙又分为顶间隙和侧间隙。

常用来测量对开式滑动轴承间隙的方法有：塞尺测量法、千分尺测量法、压铅丝测量法三种。

滑动轴承顶间隙的作用是：为了保证润滑油进入轴颈和轴承之间，形成楔形油膜达到液体润滑。另外，径向间隙还可以控制机械在运行中的准确性。

对开式滑动轴承的顶间隙是侧面单侧间隙的 2 倍。

95 如何利用压铅丝法得到对开式滑动轴承的顶间隙？

答：将上瓦盖与下瓦拆下，用顶间隙额定值的 1.5～2 倍，长度为 10～40mm 的软铅丝，涂上润滑油脂放在轴颈和两边瓦口的上方，其数量与轴承合金段的条数相等。盖上轴承盖并均匀拧紧螺栓，同时用塞尺检查接合面间隙是否相同；最后拧开轴承盖，用 0～25mm 的外径直千分尺测量被压扁的厚度，通过计算可求出实际顶间隙的平均值。

96 装配推力球轴承组件时的注意事项有哪些？

答：装配推力球轴承组件时应注意：推力球轴承的两个环的内孔尺寸不同，孔径较小的为动环，它与主轴成静配合一起转动；孔径较大的是静环，它装配时端面压紧在轴承座孔的端面上，工作时该环不转动，可减少端面间的摩擦力。所以装配推力轴承时，牢记两环的方向不得搞反，否则，将失去推力轴承的作用。

第三节　联轴器找中心

1 联轴器找中心时，用百分表测量，会产生误差的因素有哪些？

答：产生误差的因素有：

（1）轴瓦或转子放置不良，使位置发生变化，轴颈与轴瓦、轴瓦与洼窝接触不良或垫铁有间隙，使转子位置不稳定。

（2）联轴器临时销子蹩劲，盘动转子的钢丝绳未松开，百分表固定不牢，表杆触点不平等引起测量数据不真实或误差。

（3）垫铁片不平整有毛刺，或层数过多或将垫铁位置安装颠倒。

（4）垫铁垂直调整量过大时，因垫铁较宽，对垫铁若不修刮将会接触不良，定位不稳。

2 使用百分表或千分表应注意哪些事项？

答：使用百分表或千分表应注意：

（1）使用前把表杆推动或拉动两次，检查指针是否又能回到原位置，不能复位的表不能使用。

（2）在测量时，先将表夹持在表架上，表架要稳，在测量过程中，必须保持表架始终不产生位移。

（3）测量杆的中心应垂直于测量点平面，若测量为轴类，则测量杆中心应通过轴心。

（4）测量杆接触测点时，应使测量杆压入表内一段行程，以保证测量杆的测头始终与测点接触，但要考虑移动量不能超过表计行程。

（5）在测量中应注意长针的旋转方向和短针走动的格数，当测量杆向表内进入时，指针顺时针旋转，反之，逆时针旋转。

3 什么是联轴器？

答：联轴器就是将主动轴和从动轴联接在一起的部件。联轴器也叫对轮或靠背轮。

4 联轴器的作用是什么？也可用作什么装置？

答：联轴器的作用是将主动轴的动力传递给从动轴，也就是传递扭矩的作用。

联轴器也可以用作安全装置。

5 联轴器有哪些种类？

答：联轴器有联轴节和离合器两大类。

6 联轴节可分为哪两种？主要用来把什么联接在一起？

答：联轴节可分为固定式和移动式两种。

联轴节主要用来把两轴端牢固地联接在一起。

7 离合器可分为哪几种类型？它的作用是什么？

答：离合器可分为齿式离合器和摩擦式离合器两种类型。

离合器的作用是保证两轴或零件之间在工作时能够脱开和联接。

8 常用的联轴器型式可分为哪几种？

答：常用的联轴器型式可分为：刚性联轴器、弹性联轴器、活动联轴器三种。

9 刚性联轴器对联接有什么要求？

答：刚性联轴器对联接两轴的同心度较高，不然机器在运行时将会产生振动。

10 弹性联轴器对联接有什么要求？

答：弹性（皮垫式）联轴器对联接时可容许两轴有一定规定范围内的不同心度。其特点是减轻结构在传动中所发生的冲击和振动。

11 活动联轴器一般用于什么设备上？

答：活动联轴器一般用于较大轴径以及扭矩大的设备上。

12 联轴器找正时容易出现哪四种偏移情况？

答：联轴器找正时容易出现的四种偏移情况是：

（1）两联轴器处于互相平行并同心，这时轴的中心线在一条直线上。

（2）两联轴器虽处于各种位置平行，但不同心，两轴中心线相交。

（3）两联轴器各种位置均同心，但不平行，两轴中心线相交。

（4）两联轴器既不平行也不同心，两轴中心线相交。

13 联轴器找正时，必须是在什么条件下方可进行？

答：联轴器找正时，必须是在对轮与轴装配垂直的条件下方可进行。

14 联轴器找正时，按所用工具的不同，可分为哪三种？分别适用于什么设备上？

答：联轴器找正时，按所用工具的不同，可分为：

（1）利用直角尺（或平尺）、楔形间隙规、平面规的找正方法；适用于中小型水泵。

（2）利用塞尺和中心卡（专用工具）找正法；适用于一般中、大型水泵。

（3）利用千分表找正方法；适用于同心度高的转动设备。

15 安装弹性靠背轮的螺丝销时应注意哪些问题？

答：当螺丝销与眼孔内壁接触不良，或螺丝销与孔内没有径向间隙时，必须用锉刀将减震套修理到合适的间隙，必须注意螺母垫圈不能限制减震圈的弹性作用。否则会引起机构运行的不平稳，或造成靠背轮的过早损坏。

16 什么是一点法找正？一般利用什么来测量？

答：一点法找正就是指在测量一个位置上的径向间隙时，同时又测量其轴向间隙。

一点法一般是利用中心卡及塞尺（或百分表）来测量对轮的同心度和平行度。

17 对轮的找正是通过调整什么的方法得到对轮即平行又同心的？

答：对轮的找正是通过调整主动机支脚垫片的厚薄和主动机的左右移动的方法，得到对轮既平行又同心的。

18 对轮找正时对垫片有哪些要求？

答：对轮找正时对垫片的要求是：垫片必须平整光滑；垫片宽度应与支脚宽度一致；垫片的长度，应当是支脚宽度的 1.5 倍左右；支脚下垫片层数不得超过三片。所垫垫片为三层时，厚的放在底层，稍厚的放在上层，薄的放在中间。

19 什么是对轮初步找正？为什么要进行初步找正？

答：对论找正开始时，先用直尺放在两对轮相对位置，找出偏差方向先粗略的调整，使两对轮的中心接近对准，两对轮端面接近平行，即为初步找正也叫粗找。

对对轮进行初步找正是为对轮精确找正奠定基础。

20 BA 泵的联轴器找正有哪些要求？

答：BA 泵联轴器找正的要求有：径向偏差不大于 0.05mm，端面偏差不大于 0.04mm。泵的振动值：3000r/min 时，不超过 0.05mm；低于 1500r/min 时，不超过 0.08mm。靠背轮端面间隙是 2～4mm。

21 某水泵联轴器找中心，用塞尺测得电动机端联轴器的数值，见图 3-3 所示；已知其有关尺寸及电动机支座尺寸见图 3-4 所示，试问支座 A 和 B 如何调整，才能找正中心？

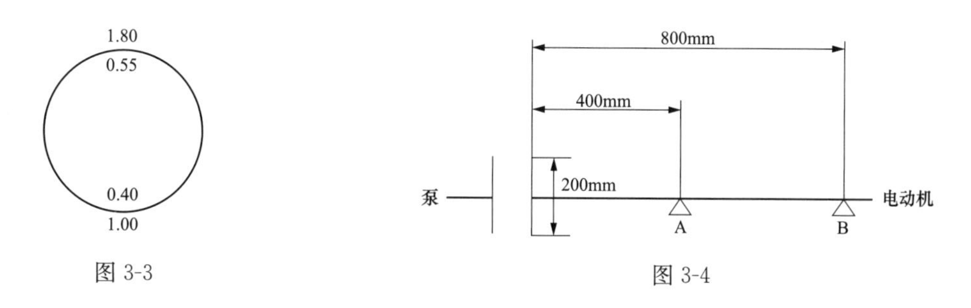

图 3-3　　图 3-4

解：（1）因为$\frac{1.80-1.00}{2}=0.4(\text{mm})$

所以电动机中心比水泵中心低 0.4mm。

则 A、B 支座均应向上抬高 0.4mm。

(2) 因为 $0.55-0.40=0.15(\mathrm{mm})$

所以上张口为 0.15mm。

则支座 A 加垫：$\frac{0.15}{200}\times400=0.30(\mathrm{mm})$

支座 B 加垫：$\frac{0.15}{200}\times800=0.60(\mathrm{mm})$

(3) 支座 A 总共加垫：$0.40+0.30=0.70(\mathrm{mm})$

支座 B 总共加垫：$0.40+0.60=1.00(\mathrm{mm})$

答：支座 A 加垫 0.70mm，支座 B 加垫 1.00mm，才能找正中心。

22 找中心前的准备工作有哪些?

答：找中心前的准备工作有：

(1) 常用工具的准备。千斤顶、扳手、榔头、撬棍、剪刀、螺丝刀、皮风套等。

(2) 常用量具的准备。卷尺、钢板尺、塞尺、0~25mm 千分尺、百分表、千分表等。

(3) 常用垫片的准备。0.05~0.50mm、1.0mm、2.0mm、3.0mm 等。

23 联轴器找中心的注意事项有哪些?

答：联轴器找中心的注意事项有：

(1) 电动机就位前应将地脚清理干净。

(2) 架表测量前应检查电动机地脚是否有悬空脚。若有必须找出悬空脚并将其垫平。

(3) 架表测量前应用钢板尺进行初找，使得两联轴器相差不大。

(4) 表架的固定应牢靠，百分表、千分表指示正确、灵活，表头应无松动现象，且应垂直测量面。

(5) 在进行测量前，应将四个地脚螺栓锁紧，连续盘动转子数圈。

24 简述找中心的步骤。

答：找中心的步骤为：

(1) 找中心前的准备工作。

(2) 测出两对轮端面不平行值 a 和外圆偏差 b。

(3) 根据测得的数据做出偏差总结图。

(4) 绘制两轴的中心状态图，进行中心状态的分析。

(5) 轴瓦调整量的计算。

(6) 通过加减垫片调整中心的高低，左右移动的方法调整中心的左右。

(7) 调整数据、复核、整理记录。

25 找中心时加减垫片的方法有哪些?

答：找中心时加减垫片的方法有：

(1) 对于小型电动机的调整，应先把地脚螺栓拧松，用撬棒把电动机抬起，然后再把垫片放入，使上、下的调整值达到要求。

(2) 调整垫的形状制成 U 型，使垫片能卡在地脚螺栓中间。

（3）垫片片数不能过多，层数不应超过三层。垫片应平整，如有毛刺和翻边要修正好方可使用。

（4）调整垫片时，增减垫片的地脚及垫片上的污物应清理干净。

26 测振仪使用时应注意哪些事项？

答：测振仪由拾振器和测振表组成，是高精密度的测试仪器。拾振器不能受到机械外力的撞击和摔击，测量时应调整刻度指示范围，以防止表内器件损坏，连接屏蔽导线不得弯折，与拾振器和显示仪的连接应牢固，电接触应良好。

27 给水泵振动的原因有哪些？

答：给水泵振动的原因有：

（1）水泵与原动机的中心不在标准范围之内。

（2）泵体的地脚螺丝松动，或是基础不牢固。

（3）轴承盖紧力不够，使轴瓦在体内出现跳动。

（4）转子质量不平衡。

（5）转子固有频率与激振频率成比例关系。

（6）小流量及流量不稳定时，或中间再循环门损坏。

28 怎样检查轴的弯曲度？

答：先用0号砂布将轴打光，然后用百分表检查轴的弯曲度。

具体操作法是：将百分表装置固定在稳定的固定体上，并在轴表面按圆周八或六等分，再将轴顶在车床两顶尖之间或放置在稳定的V形铁上，表的触头分别与轴的各段测点垂直接触，表的读数调整至零位，缓慢盘动主轴分别读出并记录各测点读数。

29 怎样测量给水泵的径向（上、下）总间隙？

答：将轴轻轻抬起拆除下瓦，把两只百分表触头垂直放置在高低压两端轴颈中央，读数调正至零位，将泵轴高低压端同时谨慎地提升或降至与磨损圈接触为止，读取和记录百分表读数之差即为总间隙。

30 泵轴的热矫直方法原理是什么？

答：热矫直的简单原理是在泵轴弯曲的最高点加热，由于加热区受热膨胀，使轴两端更向下弯，临时增加了弯曲度，但当轴冷却时，加热区就产生较大的收缩应力使轴两端向上翘起，而且超过加热的弯曲度，超过部分就是矫直的部分。

31 如何用百分表测量及确定水泵轴弯曲点的位置？

答：用百分表测量及确定水泵轴弯曲点位置的步骤为：

（1）测量时，将轴颈两端支承在滚珠架上，测量前应将轴的窜动量限制在0.10mm范围内。

（2）将轴沿着长度方向等分若干测量段，测量点表面必须选在没有毛刺、麻点、鼓疱、凹坑的光滑轴段。

（3）将轴端面分成8等分作为测量点，起始“1”为轴上键槽等的标志点，测量记录应与这些等分编号一致。

（4）将百分表装在轴向长度各测量位置上，测量杆要垂直轴表面、中心通过轴心，将百分表小指针调整到量程中间，大指针调到“0”或“50”，将轴缓慢转动1周，各百分表指针应回到起始值。否则查明原因，再调整达到测量要求。

（5）逐点测量并记录各百分表读数。根据记录，计算同一断面内轴的晃动值，并取其1/2值为各断面的弯曲值。

（6）将沿轴长度方向各断面同一方位的弯曲值用描点法画在直角坐标中，根据测到的弯曲值和向位图连接成两条直线，两线的交点为轴的最大弯曲点。

32 叙述双桥架百分表找中心的特点和测量要点。

答：双桥架百分表是设备检修中具有找正速度快、精度高的一种广泛使用的找中心特点。

测量要点：

（1）需要桥架两副，0～7mm的百分表三只。

（2）安装桥架时，两桥架应通过轴中心线直径方向对称布置，并将百分表固定在桥架上，应保持测量杆活动自如，测量外圆的百分表测量杆要与轴线垂直，并通过轴心；测量端面的两个百分表应在同一直线上，并离轴中心的距离要相等，百分表测量杆与测量面垂直，端面应平整光洁，装好转动一周。

（3）测量外圆的百分表读数应与起始位置的差值一致。测量端面值的两个百分表读数的差值，应与起始位置的差值一致，并将百分表的小指针调到量程中间值，大指针调到“0”或“50”。

33 测振仪进行相对相位法找转子动平衡的原理是什么？

答：当转子加上试加质量 P 后，测得振动振幅是不平衡质量 Q 和试加质量 P 的合成振动振幅。根据（$Q+P$）合成向量与原始不平衡 Q 向量的相位差，与相对相位表示的合成振幅向量和原始振幅向量的相位差，在数值上相等方向相反的相角关系，寻求原始振幅与试加振幅的相对相位差值，确定应加平衡质量 G 的位置。

34 联轴器进行找中心工作产生误差的原因有哪些？

答：联轴器进行找中心工作产生误差的原因为：

（1）在轴瓦及转子的安装方面，例如反瓦刮垫铁后回装时位置发生变化，底部垫铁太高使两侧垫铁接触不良等，使找中心的数据不稳定。

（2）在测量工作方面，例如千分表固定不牢、钢丝绳和对轮活动销子晃动等，也会使找中心数据不真实。

（3）垫片方面，例如垫片超过三片、有毛刺、垫片方向放置颠倒等。

（4）轴瓦在垂直方向移动量过大。

35 简述用百分表测量联轴器张口（端面值）的方法。

答：将两只百分表对称地固定在一侧联轴器的直径线两端部分，测量杆分别与另一侧联轴器的端面接触并保持垂直，即两百分表应在同一条直径线上，并且距中心的距离相等。两半联轴器按实际组合记号对准，并用临时销子把两个转子进行松联接。为此，销子的直径应小于孔径 1.0～2.0mm，用吊车盘动两转子，使百分表依次对准每个测量位置，读数记录前需先撬动一个转子，使两转子不互相蹩劲（临时销子能活动），最后应转回起始位置，此时两百分表的读数差应当与盘动转子前的差值相一致。

36 找中心的目的是什么？

答：找中心的目的是：

（1）保持动静部分中心的偏差符合规定的径向间隙，在要求范围内，找中心使各转子中心连线成为一条连续曲线而不是折线。

（2）通过找中心保证各轴承负荷分配合理，最终的目的是保证机组振动指标合格。

37 已知联轴器找中心测得的结果如图 3-5 所示，求出中心偏差值（测量工具为百分表，单位 0.01mm）。

解：从图 3-5 中可以看出：

水平方向向左开口：20－10＝10

中心偏差为：(36－20)/7＝8

垂直方向上开口：30－20＝10

中心偏差：(40－20)/2＝10

答：水平方向左开口 0.1mm，中心偏差在 0.08mm；垂直方向上开口 0.1mm，中心偏差 0.1mm。

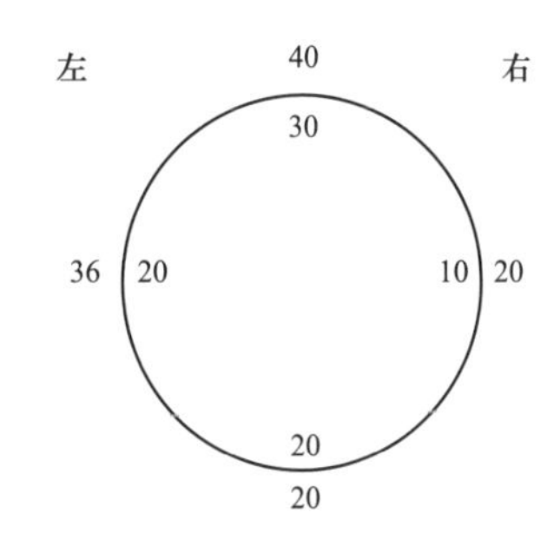

图 3-5 联轴器找中心测得结果

38 百分表在测量时应注意哪些事项？

答：百分表在测量时的注意事项有：

（1）使用时轻微揿动测量杆，活动应灵活无卡涩、呆滞现象，轻压测量杆 2～3 次，指针每次都能回到原指示点。

（2）被测量部件表面应洁净，无麻点、凹坑、锈斑、漆皮、鼓泡等。

（3）百分表安装的表架应紧固不松动，磁性座与平面接触稳固不动。

（4）百分表测量杆头轻靠在被测物的工作表面，将测杆压缩入套管内一段行程（即小指针指示 2～3mm），以保证测量过程触头始终与工作表面的接触。

（5）旋转外壳刻度盘使大指针对准“0”或“50”。

（6）将转轴转动 360°，指针指示值回到起始值。

（7）测量值为小指针的毫米变化值与大指针的刻度变化值的代数和。

第四节 单级离心泵的安装与检修

1 简述离心式水泵的工作原理。

答：离心式水泵的工作原理是：在泵内充满水的情况下，叶轮旋转时产生了离心力，叶轮槽中的水在离心力的作用下，甩向外圈，流进泵壳，再流向出水管。此时，叶轮中心的压力就会降低，当叶轮中心的压力低于进水管内的压力时，水就在这个压力差的作用下由进水管源源不断地流进泵内，这样水泵就可以不断地吸水并不断地将水排出。

2 水泵按工作原理可分为哪几类?

答：水泵按工作原理可分为：叶片式泵和容积泵两大类。

3 电厂化学水处理常用的离心式水泵有哪几种型号？各型号的含义是什么?

答：电厂化学水处理常用的离心泵可按输送不同介质的流体来区分。输送清水的离心式水泵一般采用IS型单级离心式水泵和S型单级双吸离心式水泵；输送腐蚀介质的一般采用F型和IH型耐腐蚀离心泵、塑料离心泵、陶瓷泵等。

（1）IS型单级离心式水泵的型号含义为（以IS100-65-200型为例）：

IS——采用ISO国际标准的单级单吸离心式清水泵；

100——表示泵的进水口直径为100mm；

65——表示泵的出水口直径为65mm；

200——表示叶轮的名义直径为200mm。

（2）S型单级双吸离心式水泵的型号含义为（以150S-50型为例）：

150——表示泵的进水口直径为150mm；

S——表示双吸离心式水泵；

50——表示泵的扬程为50m。

（3）F型耐腐蚀泵的型号含义为（以100FB-37型为例）：

100——表示泵的入口直径为100mm；

F——表示耐腐蚀泵；

B——表示耐腐蚀泵过流部分的零件材质为1Cr18Ni9Ti；

37——表示泵的扬程为37m。

（4）IH型单级离心式水泵的型号含义为（以IH100-65-200型为例）：

IH——表示采用ISO国际标准化工流程泵：

100——表示泵的进水口直径为100mm；

65——表示泵的出水口直径为65mm；

200——表示叶轮的名义直径为200mm。

4 水泵叶轮密封环的作用是什么?

答：水泵叶轮密封环的作用是保护泵壳不被磨损，减少由叶轮甩出的液体通过叶轮前盖板与泵体之间的间隙泄漏到叶轮进口的内泄漏，以及通过叶轮背面与泵盖之间的间隙经填料涵泄漏到泵外的外泄漏，密封环采用耐磨性良好的铸铁材料。

5 水封环的作用是什么?

答：水封环的作用是分配冷却水，起密封和冷却作用。

6 简述IS型离心泵的拆装顺序。

答：IS型离心泵的拆卸顺序为：

（1）拆下联轴器安全罩。

（2）拧下油室放油堵头，放尽旧油。

（3）拆下与泵连接的出入口管件，再拆除压力表和真空表。

（4）拆电动机接线头，拧下电动机与泵座的紧固螺栓，移开电动机。电动机四脚的垫片要分别捆在一起，并记录好原来位置，以便组装。

（5）拧下泵盖与泵体的连接螺栓，用两端的顶丝将泵盖顶出配合止口，拆下托架地脚螺栓，从泵座上吊下泵盖与托架，并支撑平稳。

（6）撬开叶轮螺母制动垫圈，用专用扳手拧下叶轮螺母（另一端用管钳子卡住泵轴），取下叶轮和键，拆下泵盖与托架间的连接螺栓。

（7）松开填料压盖，取出盘根，移出水封环，取下泵盖。

（8）拆下前后轴承端盖，测量纸垫片厚度。

（9）以紫铜棒顶住叶轮侧轴头，轻轻锤击，将轴与轴承一并从联轴器侧抽出，取下水封环、填料压盖及前轴承端盖和前轴承。

（10）用专用工具取下联轴器和键。

（11）取下后轴承端盖及后轴承。

IS 型离心泵的装配，按照拆卸的逆顺序进行即可。

7 IS 型离心泵检修的质量标准是什么？

答：IS 型离心泵检修的质量标准是：

（1）泵的全部零件应完好无损，质量要求符合标准，所有结合面没有渗漏现象，填料压盖松紧合适，盘车灵活无卡涩，轴封处应有间断滴水，填料环应对准冷却水来水口，运转中盘根无发热现象。

（2）联轴器找正，径向偏差不大于 0.05mm，端面偏差不大于 0.04mm；水泵试运转时振动值符合标准要求：3000r/min 时不超过 0.05mm；1500r/min 时不超过 0.08mm。

（3）滚动轴承与轴承端盖的间隙应保持在 0.25～0.5mm 之间。

（4）轴承温度正常不超过 70℃，电动机温度不超过 80℃，温升不超过 45℃。

（5）运行中压力表所示出口水压应达到水泵空负荷时所应达到的压力，并且没有压力不稳的现象。

（6）联轴器轴向间隙 2～4mm。

（7）在开启泵出口门逐渐增加负荷的过程中，压力变化及振动等平稳正常。电动机电流变化平稳，无明显跳动。

（8）做好检修记录。

8 水泵填料式轴封装置检修时应注意哪些事项？

答：石棉填料盘根检修时必须更换新的，注意新填料切割接口为 45°，并和邻圈接口要错开 120°。若轴套表面有轻微磨损，则可车削后继续使用；磨损达 2mm 时，应更换新的。水封环、填料压盖必须清理干净，磨损过大时应更换。检查轴套内 O 型密封圈，若弹性不够或损坏，应更换。

9 什么是离心泵的出力、扬程、效率、允许吸上真空高度?

答：离心式水泵的出力即为水泵的流量，是水泵在单位时间内输出液体的体积或质量。

扬程是表示泵能提升液体的高度。

泵的有效功率与轴功率之比，叫做泵的效率，泵的效率反映了泵对动力的利用程度。

水泵的允许吸上真空高度是指泵入口处的允许真空值。

10 什么是离心式水泵的汽蚀?

答：离心泵运转时，液体的压强随着从泵吸入口向叶轮入口而下降，叶片入口附近的压强为最低。此后，由于叶轮对液体作功，压强很快又上升。当叶片入口附近的最低压强等于或小于输送温度下液体的饱和蒸汽压时，液体就在该处发生汽化并产生气泡，随同液体从低压区流向高压区。气泡在高压的作用下，迅速凝结或破裂，瞬间内周围的液体即以极高的速度冲向原气泡所占据的空间，在冲击点处形成高达几百大气压的压强，冲击频率可高达每秒几万次之多，这种现象称为汽蚀现象。

水泵发生汽蚀时会产生噪声与振动，泵出口的压力表指针向低压方向摆动。泵的扬程、流量、功率都有所下降。

11 水泵或电动机轴承温度温升过高的原因是什么?

答：水泵或电动机轴承温度温升过高的原因是：

（1）油位太低，轴承冷却润滑的油量减少，或油环卡住。

（2）油质不合格，进入了水或杂质，使油乳化或变质，起不到冷却、润滑轴承的作用。

（3）轴承冷却水流量不足，或填料压得太紧。

（4）轴弯曲使轴承研瓦或损坏。

（5）装配时，轴承盖与轴之间的间隙太小，造成摩擦。

（6）环境温度太高，不利于泵体散热。

（7）泵轴和电动机轴不同心。

12 离心泵常用的轴封装置有哪几种?

答：离心泵常用的轴封装置有：填料密封装置、机械密封装置和浮动环密封装置。

13 离心泵发生振动或有杂音的原因有哪些?

答：离心泵发生振动或有杂音的原因有：

（1）泵轴与电动机轴不同心，对轮结合不良，找正不好。

（2）泵轴或电动机轴弯曲，轴承损坏。

（3）叶轮动、静不平衡或叶轮碰外壳。

（4）地脚螺栓松动或基础不牢，泵的进、出水管固定装置松动。

（5）装配间隙过大或运行中磨损增加装配间隙。

（6）电动机两相运行时发出的嗡嗡响声。

（7）水泵过载或卡涩时发出的噪声。

（8）水泵汽蚀带来的呈噼噼啪啪的爆裂响声。

14 水泵运行时不出水的原因有哪些？

答：水泵运行时不出水的原因有：

（1）叶轮损坏，或键槽损坏，或泵轴断裂。

（2）泵内未充满水，或有大量空气漏入。

（3）水流通道堵塞，进水门开度过小或进水门阀芯脱落。

（4）泵出口压力低于管压力，水打不出去。

（5）电动机接线错误，水泵反转。

（6）进水池内水位太低，或进水水头低于泵的允许吸上高度。

（7）叶轮与密封环磨损严重。

15 检修水泵时应做哪些安全措施？

答：要求电气人员切断水泵电源，并挂警示牌；关闭水泵的出、入口门。冬季时应放尽存水，以免冻坏设备。

16 填料装置发热和严重泄漏的原因有哪些？

答：填料装置发热和严重泄漏的原因有：

（1）填料压盖压得过紧，造成运转时发热。

（2）填料装得过多。

（3）填料水封环阻塞或摩擦而发热。

（4）填料磨损，或填料压盖过松，造成严重泄漏。

（5）泵轴磨损。

17 什么是机械密封？机械密封由哪些部件组成？

答：机械密封是一种带有缓冲机构，并通过与旋转轴垂直并做相对运动的两个密封端面进行密封的装置。

机械密封由动环、静环、弹簧、动环密封圈、静环密封圈、传动座等组成。

18 机械密封装置泄漏的原因有哪些？

答：机械密封装置泄漏的原因有：

（1）动、静环摩擦面不平直，不符合标准。

（2）端面磨损严重。

（3）密封圈与动环及轴的过盈量不够。

（4）密封圈过紧，弹簧推不动。

（5）弹簧压力不够。

（6）密封体材料不耐腐蚀。

（7）冷却水不够，或冷却水内有杂质，造成密封环烧坏。

（8）动、静环压力过大，造成密封环严重磨损。

19 简述S型离心泵的拆装顺序。

答：S型离心泵的拆卸顺序为：

（1）拆泵盖，注意应先松泵上壳中部螺母，再松周边螺母，对称旋紧顶丝，保持上下壳体间出现的缝隙各处相同。

（2）拆联轴器。

（3）拆转子，需先将轴承压盖拆下。

（4）拆轴承。

（5）依次拆轴上的零件。

（6）拆密封环。

S型离心泵的组装顺序为：

（1）转子装配。

（2）转子吊装。

（3）装泵盖。

（4）装联轴器，安装压力表计，加入润滑油。

（5）找正。

20 S型离心泵壳体中分面垫片的厚度如何确定？

答：S型离心泵壳体中分面垫片的厚度由所测得的密封环紧力、填料套紧力来确定。

21 S型离心泵的检修质量标准是什么？

答：S型离心泵的检修质量标准是：

（1）泵的全部零部件应完好无损、无缺陷，盘车灵活，无卡涩现象，轴封处应有间断水滴滴出，运行中无发热现象。

（2）叶轮和轴套的晃动度不大于0.05mm。

（3）轴的弯曲度最大不超过0.05mm。

（4）滚动轴承符合质量标准，润滑脂填加适量，滚动轴承与轴承端盖的间隙保持0.25～0.5mm。

（5）密封环与叶轮的径向间隙通常为0.2～0.3mm，轴向间隙为0.5～0.7mm，密封环紧力在0.03～0.05mm之间。

（6）填料套与轴套的间隙为0.3～0.5mm；填料压盖与轴套应保持同心，其间隙为0.4～0.5mm；填料压盖外圆与泵壳填料涵的间隙为0.1～0.2mm；填料环与轴套间隙为1.14～1.64mm。

（7）叶轮密封环与叶轮吸入口的轴向间隙，左右两边的数值要求相同，叶轮流道出口中心线与泵壳中心线要求重合，偏差不得超过0.5mm。

（8）填料环的外圆槽要对准填料涵的进水孔。

（9）叶轮与轴的配合为动配合，配合间隙一般为0.03～0.05mm；叶轮径向偏差不大于0.2mm。

（10）水泵振动值不得超过0.06mm。

（11）联轴器找正，径向偏差允许为0.05mm，轴向偏差允许为0.04mm，联轴器端面间隙为4～5mm。

（12）运行中轴承温度不超过70℃，温升不超过45℃。

22 简述常见耐腐蚀离心泵的特点及其检修时的注意事项。

答：常见耐腐蚀离心泵的特点为：工作原理、结构及主要零部件与普通离心泵相同，只是其过流部分的零部件应根据需要输送介质的性质，选用不同的耐腐蚀材料和轴封型式。

耐腐蚀离心泵的检修方法与普通离心泵的检修方法相同。但是，由于耐腐蚀材料具有其特殊性，因此在检修时应根据耐腐蚀材料普遍存在机械强度和耐热性差的问题，检修中应使零部件均匀受力，不能用硬物敲打，以防脆裂。遇到拆卸困难时，应用煤油浸泡后再进行拆卸。出入口管最好采用橡胶伸缩节连接。在拧紧各连接螺栓时，受力要均匀，不要拧得过紧，以不泄漏为宜。检修中还应防止骤热和骤冷，不允许有高于50℃温差的冷热突变，以防爆裂。同时注意泵体等组合件有的是不可拆的，因为其上面的螺钉是制造工艺螺钉，不允许敲拆。

23 水泵选型有何意义？

答：水泵的选型就是根据生产工艺装置系统对水泵的要求，在水泵的定型产品中选择最合适的水泵型号与规格。

水泵的选型具有很重要的意义，如果选型不当，则水泵扬程偏高或偏低，流量偏大或偏小，材料不耐腐蚀，结构不适宜该液体的特性等。这样，水泵不仅满足不了生产要求，而且效率低、寿命短，造成极大的能源浪费和设备损坏。

24 简述水泵选型的步骤。

答：水泵的选型步骤为：先选择水泵的系列，再确定水泵的材料，然后可按最大流量和放大5%～10%余量的扬程在系列特性曲线上确定水泵的具体型号。

系列特性曲线一般都是按水介质绘制的，如果输送的介质是黏度比水大得多的黏性液体，则因为黏度大要引起流量、扬程的减小，故在泵型谱图上初次查对时宜偏向流量、扬程交点的右上方，然后根据黏度修正后再校对是否妥当。

对于水泵或其输送介质的物理、化学性质与水近似的泵，需再到有关泵产品目录或样本上根据该型号泵的性能表或性能曲线，进行单独性能校核，看正常工作点是否落在该泵的高效区、允许吸上真空高度是否合适。

25 安装水泵时为什么要调整水平？对于不同结构类型的离心泵，如何选定水平度的测量部位？测量时应注意哪些问题？

答：为了保证泵的安全稳定运行，消除由于泵不水平而造成的振动、磨损、效率低等问题，在水泵安装时要调整水平。

测量离心泵泵体的水平度，使用精度为0.02mm/m或0.05mm/m的方框水平仪或水平尺。水平仪的放置位置随泵的结构不同而有差异。垂直剖分的离心泵，可把水平仪放置在泵轴的外露部分，也可放在进、出口法兰盘平面上，还可放在泵体上的水平加工面上进行测量。水平剖分的离心泵，可卸下泵盖，把水平仪放在泵体水平结合面上，也可放在露出的轴颈上进行测量。

测量时应注意的问题为：

（1）检查泵座与泵的支脚及泵座与垫铁之间的接触情况，用0.05mm的塞尺检查，不得塞入。只有在确认接触良好后，才能进行水平度的测量。

(2) 多级离心泵的转子轴较长，水平放置后，轴颈的扬度较大，故对轴承段处轴较长的多级离心泵，测量其水平度时，一般不在轴端位置进行。

26 安装泵时，如何选定标高的测量基准和定位基准？如何测量？

答：泵体的标高以泵轴中心线为定位基准，以厂房上标定的点作为测量基准点。

现场安装泵时，多用U形管水准器测量标高。

27 泵的“三点调平法”与一般调平法相比有何优点？

答：泵的“三点调平法”比一般调平法更精确且误差小。

28 浇注泵的地脚螺栓时，对螺栓的放置有什么要求？

答：浇注泵的地脚螺栓时，对螺栓放置的要求是：地脚螺栓不得歪斜，不得靠在孔壁上，应呈垂直状态。地脚螺栓下端不能接触预留孔底，螺栓任一部位离孔壁的距离不得小于1.5mm。

29 安装泵时为什么要先找正中心线？怎样确定找正的定位基准？如何测量？

答：为了防止泵与机座不同心而造成的运行中振动、噪声、磨损等问题，以及泵与出入口管路不同心而造成的安装中损坏零部件，使泵无法找正、检修困难等问题。所以，安装泵时要先找正中心线。

泵体的中心线是以泵轴中心线作定位基准的，一般采用在泵轴两端吊垂线，使之与基础（机座上）的中心线重合。横向中心线常以进、出口管法兰的中心线作定位基准，用拉线法找正。

30 泵安装时精调平与初调平有什么不同？

答：泵安装时的初调工作是调整泵体的中心位置、水平度和标高。初调工作结束后，再进行精调，精调一定要在拧紧地脚螺栓的情况下进行测量。精调时必须使用较精密的方框水平仪（精度为0.02mm/m），精调完毕，点焊垫铁进行泵座的二次灌浆，完成泵的安装。

31 汽蚀的危害性有哪些？

答：汽蚀对泵的危害极其严重，轻者过流件表面出现麻点，重者过流件很快变成蜂窝状或断裂，导致泵的叶轮、导叶和泵壳部件发生严重损坏，水泵的寿命将大大缩短。水泵运行中发生汽蚀时，会引起噪声和振动，泵的扬程、功率和效率急剧下降，甚至发生断水，严重地威胁着运行的安全。

32 水锤有何危害？防止水锤的措施有哪些？

答：水锤发生时，由于冲击力较大，将会造成水泵部件的损坏，水管开裂漏水，甚至发生爆破事故。

防止水锤的措施有防止降压措施和防止升压措施。

(1) 防止降压措施：

1）设置调压水箱。

2）设置空气室。

3）装设飞轮。

（2）防止升压措施：

1）装设水锤消除器。

2）安装爆破膜片。

3）安装缓闭阀。

33 什么是应力松弛？

答：零件在高温和应力长期作用下，若总变形不变，零件的应力将随时间的增长而逐渐下降，这种现象称为应力松弛。

34 水泵振动的原因有哪些？

答：水泵振动的原因有：

（1）水泵与原动机的中心不在标准范围之内。

（2）泵体的地脚螺丝松动，或是基础不牢固。

（3）轴承盖紧力不够，使轴瓦在体内出现跳动。

（4）转子质量不平衡。

（5）转子固有频率与激振频率呈比例关系。

（6）小流量及流量不稳定时，或中间阀门损坏。

35 SH型水泵泵体部分大修的检查清理有哪些工序？

答：SH型水泵泵体部分大修检查清理的工序有：

（1）检查叶轮磨损、汽蚀情况，并查看是否有裂纹。

（2）卸下叶轮后轴要清理干净，再测轴弯曲度。

（3）检查轴套的磨损情况，如磨损严重则须更换。

（4）检查叶轮密封环间隙。

（5）检查轴承及推力轴承。

36 新叶轮将流道修光后应做哪些检查和测量工作？怎样清理检查叶轮？怎样修整磨损较严重的叶轮？

答：新叶轮将流道修光后需做的检查和测量为：

（1）检查、测量叶轮内孔和轴的配合。

（2）检查叶轮键槽与键的配合。

（3）检查、测量叶轮轮毂与卡环（装在轴上）的径向间隙。

（4）校正静平衡。

清理检查叶轮：将叶轮表面和流道用0号砂布打磨光滑后，并宏观检查有无裂纹、变形和磨损。

叶轮磨损较严重时，应将叶轮装在芯轴上，在车床上进行车镟修整。

37 大型水泵的抬轴试验应注意哪些事项?

答：抬轴试验应两端同时抬起，不得用力过猛，放入下瓦后转子的上抬量应根据转子的静挠度大小决定，一般为总抬量的 1/2 左右。当转子静挠度在 0.02mm 以上时，上抬量为总抬量的 45%，在调整上下中心的同时，应兼顾转子在水平方向的中心位置，以保证转子对定子的几何中心位置正确。

38 如何进行一般水泵（以 14SH-13A 型水泵为例）联轴器的装配?

答：装配前需了解装配的技术要点，如键的工作面要求，装配中键与键槽的侧面、顶面间隙的要求，以及装配工艺。具体装配过程如下：

(1) 先将轴及联轴器清理干净。

(2) 将键先在联轴器键槽内滑动一下，看间隙是否恰当（一般间隙为 0.05mm 左右）。

(3) 测量联轴器键槽内径与外径的尺寸（一般有 0～0.01mm 间隙）。

(4) 将键装在轴键槽内，并在轴头上涂一些润滑油或二硫化钼，使联轴器键槽方向对准键位置，然后在联轴器端面垫上木块或紫铜棒，用锤适当地敲击（注意敲击时要尽量靠近联轴器中心内侧），将联轴器缓缓推进至正确位置。

39 水泵有哪些测量装置？其安装有何质量要求?

答：水泵的测量装置有：流速测量装置、轴向位移测量装置、轴向推力监测装置和轴瓦温度监测装置。

在安装前应经过校验，动作灵活、准确，安装应牢固，位置和间隙应正确。

40 水泵检修后，试运行前必须检查的项目有哪些?

答：水泵检修后，试运行前必须检查的项目有：

(1) 地脚螺栓及水泵同机座连接螺栓的紧固情况。

(2) 水泵、电动机联轴器的连接情况。

(3) 轴承内润滑的油量是否足够。对于单独的润滑油系统应全面检查油系统，油压符合规程要求，确信无问题。

(4) 轴封盘根是否压紧，通往轴封液压密封圈的水管是否接好通水。

(5) 接好轴承水室的冷却水管。

41 简述水泵特性试验的方法。

答：水泵特性试验的方法为：

(1) 当水泵启动后，待转速至额定值，经检查无异常情况后，排除差压计和压力表连接管内的空气，即可以进行试验。

(2) 先将水泵进口管道上的阀门全开，利用出口阀门来调节试验负荷。试验从出口阀门关闭状态开始，然后逐次开启出口阀门以逐渐增加流量，为保证试验的准确性，各次试验应稳定 10min，再持续测定 20min。对高压给水泵和轴流式水泵不允许空负荷运行。

(3) 进行每一负荷试验时，均应测量流量、扬程、水温、水泵转速、电动机输入功率等。测量中应同时记录仪表读数，每分钟记录一次。

（4）循环水泵的流量是用两根独立的皮托管同时测一动压。测量点位置根据预先做好的标尺确定。

（5）试验次数根据水泵的最大流量均分为8～12次为宜。

42 在两组合件间钻骑缝孔，为防止或减少孔的偏斜应采取哪些措施？

答：在钻孔不深的情况下，尽量用短钻头钻孔或缩短钻头在钻夹头上伸出部分的长度，增强钻头的刚度，减少钻削过程中钻头的弯曲量。同时可适当把钻头的横刃磨短至0.5mm以内，以减少轴向抗力，使钻头容易定心，减少偏斜的现象。钻孔时可采用分段钻削，第一次钻时，钻头外伸较短，主切削刃应磨对称。

43 循环水泵大修过程中的注意事项有哪些（以48 Sh-22型为例）？

答：循环水泵大修过程中的注意事项有：

（1）开工前要办理好工作票，并确保安全措施已正确执行。

（2）起吊泵盖及转子时一定要注意起吊安全。

（3）如要更换叶轮，一定要复测叶轮的各项尺寸是否符合要求，且叶轮装在轴上的位置要做好标记。

（4）装配叶轮时，要注意叶轮的叶片方向，以免装反。

（5）复装泵盖，对称均匀地紧好螺栓，盘车应灵活无卡涩现象。

（6）叶轮与磨损环两侧的间隙调整适当。

44 简述用压铅丝法测量循环水泵轴瓦紧力的过程。造成轴瓦紧力测量误差的因素有哪些？

答：压铅丝法测量循环水泵轴瓦紧力的过程：测量时，将上、下两半轴瓦组装并紧固好后，在顶部垫铁处及轴瓦两侧轴承座的结合面前后均放上一段铅丝，扣上轴承盖，并均匀地稍紧螺栓，然后松螺栓吊走轴承盖，分别测量被压扁的铅丝厚度，紧力值等于两侧铅丝厚度的平均值减去顶部铅丝厚度的平均值，若差值为负数，说明轴瓦与轴承盖之间存在间隙。

造成紧力测量误差的因素：轴瓦组装不正确；顶部垫铁处铅丝直径太粗；轴承盖螺栓紧力不均匀；轴承盖结合面、垫铁顶部等与铅丝接触不平整。在压紧力时，应在轴承结合面处垫上标准厚度垫片。若未垫，则容易紧偏。此外，轴瓦洼窝等处有杂物均可能引起紧力测量误差。

45 如果检查发现水泵泵壳平面吹蚀（少量），如何修补？

答：发现水泵泵壳平面吹蚀（少量）的修补方法为：

（1）先将吹蚀处用砂轮将其表面打磨光滑，然后用不锈钢焊条堆焊（防止再次吹蚀）。

（2）将泵壳平面的双头螺栓拆除，并将平面清理干净。

（3）先用钢直尺作为量具，将堆焊处进行磨削，直至堆焊处比原平面略高。

（4）然后用红丹涂于堆焊处，用小平板进行研磨，然后将硬点磨去，经过多次磨削，直至硬点均匀，用刀口直尺观察，堆焊处与原平面等高。

46 有一泵轴，轴颈处退火后出现一道长约3mm、深约6mm的裂纹，试简述修复的方法。

答：修复方法如下：

（1）将裂缝及其附近清洗干净。

（2）找出裂纹端点位置，并在端点各钻一个直径3～4mm的止裂孔、深度大于6mm。

（3）选好适当的焊条堆焊，并由一人配合，当熄弧后立刻轻快地锤击焊缝，消除焊缝收缩应力，直至使焊缝填满，并高出2～3mm加工量。

（4）将止裂孔焊死。

（5）手工锉平，用油石磨到与原来平面一样光滑为止。

47 什么是热处理？

答：将金属或合金的工件加热到一定的温度，在此温度下停留一段时间，然后以某种速度冷却下来，以改变金属或合金工件内部的组织结构，从而获得预期性能的工艺方法，称为热处理。

48 为什么钢在淬火后要紧接着回火？

答：钢在淬火后紧接着要回火，其目的是减少或者消除淬火后存于钢中的热应力，稳定组织，提高钢的韧性和降低钢的硬度。

49 什么是金属材料的蠕变现象？

答：金属材料在一定温度和不变应力作用下，随着时间的增长逐渐产生塑性变形的现象，称为蠕变现象。

50 什么是金属材料的球化？

答：碳钢和低合金钢长期在高温下工作，其金属组织会发生一系列的变化。珠光体球化是钢中原来的珠光体中的片层状渗碳体（在合金钢中称合金渗碳体或碳化物），在高温下长期运行，逐步改变自己的片层形状而为球状的现象。

金属组织完全球化以后，其强度会下降为原强度的2/3左右。影响球化过程发展的主要因素是温度、时间、化学成分等。

51 什么是汽蚀现象？汽蚀对泵有什么危害？

答：汽蚀现象是指泵内反复出现液体的汽化与凝聚的过程，引起对流道金属表面的机械剥蚀与氧化腐蚀的破坏现象，称为汽蚀现象。

汽蚀对泵的危害有：

（1）材料的破坏。

（2）振动和噪声加剧。

（3）性能下降。

52 离心泵轴向推力产生的主要原因是什么？常采用哪些方法平衡轴向推力？

答：离心泵轴向推力产生的主要原因是：单吸式的离心泵叶轮，由于其进、出口外形不对称，在工作时叶轮两侧所承受的压力不相等，因而产生了一个沿轴向的不平衡力，即为轴向推力。

平衡轴向推力的方法有：

对单级泵采用：双吸叶轮；平衡孔或平衡管；推力轴承；背叶片。

对多级泵采用：叶轮对称排列；平衡盘；平衡鼓；平衡盘与平衡鼓联合装置。

53 简述轴弯曲的测量方法。

答：沿整个轴长装若干只百分表，各表距离大致相等，各表杆要位于通过轴中心线的同一平面内，表杆接触的轴表面要选择整圆和无损伤处。检查表计正确性后进行测量。一般先按联轴器螺栓孔把轴端面等分，并编号作为测量方位，测量出每个方位各表所在断面的晃度，晃度的 1/2 就是对应断面处的弯曲度。

54 水泵的汽蚀是怎样产生的?

答：水泵在运行中，当叶轮入口处局部地方流道的压力低于工作水温的饱和压力，有一部分液体就会蒸发产生气泡。气泡进入压力较高的区域时，受压突然凝结，四周的液体就以极大的能量冲向气泡破灭的地方，造成水冲击，对流道壁面和叶轮等部件产生水锤作用。这个连续的局部冲击负荷，将使材料的表面逐渐疲劳损坏，造成金属表面剥蚀，出现蜂窝状蚀洞，形成汽蚀。

55 离心泵密封环密封的作用是什么?

答：由于离心泵叶轮出口液体是高压液体，入口是低压，为了防止高压液体经叶轮与泵体之间的间隙泄漏而流回吸入处，所以需要装密封环。其作用是减小叶轮与泵体之间的泄漏量损失；另一方面可保护叶轮，避免与泵体摩擦。

56 水泵运行维护的工作有哪些?

答：水泵运行中，应注意做好以下维护工作：

(1) 定时观察并记录泵的进出口压力、电动机电流、电压及轴承温度的数值，发现不正常现象，应分析原因，及时处理。

(2) 经常用专用工具倾听内部声音（倾听部位主要是轴承、填料箱、压盖、水泵各级泵室及密封处)，注意是否有摩擦或碰撞声，发现其声音有显著变化或有异音时，应立即停泵检查。

(3) 经常检查轴承的润滑情况。查看油环的转动是否灵活，其位置及带油是否正常；用黄油润滑的滚动轴承，黄油不要加得太满，黄油杯也不要用力旋紧，油量过多也会引起轴承发热；当水泵连续运转 800～1000h 后，应更换轴承中的润滑油料。

(4) 轴承的温升（即轴承温度与环境温度之差）一般不得超过 30～40℃，但轴承最高温度不得超过 70℃，否则要停车检查。

(5) 检查水泵填料密封处滴水情况是否正常，一般要求泄漏量不要流成线即可，以 30～60 滴/min 为合适。

(6) 如果是循环供油的大型水泵时，还应经常检查供油设备（油泵、油箱、冷油器、滤网等）的工作情况是否正常，轴承回油是否畅通。

（7）当轴承用冷却水冷却时，还应注意冷却水流情况是否正常。

（8）运行中水泵的轴承振动，也是一个非常重要的运行监测项目。轴承垂直振动（双振幅）用经过校验合格的振动表测定，应不超过有关规定，对于大容量水泵应测定垂直、水平、轴向三个方向的振动值。

57 什么是水泵的找平衡？

答：调整零件或部件上重心与旋转中心线相重合，就是消除零件或部件上的不平衡力的过程，就称为找平衡。

58 旋转部件的不平衡有哪几种？

答：旋转部件的不平衡有：静不平衡和动不平衡两种。

59 什么是静不平衡？它多发生在什么机件上？

答：当零件或部件旋转时，只产生一个离心力，这种不平衡力就称为静不平衡。

静不平衡多发生于直径大而长度较短的旋转机件上。

60 为什么要对旋转部件做静平衡试验？

答：旋转部件做静平衡试验，是为了找出旋转部件不平衡质点的位置，然后设法消除不平衡质点的作用。

61 怎样找转子的静平衡？

答：找转子静平衡的方法是：将被调整的旋转部件装在平衡心轴上，然后放在水平的平行导轨上来回滚动，当旋转部件自动停止后，重心就位于通过心轴的重心正下方，然后在下方减重或增重，直至旋转部件在平衡轨上任何地方停止为止。

62 怎样进行转子静不平衡的调整工作？

答：转子静不平衡的调整工作通常分两步进行：

（1）找明显的不平衡。把转子放在平衡架上后，轻轻推动使转子向一侧滚动，当转子静止后，在转子的下方画〔+〕号，上方画〔−〕号；再重新推动转子转动，转子静止后，〔+〕号仍处于下方，〔−〕号仍处于上方，就说明转子下面比上面重。这时，用临时配重物（如腻子或胶泥）作为试加质量，黏在转子轻的一边。如此重复操作，直到转子每次滚动后，转子能够在任意位置上停止为止。最后把黏在转子上的配重物取下称出质量后，把转子重的一边取掉与配重物相同的质量。

（注意：取质量时，不得破坏配合面，应在无配合的工作面取其质量，再作配重时就得注意提取量的位置。）

（2）找剩余的不平衡。将转子圆周分成6等分或8等分，并记上等分号码。然后依次将两个相等分位置水平地放在平衡架上（如1-4、2-5、3-6等），在转子的边缘上逐次安上5g的重物，直至转子转动为止。如此把每个等分位置都进行同样的试验，并把转子不平衡的每个位置的质量记录下来，按式（3-1）计算，就可求出剩余的不平衡质量。

$$Q=\frac{A_{大}-A_{小}}{2} \tag{3-1}$$

式中　Q——转子的剩余不平衡质量，g；

$A_{大}$——破坏转子平衡重物的最大质量，g；

$A_{小}$——破坏转子平衡重物的最小质量，g。

找出剩余不平衡质量后，应将它固定在破坏转子不平衡最大质量的位置上，因为此位置是转子最轻的地方。

63 为什么说找静平衡时，并不是所有的转子都需要找剩余不平衡质量的?

答：因小型且低速的转子转动时，剩余不平衡质量所产生的离心力，其大小不超过转子本身质量10%～40%是允许不找剩余不平衡质量；若超过这个数值，就应当消除剩余不平衡质量。

64 水泵安装前对基础有哪些要求?

答：水泵安装前对基础的要求有：基础外形尺寸应比水泵底盘的每个周边大100～150mm；基础外观不得有裂缝、蜂窝、空洞等缺陷；旋转垫铁处的基础表面应铲平，其水平误差为2mm/m，垫铁与基础接触要牢固、均匀，垫铁与基础接触面不得小于70%。

65 水泵安装底盘时对地脚螺栓有哪些要求?

答：水泵安装底盘对地脚螺栓的要求是：地脚螺栓一般用A3或35号钢制成，螺栓直径应小于泵底盘螺孔直径2mm，地脚螺栓长度应符合图纸要求，地脚螺栓与预留孔洞底部和孔壁不得接触，螺栓不得歪斜，浇灌时注意螺栓高度，螺栓与底盘螺孔的孔距应相符。

66 水泵安装时对垫铁有哪些要求?

答：水泵安装时对垫的要求是：垫铁时一般采用斜垫铁并配对使用；每条地脚螺栓旁最少应有一组垫铁，垫铁一组最多不得超过四块（不低于两块），垫铁搭接长度不少于全长的3/4（相互偏斜角 $a \leqslant 30°$）；垫铁与垫铁间的间隙用塞尺（厚度0.05mm），从两侧塞入垫铁间的间隙总和不得超过垫铁长度（或宽度）的1/3，最后垫铁的搭接处应在水泵底盘找平和找正后方可焊接，不得把垫铁和泵底盘焊接。

67 整体水泵底座找平时，其水平度的纵向和横向偏差分别不得超过多少毫米（米）?

答：整体水泵底座找平时，其水平度的纵向偏差不得超过0.05mm/m，横向偏差不得超过0.1mm/m。

68 离心泵整体安装后，其泵体的主要调整工作有哪些?

答：离心泵整体安装后，其主要调整工作是：泵体的中心线找正、调整水平度和测量标高三项。

69 水泵检修前应准备的工作一般有哪些?

答：水泵检修前应准备的工作一般有五点：

（1）了解泵的性能和检修工艺，了解泵的原始状况、检修记录和设备缺陷状况。

（2）准备工具、材料和需要的零件或备件。

(3) 起重工具的准备。

(4) 做好检修现场的布置和零部件的堆放地点。

(5) 办理工作票。停止设备运行，切断电动机电源，挂工作牌，关闭出入口门，并放掉泵内存水。

70 离心泵的性能包括哪些？

答：离心泵的性能包括流量、扬程、转速、功率、效率、比转数、性能曲线和泵的能量损失。

71 离心泵的能量损失有哪些？

答：离心泵的能量损失有：有限叶片的涡流损失、水泵的过流部件的损失、偏离设计点的冲击损失和容积损失。

72 我国离心泵的型号是根据什么来编制的？分别表示什么？

答：我国离心泵的型号是根据汉语拼音字母的字首来编制组成的。

第一组表示泵的吸入口径；第二组表示泵的基本结构、特征、用途及材料等；第三组表示泵的扬程代号。

73 常用泵的型号有几种？分别表示什么型式水泵？

答：常用泵的型号有十七种。

各式水泵型号的表示为：B—表示单级悬臂式离心泵（K）；S—单级双吸离心水泵（SH）；D—分段式多级离心水泵（DA、DKS）；DK—中开式多级离心水泵；J—离心式深井泵（SD、ATH）；JQ—深井潜水泵；BA—单级单吸式离心泵；N—冷凝水泵（DN、SN）；BL—单级单吸悬臂直联离心泵；DG—多级锅炉给水泵；PH—离心式灰渣泵（PHA、PJC）；PW—离心式污水泵（PWA、HΦ）；F—耐腐蚀泵（KH3、RH3、MOR）；Fy—液下离心式耐腐蚀泵；Fs—塑料腐蚀泵；Z—自吸离心泵；Y—离心式油泵（DJ、HK）。

74 一般水泵外壳检查时应注意哪些事项？

答：一般水泵外壳检查时应注意外壳无裂纹和损伤，卡圈间隙是否适当，有无磨损或变形而需要修理。

75 水泵叶轮检查时应注意哪些？

答：水泵叶轮检查时应注意：叶轮有无裂纹和损伤（检查破损和裂纹的方法，可用敲击听其声音是清脆或采用煤油浸过后涂粉笔层签定）；叶轮在轴上是否松动；轴套是否完整等。

76 水泵卡圈（或密封环）的作用是什么？其轴向间隙和径向间隙一般为多少毫米？

答：水泵卡圈（或称密封环）装在叶轮两侧，是用来防止叶轮出口的高压水向吸入侧的回流。

水泵卡圈轴向间隙为0.50～1.5mm，径向间隙为0.10～0.30mm。

77 双吸离心水泵卡圈（密封环）的装配紧力为多少毫米？

答：双吸离心水泵卡圈（密封环）的装配紧力为0.03～00.5mm。

78 怎样测量S型水泵卡圈与泵盖的紧力？如何调整其紧力？

答：测量S型水泵卡圈与泵盖的紧力方法是：在卡圈顶上和泵盖结合面上放置适当直径的软铅丝，再盖上泵盖，均匀地拧紧螺栓，使铅丝被压扁。然后打开泵盖，测量铅丝受压后的工作厚度。卡圈紧力的数值就是压扁铅丝的厚度减去卡圈顶上铅丝的厚度，再减去安装时结合面上所放的纸垫或涂料的厚度。

卡圈的紧力可借上下泵体水平间的垫片或涂料来调整。如果增加紧力，就减少垫片厚度。如减少紧力，就增加垫片厚度。

79 在检修和安装水泵推力平衡装置时有哪些要求？

答：在检修和安装水泵推力平衡装置时，要求平衡盘严格平行并且没有偏斜现象。如果平衡环偏斜或凹凸不平，运行中就会通过其间所形成的间隙而大量漏掉，这样，平衡室内便不能保持平衡转子推力所需的压力。因此，轴向推力就使平衡环和平衡盘紧密摩擦，最后必然发热以致损坏。检修中发现平衡环或平衡盘本身歪斜或安装不正时，必须仔细修刮、研磨或调整。

80 水泵的轴封装置的作用是什么？轴封装置主要可分为哪三种？

答：水泵的轴封装置是防止被输送液体流向泵外与防止外界空气进入泵内的作用。

水泵轴封装置主要有：填料密封装置、机械密封装置、浮动环密封装置三种。

81 水泵填料密封装置在安装和检修时，应注意哪些事项？

答：水泵填料密封装置在安装和检修时，应注意各部件之间间隙，挡环（水封环）和轴套（没有轴套时指轴）之间的间隙为0.30～0.50mm；盘根压环（或压兰）的外壁和盘根盒座内壁之间的径向间隙为0.10～0.20mm；盘根压环的内壁必须与轴保持同心，其间的间隙为0.40～0.50mm；盘根冷却水应畅通，水封环应与冷却水相对；填料安装时，其切口应为45°斜角，对口处应错开120°～180°之间。

82 填料根据材料的不同，一般可分为哪三种？各适用于什么场合？

答：填料根据材料的不同，一般可分为：软填料、半金属填料与金属填料三种。

软填料适用于温度不高的液体。

半金属填料适用于中温的液体。

金属填料适用于液体温度低于150℃和圆周速度小于30m/s的场合。

83 机械密封的优点和缺点各有哪些？

答：机械密封的优点是：密封性能好，泄漏量小，轴或轴套不易损坏，摩擦力小，寿命长等。

机械密封的缺点是：加工精度要求高，加工成本高，更换密封元件麻烦，安装技术要求高、动静环损坏后无法修复等。

84 机械密封装置的结构形式有哪两种？

答：机械密封装置的结构形式有：内装式密封装置和外装式密封装置两种。

85 常用的垫片密封材料有哪些？

答：常用的垫片密封材料有：石棉板、石棉橡胶板、塑料垫片、聚四氟乙烯垫片、金属垫片六种。

86 密封橡胶制品按照适用介质的不同可分为哪几类？

答：密封橡胶制品按照适用介质的不同，可分为：耐油橡胶、普通橡胶、耐热橡胶和耐酸碱橡胶四类。

87 橡胶密封制品的性能有哪些？

答：橡胶密封制品的性能有：耐油性、耐磨性、耐热性、密封性好及耐化学药品腐蚀性等物理性质外，还有一定的反弹性和抗拉强度等机械性质。

88 常用的密封涂料有哪些？

答：常用的密封涂料有：漆片、铅油或铝粉等。

89 水泵试运前应具备哪些条件？

答：水泵试运前应具备以下条件：

（1）清扫检修现场。

（2）对水泵各部外观检查，各联接螺栓应完整无缺并牢固。

（3）排尽泵内空气，检查所有接合面不应泄漏介质。

（4）各种表计准确、齐全且接头部分不泄漏。

（5）靠背轮保护罩应完好，电动机接地线良好。

（6）填料松紧恰当，以水间断滴出为宜；用手盘动对轮转动是否灵活并凭感觉来判断转动时不应有摩擦。

（7）电动机旋转方向应正确。

（8）轴承室内应有规定高度的油位。

（9）检修人员通知送电，并联系运行人员准备试运设备。

90 水泵转了的叶轮和轴套的振摆（晃动度）不超过多少毫米？

答：水泵转子的叶轮和轴套的振摆（晃动度）不超过0.05mm。

91 水泵轴的弯曲度最大不超过多少毫米（米）？

答：水泵轴的弯曲度最大不超过0.04mm/m。

92 水泵叶轮的径向偏斜不应超过多少毫米？

答：水泵叶轮的径向偏斜不应超过0.20mm（叶轮直径在300mm以下）。

93 水泵叶轮与轴采用什么配合？轴颈公差为多少？

答：水泵叶轮与轴采用滑动配合。

轴颈公差为0.00～－0.017mm之间。

94 水泵叶轮与泵体外壳侧的轴向间隙为多少毫米？对于没有密封环的水泵入口侧的轴向和径向间隙应为多少毫米？

答：水泵叶轮与泵体外壳侧的轴向间隙为2.0～3.5mm。

对于没有密封环的水泵入口侧的轴向和径向间隙为0.30～0.60mm。

95 轴瓦间隙对于不同轴径的间隙分别是多少？

答：轴瓦间隙对于不同轴径的间隙分别是：轴径25～50mm的顶间隙，(0.10±0.01)mm；轴径60～75mm的顶间隙，0.12～0.15mm；轴径80～100mm的顶间隙，0.17～0.20mm；所有轴瓦的轴径两侧间隙与瓦的间隙为顶间隙的1/2。

96 电动机对轮与水泵对轮的轴向距离，一般水泵为多少毫米？较大者为多少毫米？

答：电动机对轮与水泵对轮的轴向距离为：一般水泵为2～4mm，较大者为4～8mm；对轮径向偏差不大于0.05mm，对轮偏差不大于0.04mm。

97 水泵检修完毕后的试运行有哪些要求？

答：检修完毕后的水泵试运行的要求有：

(1) 设备在运转过程中不得有摩擦、噪声等不正常现象。

(2) 泵体与电动机振动不超过0.05～0.08mm。

(3) 主动轴与从动轴间的串动量为1～2mm。

(4) 运行中压力表所示出口压力应达到水泵空负荷时所应达到的压力，且压力应稳定。

(5) 检查泵体各接合面不得渗漏，盘根压兰松紧应适宜。

(6) 轴承温度不超过70℃，电动机温度不超过80℃，温升不超过45℃。

(7) 在开启出口门逐渐增加负荷时，压力变化及振动等应平稳正常。

(8) 盘根无发热现象（机械密封不得渗漏）。

(9) 电动机电流变化应平衡，增加负荷时电流应无明显的跳动。

(10) 应做好试验记录，并与检修前作对比，并且为以后检修作参考。

98 每台泵都有其比转数值，比转数的大或小是否影响其转速的大小？比转数与扬程又有什么关系？

答：每台泵都有其比转数值，比转数大的泵，其转速不一定高；反之，比转数小的泵，其转速也不一定低。

比转数大，泵扬程低而流量大；比转数小，泵扬程高而流量小。

99 什么是离心泵的性能曲线？

答：当离心泵的转速为某一定值时，其流量、扬程、功率之间的相互关系曲线，叫离心泵的性能曲线。

100 简述离心泵汽蚀产生的原因及过程。

答：离心泵汽蚀产生的原因及过程是：由于叶轮入口处压力低于工作水温下的饱和压力，因而引起一部分液体蒸发（汽化）。蒸发后的汽泡进入压力较高的区域时，汽泡受压破裂，破裂后产生强烈的冲击打向叶轮或泵壳，这种连续的局部冲击负荷，逐渐引起金属表面疲劳，直至剥蚀，进而出现大小不一蜂窝状蚀洞。

101 汽蚀对泵的危害性有哪些?

答：汽蚀对泵的危害极其严重，轻者造成过流部件表面产生麻点，重者过流部件很快变成蜂窝状或断裂，导致叶轮、泵壳等部件发生严重损坏，水泵的寿命大大缩短。水泵运行中发生汽蚀时，会引起噪声和振动，泵的扬程、功率和效率急剧下降，甚至发生断水，严重地威胁着运行的安全。

102 如何防止水泵汽蚀的发生?

答：防止水泵汽蚀的措施为：改进叶轮的设计；使用抗腐蚀性能强的材料制造叶轮；正确选择吸入口高度；减少入口管系统的阻力等。

103 泵类腐蚀的原因有哪些?

答：泵类腐蚀的原因有：金属材料的原因和液体环境方面的原因。

104 如何防止泵类的腐蚀?

答：防止泵类的腐蚀方法有：选择适当的耐腐蚀材料制造；采用金属覆盖保护；涂盖保护等。

105 水泵振动的原因有哪两大类?

答：水泵振动的原因有：水力变化引起的振动和机械部件引起的振动两大类。

106 因水力变化而引起水泵振动的原因有哪些?

答：因水力变化而引起水泵振动的原因有：

（1）流量大时汽蚀引起的振动。

（2）流量小时发生喘振。

（3）泵内流体流动不平衡引起振动。

（4）运转中的水泵突然停电，引起流速和应力急剧变化，引起水锤现象发生。

107 机械部件变化引起水泵振动的原因有哪些?

答：机械部件变化引起水泵振动的原因有：

（1）联轴器中心不正引起振动。

（2）转动部件不平衡引起振动。

（3）叶轮松动引起振动。

（4）轴弯曲引起振动。
（5）轴承松动或损坏引起振动，并有发热和噪声同时产生。
（6）轴承体与轴承外圈配合间隙过大引起振动。
（7）泵体基础螺钉松动引起振动等原因。

108 水泵振动造成的危害有哪些？

答：水泵振动造成的危害有：某一部分零件轻则损坏，重则造成一台泵报废。

109 怎样消除水泵的振动？

答：欲防止水泵振动，必须先找出振动原因，属于机械部分的原因，必须修理或更换零部件，否则能使故障扩大。对于汽蚀、喘振和水锤等原因引起的振动应进行调整，经调整不能解决时，不得勉强使用。

110 填料密封由哪几部分组成？它是依靠什么来实现密封的？

答：填料密封由填料、水封环、填料压盖和轴（或轴套）外圆面表面接触来实现的。
填料密封可通过调整填料压盖压紧程度的方法保持密封。

111 填料密封装置的缺点有哪些？

答：填料密封装置的缺点有：泄漏损失大，需经常更换填料，并且机械损失也比较大。

112 机械密封由哪几部分组成？

答：机械密封由动环、静环、弹簧、动环密封圈、静环密封圈、传动座等组成。

113 机械密封是依靠什么来起到密封作用的？

答：机械密封是依靠静环、动环（在弹簧弹力作用下）的端面严密接触，防止了密封介质从动静环的密封摩擦面泄漏。其中动环密封圈与轴（或轴套）严密接触，防止介质从动环与轴之间的间隙泄漏。静环密封圈是防止介质由静环与密封端盖之间的间隙泄漏。这样就起到密封的作用。

114 内装式机械密封和外装式机械密封分别适用于输送什么介质？为什么？

答：内装式机械密封适用于输送非腐蚀性介质。因为内装式机械密封的弹性元件与介质直接接触，容易使弹性元件腐蚀，所以适用于非腐蚀性介质。

外装式机械密封适用于输送腐蚀性介质。因为外装式机械密封的弹性元件不与腐蚀性介质接触，所以适用于输送腐蚀性介质。

115 浮动环密封装置由哪几部分组成？

答：浮动环密封装置由浮动环、支承环、弹簧等组成。

116 浮动环密封装置是依靠什么来实现径向密封的？

答：浮动环密封装置是依靠液体压力和弹簧压力的作用，使浮动环与支承环的端面严密接触，来实现径向的密封。

117 离心水泵叶轮的轴向推力产生的原因有哪些?

答：离心水泵的叶轮在运转中，由于泵壳内有低压侧（入口）与高压侧（出口），使叶轮两侧受力不均衡。因为高压侧窜入叶轮两侧面的水所接触的叶轮面积不等，叶轮两侧存在压力差，这样就产生了轴向推力。

118 如何消除离心泵叶轮的轴向推力?

答：对于单级离心泵来说，消除叶轮轴向推力的方法主要有三种：在叶轮的后轮盘钻平衡孔、安装平衡管、采用双吸式叶轮。对于多级泵来说，消除叶轮轴向推力的主要方法有两种：叶轮对称布置和采用平衡盘。

119 什么是水锤现象?

答：由于水泵运行中的某种原因（如快关阀门、停泵等），造成水流量在单位时间内动量的急剧变化，使管道内部水流产生一个相应的冲击力，其冲击动量变化越大，产生的冲击力也越大，当该作用在管道或水泵的部件上有如锤击，这种现象就叫做水锤（或水击）。

120 水锤现象有哪几种？其中哪一种危害最大？为什么?

答：水锤现象有起动水锤、关阀水锤和停泵水锤三种。

三种水锤中停泵水锤的危害最大。

因为突然停电等原因形成停泵水锤，则往往由于冲击力较大，将会造成水泵部件损坏，水管开裂漏水，严重时发生爆破事故。

121 怎样防止升压水锤和降压水锤的发生?

答：防止升压水锤的发生方法是：装设水锤消音器，安装爆破膜片，安装缓冲阀。

防止降压水锤发生的方法是：尽可能地降低管道中的流速，并使管线布置尽量平直，避免出现局部突起和急弯，防止出现过低负压，设置调压水箱，设置空气室，装设飞轮等方法来消除。

122 离心水泵发生显著振动和杂音的原因有哪些？如何消除?

答：离心水泵发生显著振动和杂音的主要原因及消除方法为：

(1) 对轮找正不良引起。重新对轮找正并达到找正要求来消除。

(2) 地脚螺栓松动引起。重新拧紧地脚螺栓来消除。

(3) 水泵转子或电动机转子不平衡引起。进行水泵转子和电动机转子的平衡试验并消除其因素。

(4) 轴承卡住或损坏，轴承体跑堂原因。消除方法是清洗轴承或更换轴承；轴承体进行涂镀或更换。

(5) 轴弯曲或轴承内径与轴颈配合松动原因。消除方法是进行轴的矫正，对安装轴承部位的轴颈进行涂镀或更换新轴。

(6) 水泵入口有漏气现象或供水不足原因。消除方法是消除入口处漏气现象，保证供水量。

（7）油质老化或润滑不足原因。消除方法是更换老化油质，保证充足的润滑油。
（8）密封环与叶轮摩擦原因。消除方法是重新调整其间隙。
（9）叶轮与泵壳摩擦原因。消除方法是调整泵壳与叶轮间隙。

123　离心水泵不上水或上水不足的主要原因有哪些？如何消除？

答：离心水泵不上水或上水不足的主要原因及消除方法为：
（1）底阀不能关闭或关闭不严密。消除方法是：修理底阀使其开、关灵活严密。
（2）入口门不能开启或入口管堵塞原因。消除方法是：更换或修理入口门，使其开关自如；清理入口管堵塞物。
（3）泵入口管道或法兰接合面泄漏。消除管道或法兰接合面泄漏。
（4）水泵转动方向不对的原因。纠正水泵转动方向来消除。
（5）叶轮与密封环间隙过大的原因。重新调整叶轮与密封环的间隙来消除。

124　水泵电动机电流过大的原因有哪些？如何消除？

答：水泵电动机电流过大的原因及相应的消除方法为：
（1）电源有缺陷或保险丝熔断的原因。消除电源的缺陷或更换保险丝。
（2）填料压得过紧的原因。调整填料的松紧程度来消除。
（3）转动部分摩擦或卡涩现象的原因。查清原因并消除摩擦或卡涩现象原因。
（4）出口门打不开。查明原因并消除其缺陷。

125　离心泵的泵体与泵盖的作用是什么？

答：离心泵的泵体与泵盖的作用是：用来收集从叶轮中甩出的液体，并引向扩散管至泵的出口。

126　离心泵叶轮的作用是什么？

答：离心泵叶轮的作用是起传递和转换能量的。通过它把电动机传给泵轴的机械能转化为液体的压力和动能。

127　离心泵的轴和轴套起什么作用？

答：离心泵轴的作用是借助联轴器与电动机联接，将电动机的转矩传给叶轮。轴的材料一般用45号碳钢制成，轴的弯曲度一般不超过0.05mm。

轴套的作用是用来保护轴不被磨损和腐蚀，并用来固定叶轮的装置。一般用铸铁材料制成，轴套与填料接触处磨损深度不得超过2mm。

128　为什么说单级双吸离心泵对检修工作十分方便？

答：因为单级双吸离心泵为水平中开式泵，泵体与泵盖的结合面与轴中心线在同一水平面上，中间夹有密封垫，共同构成螺旋形吸水室和压出室。检修时不需要解列电动机和拆下出入口管，只需打开泵盖，就可以拆卸并检查内部零件。所以说单级双吸离心泵对检修工作十分方便。

129 一般双吸离心水泵的转子，从对轮方向看其为什么反方向旋转？

答：一般双吸离心水泵的转子，从对轮方向看为逆时针旋转。根据设备的要求也可向反方向旋转。

130 SH型离心泵安装叶轮时应注意的事项有哪些？

答：SH型离心泵安装叶轮时应注意的事项有：

（1）叶轮不得装反。

（2）叶轮不得有裂纹、磨薄或腐蚀严重的现象，否则更换。

（3）轴套大端面应与叶轮紧密接触并锁紧轴套锁母。

（4）叶轮与轴的配合为动配合（间隙一般为0.02～0.05mm）。

（5）叶轮流道出口中心线与泵壳中心线偏差不超过0.5mm，否则利用轴套锁母来调整。

（6）叶轮的径向偏差不大于0.2mm。

（7）叶轮和轴套的晃动度不大于0.05mm。

（8）叶轮的轴向间隙为0.5～0.7mm。

（9）叶轮外圆晃动度不超过0.50mm。

131 SH型泵中密封环的作用是什么？

答：SH型泵中密封环的作用是：防止叶轮两侧高压水向吸入侧回流。

132 SH型泵的密封环与叶轮的轴向间隙与径向间隙为多少毫米？密封环与泵盖的紧力为多少毫米？

答：SH型泵密封环与叶轮的轴向间隙为0.5～0.7mm。

密封环与叶轮的径向间隙为0.2～0.3mm。

密封环与泵盖的紧力在0.03～0.05mm之间。

133 SH型泵的密封环与泵盖紧力是如何测定的？其紧力如何调整？

答：SH型泵的密封环与泵盖紧力测定的方法是：在密封环顶部和泵盖结合面上，放置适当长度的保险丝（直径一般为1～1.5mm），盖上泵盖均匀拧紧螺钉，然后拆开分别测量保险丝受压后的厚度并记录，最后结合面测得保险丝的厚度减去密封环顶部测得保险丝的厚度，再减去安装时结合面垫片或涂料的厚度，所得数值就是密封环的紧力。

密封环紧力的调整是依靠垫片或涂料的厚薄来调整的。

134 SH型泵的滚动轴承与轴承端盖的轴向串动间隙为多少毫米？

答：SH型泵的滚动轴承与轴承盖的轴向串动间隙为0.25～0.50mm之间。

135 BA泵检修完毕后，各部件有哪些要求？

答：BA泵检修完毕后，泵体的全部部件应完整无损，质量要求应符合一般水泵的检修标准，所有结合面不得有泄漏现象，填料压盖松紧合适。盘车灵活，无卡涩现象，轴封外应有间断水滴滴出，填料环应对准冷却水口。

第五节 其他泵的检修

1 分段式多级泵大修时，检查、清理工作的工序有哪些?

答：分段式多级泵大修时，检查、清理工作的工序有：

(1) 检查轴瓦间隙、磨损情况。

(2) 检查轴、轴套磨损情况。

(3) 检查叶轮腐蚀情况。

(4) 清扫泵的全部零件。

(5) 测量叶轮密封环间隙。

(6) 测量泵轴是否有弯曲，如弯曲需要直轴处理。

(7) 测量转子的各级叶轮间距。

(8) 测量转子的径向跳动。

2 简述水泵浮动环密封总称装配的工艺步骤。

答：水泵浮动环密封总称装配的工艺步骤为：

(1) 先将浮环、静环、弹簧及壳体内外部全部清洗干净，如发现有锈斑及毛刺，应用油石打磨光滑，并逐个测量浮环内径是否符合要求。

(2) 将清洗干净的外壳放在一块干净的白布上，将片形静环装入壳体（将定位销子向上），然后将浮环对准销子装入，再将弹簧逐个放入浮环内，弹簧上涂上凡士林。

(3) 将凹形静环对准浮环装入壳体内（销子向上），然后依次将2级浮环、静环装入，3级浮环装入，再将水封静环装入。

(4) 将弹簧涂上凡士林，装入4级浮环，缓慢装入水封静环内，不能使弹簧掉落，然后将4级静环对准浮环的销孔装入，用压盖压紧，装好“O”形圈。注意，在装水封静环时，应用凡士林涂在静环外圈的两道“O”形圈上，然后用紫铜棒均匀对称地敲入壳体。

3 圆筒形泵壳结构的给水泵更换芯包的注意事项及原因有哪些?

答：给水泵更换芯包的注意事项及原因有：

(1) 拆装轴瓦时应注意记号，防止装反，并放置可靠地方，防止碰伤。

(2) 测量平衡盘窜动量时应将主轴向进水端推紧，使平衡盘与节流衬套相接触。

(3) 内外侧推力轴承弹簧垫圈应分开放置，以免搞错。

(4) 内外侧推力瓦块也应分开用布包好。

(5) 推力盘需要加热时，只能加热盘外圈，切不可用火焰加热工作面。

(6) 所有拆下的大螺母应按编号整齐放置在木板上，防止端面碰毛。

(7) 用顶丝顶大端盖时注意均匀顶出，以免卡死。

(8) 大端盖吊出后必须放在木板上。

(9) 抽芯包时注意要调整好导向键的厚度，使整个芯包中心位于筒体轴线中心。

(10) 拆掉前、后轴承座及下轴瓦后，在装上定中心工具之前，转子不得作任何轴向、径向移动，以免划伤叶轮及密封环。

（11）在不发生干扰的情况下，解体工作可在传动端及非传动端同时进行。

4 校转子动平衡操作现场，应遵守的安全事项有哪些？

答：校转子动平衡操作现场，应遵守的安全事项有：

（1）只准一人负责并在其指挥下进行校验工作。

（2）在校动平衡工作场所周围须用绳子或栅栏围好，不准无关人员进入。

（3）试加重块必须装置牢固，防止松脱或飞脱击伤工作人员。

（4）校验中，当发现异常情况时，应立即切断电动机电源开关。

（5）在进行高速动平衡校正转子工作时，拆装试加重块不得启动转子，拉开电源开关并挂警告牌。

5 如何装配给水泵（以上海电力修造厂制造的DG750-180型为例）的芯包？

答：装配给水泵芯包前应先了解装配的技术要点，对装配过程中的工艺过程要着重了解清楚。其装配过程要点如下：

（1）芯包穿入筒体前应将筒内部清理好。

（2）将芯包固定在滑动导轨的支架上，并将芯包上的包装物等去除干净，将“O”形圈放入相应的凹槽中，放好密封垫，并用凡士林涂在“O”形圈处。

（3）调整好芯包的中心位置。

（4）缓缓地推入芯包，用导轨上的限位块延缓推入，并逐步拆除进口端的各级延长套，直到最后一级，当筒体上的双头螺栓穿入芯包大盖的螺栓孔时，注意各螺栓孔的间隙应基本一致。

（5）分别在进口和出口端上安置百分表，调整芯包中心，然后将大端盖上螺母旋上，并进行对称的手动预紧，再拆除托架等。

（6）按顺序用液压张力器对称地预紧一遍，压力为50MPa，然后再紧第二遍，压力为75MPa。

（7）最后安装进口端芯包密封紧固件，安装时在嵌入式垫环的凹槽内装入涂有润滑剂的“O”形圈和保护垫，结合面放上新的垫圈，将嵌入环均匀推入进口端与筒体之间的凹槽内（注意：“O”形圈和保护垫当心被卡住切断），装入分裂式张力环，对称均匀紧固，拆除滚轮托架及延长套，紧固下轴承。

6 水泵大修中有哪些需特别注意的事项？

答：水泵大修中需特别注意的事项有：

（1）转子的轴向窜动间隙。

（2）转子的晃动值。

（3）轴套防漏胶圈。

（4）紧穿杠螺栓。

（5）转子不要随便盘动。

（6）调整转子与定子的同心度。

（7）校中心时考虑热膨胀量。

7 如何解体、检查常用的疏水泵？

答：解体检查疏水泵的步骤为：

（1）拆卸疏水管、进出水管、空气管、压力表接头、联轴器罩、联轴器螺栓、地脚螺栓，将泵吊至检修场地。

（2）解体前先测量平衡盘窜动值做好记录，然后用专用工具拉出联轴器，取出键，拆下两端轴承压盖，松开轴承并帽，取出轴承，拆下轴承座螺栓，取下轴承座。

（3）拆卸填料盖及尾盖，将轴套松开，取出轴套，拉出平衡盘。

（4）拆卸平衡管，松开拉紧螺栓，依次取出水室、末级叶轮中段键，最后将轴从低压端进水室取出。

（5）检查修理泵壳，叶轮密封环，平衡装置，滚动轴承和轴承室，联轴器，轴套及校验轴和转子弯曲度。

8 多级泵大修时，将水泵吊至工作场地的部分拆卸工作有哪些工序？

答：多级泵大修时，部分拆卸工作的工序是：

（1）拆开泵的进出口法兰连接螺栓。

（2）卸下泵的地脚螺栓。

（3）拆掉泵与电动机的联轴器螺栓。

（4）将平衡盘后倒进水管的平衡管卸开。

（5）将轴承室内的油放入油桶里。

（6）卸掉与系统有连接的汽管、冷却水管、压力表管等。

9 水泵和阀门的盘根选用原则是什么？

答：水泵和阀门的盘根选用原则是：

（1）一般水泵可用油浸棉线或软麻填料、油浸石棉盘根、橡胶石棉盘根及聚四氟乙烯圈等，对于高压高速条件下不宜采用填料密封的，应采用机械密封、浮动环密封或螺旋密封等方式。

（2）阀门的盘根应根据工作压力、温度高低不同而异：油浸棉线、软麻填料适用于100℃以下；油浸石棉盘根和橡胶石棉盘根可用于250～450℃；高温高压下可选用铜丝石棉盘根、镍丝石棉盘根、软性石墨成形盘根等。

10 泵内机械损失由哪两部分组成？其中比重较大的部分又是由什么原因造成的？通常可采取哪些措施降低这部分损失？

答：泵内机械损失中第一部分为轴与轴承和轴与轴封的摩擦损失；第二部分为叶轮圆盘摩擦损失。

其中圆盘摩擦损失在机械损失中占的比重较大，它是由两方面原因造成的：

（1）由于叶轮与泵壳之间的泵腔内的流体内摩擦及流体与固体壁的摩擦而消耗的能量。

（2）泵腔内的流体由于受惯性离心力在不同半径处的压力差作用所形成的涡流而消耗的能量。

降低圆盘摩擦损失的措施为：

（1）提高转速，减小叶轮直径或级数。

（2）降低叶轮与内壳表面的粗糙度。

（3）合理设计泵壳的结构形式等。

11 泵轴在什么情况下采用冷矫直方法？如何进行冷矫直？

答：当泵轴的直径小于50mm时，可采用冷矫直法。

先将泵轴顶在车床或专用支架两顶尖之间用百分表检验其弯曲量，在最大弯曲处做好标记，然后将轴支在两V形铁上，用螺旋压力机压在轴弯曲的最高点，用百分表检查该最高处的下降量，且适当矫直过正0.02～0.10mm。压一段时间后放松，检查矫直情况，不足时可再次加压。

12 环氧树脂的成分组成有哪些？怎样用环氧树脂黏补叶轮？

答：环氧树脂主要由黏结剂、固化剂以及各种不同填料组成。常用配方是：黏结剂100份、固化剂6～8份、增塑剂15～20份，各种填料200～300份。

在黏补前，叶轮金属表面应用汽油洗去油污并把氧化皮打去（用砂纸打磨，但最好是用喷砂法处理）。配料时为了不减小树脂的流动性，应根据需要分几次配完，不可一次就把所有的树脂调成。往叶轮上涂抹时，可使用牛角刮刀涂得实在，抹得平滑。

13 简述齿轮油泵的工作原理。

答：当主动齿轮旋转时，出口侧的齿间隙由大而小，对油液产生压力，入口侧的齿间隙由小而大，对油液产生吸力。这样，在高速旋转下，入口侧的油液不断补入逐个扩大的齿间空隙。当旋转至出口侧时，又由于齿间空隙因齿啮合而逐渐减小，将油液由出口排出。齿轮与泵壳的间隙及啮合间隙都很小，泵在高速旋转下虽有一些容积损失，但油流还是由进口流向出口的。

14 齿轮油泵的从动轴上为何有一齿轮不用键固定？

答：从动轴上有一齿轮不用键固定，是为了便于自身调整啮合程度，避免卡涩与磨损。

15 简述齿轮油泵的检修要点。

答：齿轮油泵的检修要点主要有：齿轮的检修；主轴的检修；轴承检修；安全阀阀芯检修；壳体和端盖的检修；各部位间隙调整。

16 齿轮油泵检修的质量标准包括什么？

答：齿轮油泵检修的质量标准包括：

（1）泵内部应清理干净，各结合面应严密不漏油。

（2）齿轮应光滑，不应有裂纹，轮齿不应损伤，其工作面不应有毛刺及咬痕，磨损量不应超过0.5mm。

（3）齿轮与泵壳的径向间隙为0.25mm。

（4）齿轮与两侧嵌入物的轴向间隙为0.02～0.12mm。

（5）齿顶间隙应大于0.2mm，一般为0.3～0.5mm，齿面间隙为0.15～0.5mm。

（6）安全阀应严密不漏油，调整螺栓、弹簧均应完整无缺，不弯曲，动作可靠。

（7）联轴器找正偏差不超过 0.05mm，中心误差为 0.05mm。

（8）盘根应填好，压兰松紧应适宜，保证在运行中不泄漏，不发热。当使用机械密封装置时，动、静环接触面的粗糙度必须符合设计要求。

17 齿轮泵上为何要装安全阀？

答：因为齿轮泵是靠机械性的啮合方式改变容积，压出油液，因而压力较高，需在出口装安全阀，以保护油泵。

18 简述计量泵的工作原理。

答：柱塞式计量泵和隔膜式计量泵均为往复式容积泵，它是依靠在泵缸内做往复运动的柱塞来改变泵缸的容积。当柱塞往复运动一次时，泵缸的容积从最大到最小改变一次。当柱塞抽出时，工作室容积随泵缸的容积增加而增大，出口止回阀被吸下和受压而关闭，吸入止回阀因工作室有一定的真空度而开启，吸入液在大气压（或位差）作用下被吸入工作室。当柱塞推入时，工作室的容积随着减小，此时吸入止回阀关闭，排出止回阀因工作室压力增高而开启，使吸入液由排出管排出。柱塞往复一次所经过的行程与泵缸截面积的乘积，即为理论上的计量泵吸入和排出的液体体积。隔膜式计量泵的工作原理和柱塞式计量泵完全相同，只是泵的工作室与泵缸之间用隔膜分开，随着柱塞的往复运动，隔膜来回鼓动，起到吸入和排出液体的作用。

19 J 型往复计量泵的检修质量标准有哪些？

答：J 型往复计量泵的检修质量标准有：

（1）J 型往复计量泵的全部零部件应完整、无损，盘车灵活、平稳，不得有异常响声，无卡涩现象，填料密封处漏损量不超过 15 滴/min。

（2）吸入阀、排出阀动作灵活，无卡涩现象，流量稳定，密封可靠。

（3）流量调节系统应灵活、准确，流量表的精度应为 1/1000。

（4）隔膜计量泵的安全阀、补偿阀、排气阀均应动作灵活、可靠。

（5）连杆大头瓦与偏心块套间隙为 0.20～0.24mm；连杆小头瓦与十字头销间隙为 0.10～0.12mm；十字头与十字头滑套的间隙为 0.15～0.25mm；柱塞衬套与柱塞间隙为 0.20～0.25mm。

（6）蜗轮与蜗杆的传动应灵活、可靠、无异声，啮合面和各处间隙符合要求。

20 简述离心式滤油机的工作原理。

答：离心式滤油机的工作原理是利用离心力分离油内的水分和机械杂质。当离心式滤油机的转鼓达到工作转速时，转鼓内油液产生很大的离心力，由于密度不同，比油重的水分和机械杂质就在离心力的作用下被分离到转鼓的边缘，而油液则流到距转鼓中心较近的地方，从而达到油的净化目的。

21 计量泵的常见缺陷有哪些？如何处理？

答：计量泵常见缺陷及其产生原因、处理方法，见表 3-3。

表 3-3　计量泵常见缺陷及其产生原因、处理方法表

缺陷	原因	处理方法
完全不排液	1. 吸入高度太高 2. 吸入管道阻塞 3. 吸入管道漏气	1. 降低安装高度 2. 清洗疏通 3. 压紧或更换垫片
出力不足	1. 吸入管局部阻塞 2. 吸入阀或排出阀内有杂物卡阻 3. 充油腔内有气体 4. 吸入或排出止回阀不严密，泄漏 5. 充油腔内流量不足或过多 6. 补偿阀或安全阀漏油 7. 隔膜片发生永久变形 8. 转速不足	1. 清理疏通 2. 解体清理 3. 人工补油，使安全阀跳开排气 4. 修理或更换阀体 5. 经补偿阀进行人工补油或排油 6. 进行研磨，使结合面严密不漏 7. 更换隔膜片 8. 检查电动机和电压
排出压力不稳定	1. 吸入阀及排出阀内有杂物卡阻 2. 隔膜限板与排出阀连接处漏液	1. 解体清理 2. 拧紧连接螺栓
运行中有异音，轴承发热	1. 传动零件松动或严重磨损 2. 吸入高度过高 3. 吸入管道漏气 4. 吸入管件过小 5. 油室油位低，传动件润滑不良 6. 轴承间隙过紧或过松 7. 隔膜片破裂	1. 拧紧有关螺栓或更换磨损件 2. 降低安装高度 3. 消除泄漏 4. 增大吸入管件 5. 补油，使油位正常；更换磨损严重的传动件 6. 重新调整轴承间隙 7. 更换新隔膜片
输送介质被油污染	隔膜片破裂	更换新隔膜片

22 如何检查维护计量泵的正常运行？

答：计量泵运行前的检查工作为：

（1）检查泵各部位的润滑油的油位及各部位是否处于良好的润滑状态。

（2）检查各个连接处螺栓是否拧紧，不允许有任何松动。

（3）按照系统要求，认真操作泵所属的各种阀门，并检查阀门及连接处有无泄漏。

计量泵运行中的检查工作为：

（1）检查泵和电动机的发热情况，变速箱、轴承及各部件运动时的温度不允许超过65℃。当温度升高时，应停运，并查找原因。

（2）当填料密封处泄漏量超过 15 滴/min 时，应适当旋紧填料压盖。

（3）检查泵及连接管道、阀门是否严密。如泄漏严重，则应停运，并消除设备缺陷。

（4）启动计量泵后，立即到现场检查运行是否平稳，如有异音、振动等不正常现象，应停运，并查找原因，消除缺陷后再投运。

（5）计量泵正常运行期间，应进行定期换油，使润滑油的油质和油位保持正常。

23 罗茨风机的工作原理及特点是什么？

答：罗茨风机的工作原理及特点是：通过主从动轴上的齿轮传动，使两个“8”字形渐开线叶轮做等速反向旋转而完成吸气、压缩和排气过程的，即气体由入口侧吸入，随着旋转时所形成的工作室容积的减小，气体受到压缩，最后从出口侧排出。

24 罗茨风机由哪些主要部件组成？

答：罗茨风机主要由转子、机壳、传动齿轮、轴承、轴封装置等部件组成。

25 罗茨风机的工作间隙主要有哪些？其工作间隙许可范围是什么？

答：罗茨风机的工作间隙主要有：叶轮与机壳的间隙、两叶轮间相互的间隙、叶轮与前后墙板之间的间隙。

罗茨风机的工作间隙许可范围，见表3-4。

表3-4 罗茨风机的工作间隙许可范围表

序号	部位	数值（mm）	序号	部位	数值（mm）
1	叶轮与机壳之间	0.14～0.24	4	叶轮与后墙板之间	0.18～0.26
2	两叶轮之间	0.18～0.42	5	齿轮副齿侧之间	0.04～0.085
3	叶轮与前墙板之间	0.16～0.24			

26 罗茨风机的检修质量标准是什么？

答：罗茨风机的检修质量标准是：

（1）罗茨风机的全部零部件应完整无损，盘车灵活、无卡涩现象。轴封处严密无泄漏。

（2）转子组装时两端轴颈的不平行度不大于0.02mm；轴颈两端面与强板的不平行度不大于0.05mm；轴的弯曲度不大于0.02mm；轴与转子的不垂直度在100mm内不大于0.05mm。

（3）齿轮啮合应平稳、无杂音，齿轮用键固定后径向位移不超过0.02mm。

（4）罗茨风机与电动机两联轴器间的轴向间隙在2～4mm之间，联轴器允许的轴向偏差为0.04mm，径向偏差为0.06mm。

（5）各部间隙调整合适，符合工作间隙许可范围。

（6）滚动轴承温度不得高于95℃，润滑油温度不得高于65℃。

（7）罗茨风机允许振动值不大于0.06mm。

27 机械搅拌澄清池搅拌机的检修质量标准是什么？

答：机械搅拌澄清池搅拌机的检修质量标准是：

（1）减速箱机座加工面的水平允许偏差为0.05mm/m。

（2）主轴与轴瓦之间的间隙为其轴径的0.5/1000～1/1000(mm)，与澄清池中心的允许偏差不大于5mm。

（3）蜗杆皮带轮轮宽中心线与无级电动机皮带轮轮宽中心线偏移允许偏差不大于1mm；两个皮带轮轴的不平行度允许偏差为0.5mm/m。

（4）提升叶轮的径向跳动允许偏差和端面跳动允许偏差都应小于或等于5mm。

(5) 调整叶轮开启高度的大螺母和锁紧螺母，松紧应灵活，后者应经常保持拧紧状态。

(6) 减速箱应加注 68 号机油，油位在油位计标线处。滑动轴承的滴油杯的油位正常，滴油速度以 3～4 滴/min 为宜。

(7) 变速箱带负荷运转时温升不超过 30℃。

(8) 各密封处不得有漏油现象。

(9) 搅拌机运转平稳，无异常振动，噪声符合标准。

(10) 调速装置灵活可靠，电流表和转速表指示正常。

28 除碳风机发生振动或有异常杂音的原因有哪些?

答：除碳风机发生振动或有异常杂音的原因有：

(1) 风机叶片不均匀而遭到磨损或腐蚀，造成转子不平衡，转子不平衡又加剧磨损，最后产生振动并增加噪声强度。

(2) 风机与电动机连接不同心，由此产生径向跳动和轴向串动。

(3) 风机叶轮和轮毂铆接松动。

(4) 地脚螺栓松动。

(5) 使用中风机进水或进入空气中的其他固体颗粒。

(6) 轴承润滑油有杂质或供油量不足。

29 简述风机的种类。

答：风机可分为离心式和轴流式两类，一般离心式风机应用较多。离心式风机中，气流沿轴向进入叶轮，然后在叶片驱动下，一方面随叶轮旋转，另一方面在惯性离心力作用下提高能量沿半径方向离开叶轮。在轴流式风机中，气流沿轴向进入叶轮，在风机叶片驱动下，仍沿轴向流动。

离心式风机按风机所产生的压力大小可分为以下三种：

(1) 低压风机。风压小于 980Pa(0.01kgf/cm^2)。

(2) 中压风机。风压小于 2940Pa(0.03kgf/cm^2)。

(3) 高压风机。风压小于 9800Pa(0.1kgf/cm^2)。

30 如何判断三相异步电动机是在两相运行?

答：在三相异步电动机运行中，如其中的某一相断路，另两项仍在运行时，电动机因相间不平衡而造成另两相过载超电流值运行。此时电动机会发出嗡嗡的异声，转速变慢，如继续运行，则电动机线圈将会发热、发烫，甚至烧坏电动机。如电流表接在运行相上，此时电流值将大幅度上升。

31 选择使用耐腐蚀泵应考虑哪些因素?

答：选择使用耐腐蚀泵应考虑的因素有：流量；扬程；被输送介质的性质；系统管路的布置条件；操作条件等。

32 2Z 系列空气压缩机主要由哪些部件构成？各有何作用?

答：2Z 系列空气压缩机的主要部件有：曲轴、连杆、十字头、活塞、汽缸、刮油环、填料装置、气阀、冷却器、润滑装置、调节装置、安全阀及空气滤清器等。

各部件的作用为：

（1）曲轴的作用是把电动机的旋转运动经连杆、十字头变为活塞的往复运动。

（2）连杆的作用是将曲轴的旋转运动转换为活塞的往复运动，同时又将作用在活塞上的推力传递给曲轴。

（3）十字头的作用是摆动的连杆和往复运动的活塞的连接件，起导向传力作用。

（4）活塞的作用是在汽缸内做往复运动，压缩空气做功，同时承受压缩气体的反作用力，通过活塞传递给连杆。

（5）汽缸内装有活塞，活塞做往复运动压缩气体。

（6）刮油环的主要作用是将活塞杆上的润滑油刮掉，不使其进入汽缸内，保持压缩空气清洁，不含油污。

（7）填料装置的作用是防止压缩空气沿活塞杆向外泄漏，起密封作用。

（8）气阀的作用是控制汽缸的吸、排气。

（9）冷却器的作用是对各级汽缸排出的气体进行冷却，降低其温度，防止机组部件过热损坏，保证机器安全运行。此外，还起分离压缩空气中水分的作用。

（10）润滑装置的作用是润滑曲轴曲拐颈、连杆大头轴承、连杆小头铜套、十字头销、十字头体和滑道等。

（11）调节装置的作用是根据选定的压力自动调节压缩机的排气量。

（12）安全阀在压缩机运行中起保护作用。当压力超过规定值时，安全阀自动开启降压，直到系统恢复正常工作压力后关闭。

（13）空气滤清器的作用是防止空气中尘埃和其他杂质随空气进入汽缸内。否则，将加大汽缸壁、活塞和阀片等的磨损。

33 怎样装配空气压缩机的薄壁瓦？

答：安装时应测量轴瓦两端剖分面凸出高度值，将轴瓦擦净放入平置轴承内，再将木垫块放在轴瓦结合面上，用手锤轻轻敲入，合上瓦盖，拧紧连杆螺栓使轴瓦在轴承座内压服贴紧。然后用塞尺在轴瓦两端剖分面处分别测量，若测量的数值等于轴瓦允许余面高度时，说明轴瓦的紧力合适。否则应进行修理，修理时，上、下片轴瓦两端剖分面各应磨低或增加垫片调整轴瓦紧力。

34 如何测量和调整空气压缩机活塞上、下止点间隙？

答：活塞上、下止点间隙的测量为：将细铅丝拧成直径为3mm左右的细条放置在活塞与缸盖、缸座之间，慢慢盘车使活塞分别到达上、下止点，取出压扁的铅丝，即可用千分尺测得上、下止点间隙。考虑到压缩机工作时，连杆、活塞杆受热膨胀伸长，因此顶间隙为底间隙的1.5～2倍。

间隙的调整通过调节活塞杆与十字头连接螺纹的深度来实现。

35 空气压缩机曲轴检修的要点是什么？

答：空气压缩机曲轴检修的要点是：发现有裂纹等影响强度的缺陷，应予更换；用外径千分尺测量轴颈的几何尺寸精度及形位偏差和磨损量是否超标，若超过允许范围，就应进行修理或更换。

36 空气压缩机填料装置的检修要点是什么?

答：空气压缩机的填料装置各零件均要认真清洗，将油污等清除后擦干。对于密封环应无损坏变形，开口间隙应符合要求并要相互错开；对于铜套挡环应检查是否变形、损伤，若存在缺陷应修磨或更换，以保证密封环在其内部可以作自由径向移动。

37 空气压缩机拆卸的一般原则有哪些?

答：空气压缩机拆卸的一般原则有：

(1) 拆卸零部件时，应严格按照规定的顺序进行。

(2) 在拆卸组合件时，应先掌握其内部构造和各零部件间的连接方式。如拆活塞时，应考虑到它是和活塞杆、十字头、连杆、曲轴连在一起的。

(3) 必须使用合适的拆装工具，以免损坏零部件。

(4) 拆卸过程中，要尽量避免敲打，只有在垫有木衬块或软金属衬块时，才允许用锤击法敲打零件，且不能用力过猛。但活塞在任何情况下都不得敲击。

(5) 拆下来的零件，要妥善保管，防止碰伤、损坏和丢失。

(6) 拆下来的零件，应立即标上记号，不要互换，以免装配时发生差错，影响装配质量。要特别注意吸、排气阀的区别，以防装反。

(7) 拆卸那些零部件要明确，不要盲目乱拆卸，不需要拆卸的零部件就尽量不拆。

(8) 拆除一、二级吸、排气阀后，用压铅法检测活塞的上、下止点间隙后，才能拆卸缸盖。

(9) 拆下十字头销，取出十字头，测量完曲轴的原始窜动量后，才能拆除连杆。

38 简述 2Z 系列空气压缩机的拆卸顺序。

答：2Z 系列空气压缩机的拆卸顺序为：

(1) 拆卸附属管道及其零部件。

(2) 拆下一、二级吸、排气盖及阀组各部件。

(3) 拆下汽缸盖。

(4) 扳平止退垫片，松开十字头与活塞杆的紧固螺母，拧下活塞杆，松开填料装置压盖，由缸体上部将活塞组件取出。

(5) 拆下缸体、缸座后，取出填料装置和刮油环等组件。

(6) 拧下连杆大头轴瓦连杆螺栓的螺母，拆下大头盖，将十字头和连杆体由十字头滑道顶部抽出。

(7) 拆下曲轴上的联轴器，松开轴承架油封，取下曲轴。

39 2Z 系列空气压缩机检修的技术要求和质量标准有哪些?

答：2Z 系列空气压缩机检修的技术要求和质量标准有：

(1) 设备试转平稳，无异常响声，振动不超过 0.1mm，各参数均符合规定值或达到铭牌出力。

(2) 各表计、安全阀、调节装置均灵敏、准确、完整。

(3) 主机、附属设备及管路各密封面无渗漏现象，各阀门均严密、开启灵活。

(4) 冷却水系统畅通，水量充足，压力符合要求，冷却效果良好，气水分离器分离效果良好。

(5) 润滑系统正常可靠，各润滑部位润滑良好。

(6) 各零部件的组装质量符合标准。

(7) 汽缸中心线与十字头滑道中心线应在同一轴线上，十字头与滑道的间隙应保证任何方向均能通过0.06mm的塞尺。其他各部位的间隙应符合标准要求，其装配间隙见表3-5。

表3-5 各部位装配间隙表

序号	装配部位	装配间隙（mm）			
		2Z-3/8-1；2Z-3/8A-；2Z-3/10；2Z-6/8-1；2Z-6/10		2Z-9/10；2Z-10/7；2Z-10/8	
		最小	最大	最小	最大
1	一级活塞与汽缸圆周的径向间隙	1.5	1.56	1.4	1.53
2	二级活塞与汽缸圆周的径向间隙	1.5	1.56	1.4	1.52
3	一、二级活塞上、下止点间隙	1.3	2.00	1.8	3.00
4	十字头滑板与滑道径向间隙	0.10	0.195	0.085	0.188
5	连杆大头轴瓦与曲轴颈径向间隙	0.04	0.080	0.04	0.080
6	连杆小头轴瓦与十字头销径向间隙	0.04	0.077	0.034	0.076
7	一级活塞环与槽轴向间隙	0.25	0.35	0.25	0.30
8	一级支承环与槽轴向间隙	0.30	0.435	0.5	0.60
9	二级活塞环与槽轴向间隙	0.25	0.35	0.25	0.30
10	二级支承环与槽轴向间隙	0.30	0.435	0.40	0.50
11	一级活塞环开口间隙	3.25	3.5	5	5.5
12	一级支承环开口间隙	4	4.5	6	6.5
13	二级活塞环开口间隙	3.25	3.5	4	5
14	二级支承环开口间隙	4	4.5	5	5.5

40 水泵采用的轴端密封装置有哪几种？

答：水泵所采用的轴端密封装置有：压盖填料密封、机械密封、迷宫式密封和浮动环式密封等四种。

41 拆卸转子联轴器前应做哪些测量工作？

答：拆卸转子联轴器前应测量联轴器的瓢偏度及晃度；测量联轴器的端面与轴端面之间距离，并做好联轴器与轴在圆周方向相对装置位置的记号。

42 怎样测量轴颈的圆度、圆柱度？

答：轴颈的圆度测量：将轴颈清理干净，选用测量范围合适的外径千分尺在轴颈的任一端面处几个不同的方向测量轴颈直径并做记录，其最大直径与最小直径之差值即为轴颈的圆度。

轴颈的圆柱度测量：用外径千分尺测量轴颈过中心线纵断面的若干直径并做记录，其最大值与最小值之差即为轴颈的圆柱度。

43 简述 2BW1353-OMY4-Z 型真空泵的工作原理。

答：叶轮在原动机的带动下旋转时，原先灌满工作室的水被叶轮甩至工作室内壁形成一个水环，水环内圈上部与轮毂相切，下部形成一个月牙形的气室。右半个气室顺着叶轮旋转方向，使两叶片之间的空间容积逐渐增大，压力降低，因此将气体从吸入口吸入；左半个气室顺着叶轮旋转方向，使两叶片之间的空间又逐渐减小，增加空间的气体压力，使其从排气口排出，叶轮每旋转一周，月牙形气室使两叶片之间的空间容积周期性改变一次从而连续地完成一个吸气和一个排气过程。叶轮不断地旋转，便能连续地抽排气体。

44 简述调节给水泵迷宫密封系统的结构。

答：调节给水泵迷宫密封系统：迷宫密封设计为用冷水阻挡给水泵内的热水泄漏于大气中。密封冷却水的进水温度要求不大于 50℃。在正常使用中，密封水压（密封水调节阀后的水压）要高于前置泵入口压力 0.1MPa；在启动时密封水的水压要高于暖泵水水压 0.1MPa。水压的调节是通过该系统中的密封水调节阀来完成的。密封冷却水进入密封腔后分为两路，一路通过卸荷水管路回到前置泵进口；另一路通过水封回到凝汽器中。

45 水泵降低必须汽蚀余量一般采取哪些措施?

答：降低必须汽蚀余量应采取的措施为：

（1）降低叶轮入口部分流速。可通过适当增加叶轮入口直径及增大叶片入口边宽度来达到，但这些参数的改变，均应有一定的限度，否则将影响泵的效率。

（2）首级叶轮采用双吸叶轮，此时单侧流量减小一半，从而减小进口流速。增加叶轮前盖板转弯处的曲率半径，这样可以减小局部阻力损失。

（3）叶片进口边适当加长，即向吸入方向延伸，并作成扭曲。

（4）首级叶轮采用抗汽蚀性能好的材料，如采用含镍铬的不锈钢、铝青铜、磷青铜等。

46 机械密封的工作原理是什么?

答：机械密封是靠一对或数对垂直于轴作相对滑动的端面在流体压力和补偿机构的弹力（或磁力）作用下保持贴合并配以辅助密封而达到阻漏的轴封装置。常用机械密封由静环、动环、弹性元件、弹簧座、紧定螺钉、旋转环辅助密封圈和静止环辅助密封圈等元件组成，防转销固定在压盖上以防止静环转动。

47 皮带传动可分为哪两种类型?

答：皮带传动可分为：平皮带传动和三角皮带传动两种类型。

48 皮带传动的优缺点有哪些?

答：皮带传动的优点是：

（1）可用于两轴中心距离较大的转动。

（2）皮带具有弹性，可缓和冲击和振动，使传动平稳，噪声小。
（3）当过载时，皮带在轮上打滑，可防止其他零件损坏。
（4）结构简单，维护方便。
皮带传动的缺点有：
（1）皮带在工作中打滑，故不能保持精确的传动比。
（2）结构的外廓尺寸较大，传动效率低。
（3）因为皮带是张紧在两个皮带轮上的，所以轴与轴承上受力较大，皮带的寿命较短。

49 皮带的传动方式有哪几种？

答：皮带的传动方式有：开口传动、交叉传动和半交叉传动三种方式。

50 皮带传动的种类分为哪几种？

答：皮带传动的种类可分为：三角皮带传动、平形皮带传动和同步齿形皮带传动三种。

51 三角皮带的型号可分哪几种？它们的夹角是多少度？

答：三角皮带的型号可分为七种型号，分别是：O型、A型、B型、C型、D型、E型、F型。
它们的截面积是梯形，其夹角为40°。

52 三角皮带轮由哪几部分组成？一般采用什么材料？

答：三角皮带轮由轮缘、轮毂、辐板或轮辐三部分组成。
一般采用灰口铸铁（HT15-33）为主。

53 一般皮带轮的径向跳动量和端面跳动量为多少？

答：一般皮带轮的径向跳动量为（0.000 25～0.005）·D。
端面跳动量为（0.000 5～0.001）·D（D为皮带轮直径）。

54 一般皮带传动的主动轮与从动轮的倾斜角不大于多少度？

答：一般皮带传动的主动轮与从动轮的倾斜角不大于1°。

55 皮带常见的张紧装置有哪些？

答：皮带常见的张紧装置有：将电动机固定在带有导轨的滑板上、将电动机固定在可摆动的底板上、采用张紧轮装置等三种。

56 安装皮带轮时应注意的事项有哪些？

答：安装皮带轮时应注意的事项有：
（1）键与轴键槽和轮毂键槽是否合适，如不合适，应重新进行修配键。
（2）清除轴和轮毂内或表面的污物。
（3）轴上涂一层机油以便安装。
（4）将皮带轮装在轴上后，再用木锤敲打或用螺旋工具拧紧并检查其安装是否正确。

57 利用什么方法检查皮带轮相互位置是否正确？

答：利用直尺或拉线法来检查皮带轮相互位置是否正确。

拉线法适用于中心距较大的传动。拉线方法是：线的一头放置在主动轮端面上，另一头放在从动轮的端面上，观察两轮是否平行，如平行即正确；如果不平行，应及时调整。

直尺法适用于两轮中心距较小的传动。直尺法是：将直尺端面直接靠在两皮带轮端面上，来观察两轮是否平行，平行表明正确；不平行时，应当立即调整。

58 链传动的优缺点有哪些？

答：链传动的优点有：传动比较大，可远距离传动，载荷分布均匀，传动比准确平稳，传动效率高，并适合温度变化大和灰尘较多的地方等优点。

链传动的缺点是：制造复杂，成本高，磨损快，易伸长，只能用于两轴平行的场合。

59 链传动机构对链轮两轴心线有什么要求？

答：链传动机构对链轮两轴心线必须平行，否则会加剧磨损和降低传动的平稳性。

60 链传动机构对链轮之间的轴向偏移量是根据什么规定的？

答：链传动机构对链轮之间的轴向偏移量是根据两轮中心距大小来规定的。当中心距小于500mm时，容许偏移量为1mm；当中心距大于500mm时，容许偏移量为2mm。可用直尺法或拉线法来检查。

61 链传动机构中水平链和垂直链的垂度分别不超过多少？

答：链传动机构中如果链传动是水平或稍微倾斜的（在45°内），可取下垂度f（垂度）等于$2\%L$（两轮中心距）；若倾斜度增大时，就要减少下垂度。在垂直链传动中f应小于或等于$0.2\%L$，其目的是减少振动和脱链现象。

62 怎样获取链条的下垂度？

答：利用直尺法或拉线的方法来检查链条的下垂度。如：用直尺两头靠在链轮的外缘压在链条上，用力将链向里推（对面链条不得松弛的情况下），用量具量取直尺至链条的最大间垂直间距，这个间距就是链条的垂度（也叫链条的松紧度）。

63 链条使用弹簧卡片时应注意什么？

答：链条使用弹簧卡片时应注意卡片不得有损伤的痕迹。弹力必须正常，开口端的方向应与链的转动方向相反，以免运行中受到碰撞而脱落。

64 齿轮传动的特点是什么？

答：齿轮传动的特点是：传递扭矩和运动，改变转速的大小和方向，还可把转动变为移动。

65 齿轮传动的优点和缺点各是什么？

答：齿轮传动的优点是：传动准确，传动比保持不变；传递功率和速度范围大，传动效率高；结构紧凑，使用寿命长。

齿轮传动的缺点是：噪声大，不适于大距离传动，以及制造和装配要求高等。

66 齿轮传动有哪几种形式？

答：齿轮传动按照两轴相对位置可分为以下三种形式：

（1）圆柱齿轮传动；适用于两轴轴线平行时。

（2）圆锥齿轮传动；适用于两轴轴线相交时。

（3）齿轮与齿条传动；可将旋转运动转变为直线往复运动。

67 齿轮传动机构的装配技术要求有哪些？

答：齿轮传动机构的装配技术要求有：

（1）齿轮孔与轴的配合要适当。不能有歪斜或偏心等现象。

（2）齿轮啮合后，应有适当的齿间隙。齿侧间隙过小时，齿轮传动不灵活，甚至卡齿，使齿面磨损加剧；间隙过大时，齿轮换向时会产生冲击。

（3）两齿轮啮合时，轮齿接触部位正确，接触面积符合要求，这两者是相互密切联系的同时也能反映出两齿轮相互位置是否正确。

（4）齿轮的错位量不得超过规定值。

68 圆柱齿轮与轴装配的注意事项有哪些？

答：圆柱齿轮与轴装配的注意事项有：

（1）齿轮在轴上不得有晃动（在过渡配合时）现象。

（2）齿轮过盈量较大时，应用机油加热法（油温不得超过100℃）或机械压入法。

（3）齿轮不得出现偏心、歪斜和端面未贴紧轴肩。

（4）安装好后应检查齿轮的径向和端面的跳动量是否符合要求。

69 检查圆柱齿轮的啮合质量的方法有哪几种？

答：检查圆柱齿轮的啮合质量的方法有三种：压铅法、涂色法和用百分表测量法。

70 圆柱齿轮用涂色法怎样检查轮齿啮合情况？

答：用涂色法检查轮齿的啮合时：在主动轮上涂上一层薄的红丹粉，使啮合在齿轮运转后，轮齿侧面中部上的色斑密度1级中应不小于齿长的75%，2级中不应小于65%，3级中不小于50%，4级中只要每个齿上都有色斑就行。当色斑位置正确，而面积太小时，可用细粒金刚砂与凡士林油混合，制成研磨剂来磨合，以达到足够的接触面积。

71 引起轮齿工作表面金属脱落的主要原因有哪些？如何消除？

答：引起轮齿工作表面金属脱落的主要原因有：轮齿部位接触表面不够、光洁度和硬度不够等都会造成表面金属脱落。

消除的方法是：提高齿部光洁度，增强轮齿部位硬度，装配时保证轮齿部位有足够接触面。

72 引起齿轮轮齿断裂的主要原因有哪些？如何来消除？

答：引起齿轮轮齿断裂的主要原因有：齿轮轮齿接触面太小，而使负荷集中于一处；齿轮或轴线弯曲或倾斜等主要原因造成。

消除的方法：保证齿轮齿部有足够的接触面；消除齿轮和轴的变形现象，并保证轴线平行和不倾斜。

73 引起齿轮咬坏、齿面部分金属被黏走或齿轮工作面被铲坏的主要原因有哪些？怎样消除？

答：引起齿轮咬坏、齿面部分金属被黏走或齿轮工作面被铲坏的主要原因有：齿型不正确，牙齿太厚或者轴线间的距离过小，造成啮合间隙不够，造成轮齿的咬坏或者使一个齿轮的齿顶外缘切入另一个齿轮的齿根表面等主要原因造成。

消除的方法有：装配时要对齿形进行校验。重新压装，装好轮套要进行修正，保证一定的径向间隙和侧间间隙。

74 引起齿轮工作不平稳，齿轮发生冲撞，并且轮齿上产生附加载荷的原因有哪些？应当怎样消除？

答：引起齿工作不平稳，齿轮发生冲撞，并且轮齿上产生附加载荷的原因有：轮齿间隙和齿距不均匀，齿轮节圆偏心，轴线偏心或者轮齿间隙过大等原因造成。

消除的方法是：将一个齿轮旋转180°以后，再以另一个齿轮重新啮合，或者修正轮套或更换齿轮（必须对齿轮准确测量后才能修正）。

75 齿轮工作时，引起轮齿端部发生冲撞的主要原因有哪些？如何消除？

答：齿轮工作时，引起轮齿端部发生冲撞的主要原因有：轮颈或轮孔倾斜或者啮合得不正确都会造成齿轮的冲撞。

消除的方法是：用刮削的方法修正或重新压装并正确镗削轴套，如果啮合不正确，就将其中一个齿轮旋转180°后再重新啮合。

76 蜗轮传动装置的装配要求有哪些？

答：蜗轮传动装置的装配要求有：保证蜗轮和蜗杆的轴线互相垂直，中心距离正确，有合适的啮合接触面，也就是必须将蜗轮及蜗杆轴线的交叉角及中心距符合图纸要求，蜗轮的中心平面与蜗杆的中心线应相重合，以及啮合侧间隙应符合技术要求。安装完后应检查其转动情况，必须灵活自如。

77 利用什么来测量蜗轮和蜗杆的侧隙的角度值和测量侧隙的长度值？

答：利用千分表来测量蜗轮和蜗杆的侧隙的长度值或用刻度盘来测量侧隙的角度值。

78 蜗轮与蜗杆啮合接触情况用什么方法来检查？啮合接触面积约占齿长的全长和全高的多少？

答：蜗轮与蜗杆啮合接触情况用涂色法来检查。

啮合接触面积占全长和齿全高的50%～60%。

79 当蜗轮或蜗杆工作面被磨损或划伤时应如何处理？对于大型号的蜗轮或蜗杆如何处理？

答：当蜗轮或蜗杆工作面被磨损或划伤时，一般不修理而是更换新备件。

对于大型号的蜗轮或蜗杆可车去磨损的轮缘，再压装上新的轮缘。

80 蜗轮传动机构中推力轴承的装配要求是什么？

答：蜗轮传动机构推力轴承的装配要求是：装配后的推力轴承不得过松或过紧。如果调整过松，停机会有较大的倒转；调整过紧，传动机构没有扭力的释放，会造成传动机构的损坏。所以调整传动机构的松紧程度应适宜，即停机时，主动轴稍倒转30°～40°之间。

第四章

管道与阀门

第一节　管道的安装与检修

1 什么是碳钢？碳钢按含碳量如何分类？碳钢按用途如何分类？

答：碳钢是指含碳为0.02%～2.11%的铁碳合金。

碳钢按含碳量可分为：

（1）低碳钢，含碳量小于0.25%。

（2）中碳钢，含碳量在0.25%～0.6%之间。

（3）高碳钢，含碳量大于0.6%。

碳钢按用途可分为：

（1）碳素结构钢，含碳量小于0.7%。

（2）碳素工具钢，含碳量大于0.7%。

2 在回火过程中应注意什么？

答：在回火过程中应注意的事项为：

（1）高碳钢或高合金钢及渗碳钢的工作，在淬火后必须立即进行回火，否则在室温停留时间过长，将会造成自行开裂的危险。

（2）回火加工必须缓慢，特别是形状复杂的工件，这是因为淬火工件有很大的内应力，如果加热过急，将会造成工件变形，甚至开裂。

（3）严格控制回火温度和回火时间，以防因回火温度和回火时间不当，使工件不能得到应获得的组织和力学性能。

3 焊接全过程包括哪些部分？

答：焊接全过程包括：焊接加热过程；焊接冶金过程；焊接冷却结晶过程。

4 什么是管道的热膨胀补偿？常见的补偿方法有哪些？

答：所谓热膨胀补偿就是当管道发生热膨胀时，利用管道或附件允许有一定程度的自由弹性变形来吸收热伸长以补偿热应力。

常见的补偿方法有：管道的自然补偿、利用补偿器来进行的热膨胀补偿和冷补偿（利用管道冷态时预加以相反的冷预紧力的冷补偿）。

5 减少焊接变形的有效措施有哪些？

答：减少焊接变形的有效措施为：对称布置焊缝；减少焊接尺寸；锤击法；先焊横缝；逆向分段；反变形法；刚性固定；散热法。

6 什么是调质处理？其目的是什么？电厂哪些结构零件需调质处理？

答：把淬火后的钢件再进行高温回火的热处理方法称为调质处理。

调质处理的目的是：

（1）细化组织。

（2）获得良好的综合机械性能。

调质处理主要用于各种重要的结构零件，特别是在交变载荷下工作的转动部件，如轴类、齿轮、叶轮、螺栓、螺母、阀门门杆等。

7 合金钢焊口焊接后进行热处理的目的是什么？

答：焊口焊接后进行热处理的目的是：

（1）减少焊接所产生的残余应力。

（2）改善焊接接头的金相组织和机械性能（如增强焊缝及热影响区的塑性、改善硬脆现象、提高焊接区的冲击韧性）。

（3）防止变形。

（4）提高高温蠕变强度。

8 管道支吊架弹簧的外观检查及几何尺寸应符合哪些要求？

答：管道支吊架弹簧的外观检查及几何尺寸应符合的要求为：

（1）弹簧表面不应有裂纹、分层等缺陷。

（2）弹簧尺寸的公差应符合图纸的要求。

（3）弹簧工作圈数的偏差不应超过半圈。

（4）在自由状态时，弹簧各圈的节距应均匀，其偏差不得超过平均节距的10%左右。

（5）弹簧两端支承面与弹簧轴线应垂直，其偏差不得超过自由高度的2%。

9 弯头弯曲部分的椭圆度允许值范围是如何规定的？

答：弯头弯曲部分椭圆度（即在同一截面测得最大外径与最小外径之差与公称外径之比），对于公称压力 $p>9.8$MPa，椭圆度<6%；公称压力 $p<9.8$MPa，椭圆度<7%。

10 高温高压管道弯头检验的要求主要有哪些？

答：高温高压管道弯头检验的要求主要有：

（1）主蒸汽管、高温再热蒸汽管弯头运行5万h时，应进行第一次检查，以后检验周期为3万h。

（2）若发现蠕变裂纹、严重蠕变损伤或圆度明显复原时应进行更换，如有划痕应磨掉。

（3）给水管的弯头应重点检验其冲刷减薄和中性面的腐蚀裂纹。

11 为什么要考虑汽水管道的热膨胀和补偿?

答：汽水管道在工作时温度可达450～580℃，而不工作时的温度均为室温15～30℃；温度变化很大，温差400～500℃，这些管道在不同的工作状态下，即受热和冷却过程中，都要产生热胀冷缩。当管道能自由伸缩时，热胀冷缩不会受到约束及作用力。但管道都是受约束的，在热胀冷缩时，会受到阻碍，因而会产生很大的应力。如果管道布置和支吊架选择配置不当，会使管道及其相连热力设备的安全受到威胁，甚至遭到移位破坏。因此，要保证热力管道及设备的安全运行，必须考虑汽水管道的热膨胀及补偿问题。

12 高压合金管道在安装前必须进行哪些检验?

答：合金管道应有供货商的合格证件，包括钢号、化学成分、机械性能、热处理规范或硬度值，以及几何尺寸的保证值。合金钢材料无论有无证件都应逐一进行了光谱分析，并作出明显标志。高压管子也应逐一进行外观检查。有重皮、裂纹、缺陷的管子、管件，应进行打磨处理。除去缺陷后的实际壁厚不应小于公称壁厚的90%，且不小于设计理论计算壁厚。

13 蒸汽管道蠕变变形测量方法有哪几种?

答：蒸汽管道蠕变变形测量方法有：蠕变测量方法和蠕变测量标记法两种。

(1) 蠕变测量方法。在管道固定位置的外表面上焊上蠕变测点，用千分尺测量截面的直径，通过直径的变化，监视其蠕变变形情况。蠕变测点一般选用球头蠕变测点或对心蠕变测点头。

(2) 蠕变测量标记法。在管道固定位置的外表面打上两排相互平行的球面压痕标记，用特别的钢带缠绕在钢管测量截面的外表面，测量该截面的周长，通过周长的变化，监视其蠕变变形情况。

14 管子在使用前应检查哪些内容?

答：管子在使用前应检查的内容为：

(1) 使用前应查明其钢号、直径及壁厚是否符合原设计规定，并核对出厂证件。

(2) 合金钢管不论有无制造厂技术证件，使用前均需进行光谱检查，并由检验人员在管子上做出标志。

(3) 使用前应进行外观检查，有重皮、裂痕的管子不得使用。对管子表面的划痕、凹坑等局部缺陷应作检查鉴定。

(4) 凡经处理后的管壁厚度不应小于设计计算的壁厚。

15 简述热弯头的质量标准。

答：热弯头的质量标准为：

(1) 外观检查弯曲管壁表面不允许有金属分层、裂纹及过烧等缺陷。

(2) 检查管子椭圆度：公称压力 $p>9.8$MPa，椭圆度<6%；公称压力 $p<9.8$MPa，椭圆度<7%。

(3) 弯头内侧不得有波浪皱褶。

(4) 管子弯曲半径，允许偏差±10%。

（5）检查弯头部分的管壁厚度，最小值不小于设计计算壁厚。

（6）通球检查用不小于管内径80%的球通过整根管子。

16 为什么说选择化学设备材料是一项复杂的工作？选择材料时应考虑材料的哪些性能？主要考虑材料的什么性能？

答：因为做好化学设备材料选择这项工作，必须熟悉生产工艺和设备要求；熟悉材料的有关性能，所以说选择化学设备材料是一项复杂的工作。

化学设备在选择材料时应考虑材料的机械性能、抗氧化腐蚀性能、物理性能、工艺性能、材料的成分与组织；还应考虑材料的价格，来源及获得的可能性。

对于化学设备主要考虑的问题是材料的耐腐蚀性能。

17 化学设备常用的金属材料有哪些？要求防腐蚀的主要材料有哪些？

答：化学常用的金属材料有碳钢、普通铸铁、高硅铸铁、不锈钢以及不锈复合钢板、铝及铝合金、铜及铜合金等。

要求防腐蚀的主要材料有碳钢和铸铁材料。

18 碳钢是否能直接储存盐酸？为什么？

答：碳钢不能直接储存盐酸。

因为盐酸对于铁是活性阴离子的典型的非氧化性酸。腐蚀速度会随着酸浓度的增加而速度加快。在一定的浓度下，腐蚀速度会随温度的增高而腐蚀程度直线上升。

19 为什么铸铁容器不能直接储存盐酸？

答：因为铸铁表面有较多的阴极杂物，而盐酸是典型的非氧化性酸，其腐蚀会随浓度的增加和温度的增高而加剧。所以铸铁容器不能直接储存盐酸。

20 用碳钢和铸铁容器直接储存浓硫酸时，浓度必须达到多少以上？

答；用碳钢和铸铁容器直接储存浓硫酸时，浓度必须达到75%～80%以上，否则会造成设备的腐蚀。

21 在常温下食盐溶液浓度达到多少时对铁腐蚀最大？

答；随着盐液浓度的增高，腐蚀速度也加快，常温下盐液浓度达到3%时其腐蚀最大，如果浓度继续升高，其对铁的腐蚀速度会逐渐降低。

22 在使用浓硫酸时普通铸铁与碳钢的耐腐蚀性有什么区别？

答：在温度较高、流速较大的浓硫酸适宜用铸铁；在发烟硫酸中用碳钢，不能用铸铁，因为铸铁产生晶间腐蚀。

23 在自然条件下，碳钢与铸铁的耐腐蚀性有哪些区别？

答：在自然条件下，碳钢的耐腐蚀性比铸铁差，因为铸铁含碳量高，可以促进钝化，又因铸铁在铸造过程中形成的铸造黑皮起到了保护层的作用。

24 普通铸铁属于脆性材料，一般不用来制造什么设备？

答：不用来制造受压设备，不用来制造处理和贮存剧毒或易燃、易爆的液体和气体介质的设备。

25 常用的高硅铁的牌号用什么表示？一般含硅量为多少？有哪些优缺点？用于制造什么设备？

答：常用的高硅铁的牌号用G-15表示。

一般含硅量在14.5%～17%之间。

优点是耐蚀性高，缺点是机械性能差。

常用于制造的设备有泵、管件、管道等。

26 为什么说高硅铸铁的耐腐蚀性高？

答：因为高硅铸铁表面生成了一层二氧化硅组成的保护膜，可使腐蚀性介质不易侵入。

27 使用高硅铸铁制造的设备时应注意什么？

答：使用高硅铸铁制造的设备时应注意：

(1) 经过的介质温度不能急剧变化，否则会发生断裂。

(2) 不得有局部应力集中。

(3) 安装时不能用铁锤敲打。

(4) 零部件必须轻拿轻放。

(5) 装配必须准确。

28 不锈钢可分为哪几种？适用于什么介质的腐蚀？不锈耐酸钢适用什么介质的腐蚀？

答；习惯上所说的不锈钢可分为：不锈钢、不锈耐酸钢和某些耐热钢。

不锈钢适用于空气和水中的介质腐蚀。

不锈耐酸钢适用于酸类及其他强腐蚀性介质的腐蚀。不锈耐酸钢又称为耐酸钢。

29 不锈钢按金相组织可分为哪几类？按成分可分哪两大类？在两大类的基础上又可分为哪几种？

答；不锈钢按金相组织可分为：马氏体、铁素体、奥氏体、奥氏体-铁素体四大类。

按成分可分为：铬不钢和铬镍不锈钢两大类。

在两大类的基础上又发展了耐腐蚀、耐热和机械性能优良的三个种类。

30 铬不锈钢的特点有哪些？耐蚀的原因是什么？

答：铬不锈钢的特点有耐腐蚀不锈、耐热。

耐蚀的原因是钢中加入了一定量的铬。

31 1铬13、2铬13不锈钢适应于什么介质的腐蚀？

答：1铬13、2铬13不锈钢适应于弱酸腐蚀介质中，温度不超过30℃的条件下有良好的耐腐蚀性。

32 铬镍奥氏体不锈钢普通18-8型不锈钢耐什么介质的腐蚀？18-8型不锈钢不耐什么介质的腐蚀？

答：铬镍奥氏体不锈钢普通18-8型不锈钢耐硝酸、冷磷酸及其他无机酸腐蚀，还有盐类溶液、碱类溶液、水和蒸汽、石油产品等许多化学介质的腐蚀。

18-8型不锈钢在硫酸、盐酸、氢氟酸、氯、溴、碘、熔融的氢氧化钾等化学介质中的耐腐蚀性差。

33 为什么说1铬18镍9钛不锈钢有较高的抗晶间腐蚀能力？

答：因为1铬18镍9钛不锈钢中含有钛金属，钛能形成碳化钛，促使碳化物稳定，故有较高的抗晶间腐蚀能力。

34 不锈钢在焊接时，采取什么措施才能防止晶间腐蚀？

答：不锈钢在焊接时，必须选择适当的焊接工艺，选用相应的焊条，在焊缝接头的表面放置吸热衬板或进行水冷，用以把析出的碳化物限制在最低范围。

35 奥氏体不锈钢的晶间腐蚀是怎样形成的？

答：奥氏体不锈钢晶间腐蚀是通过400～800℃加热时，过饱和的碳以铬的碳化物形式沿晶界析出，使晶界附近含铬量减少，耐腐蚀性能降低。

36 不锈钢的点腐蚀是什么原因造成的？怎样防止点腐蚀？

答；最容易引起点腐蚀的原因有：氯离子和溶液中存在的氧。特别是溶液的停滞，溶液的氧化性不足，接触狭缝的存在，腐蚀生物的堆积，钢表面成分的不均匀等原因造成的。

防止点腐蚀的方法为：不锈钢中的含碳量越少越难引起点腐蚀。还可采用减少溶液中的卤素离子的浓度，尽量消除溶液的氧化能力，或在溶液中添加氧化剂，提高氢离子浓度等方法。

37 不锈钢应力腐蚀是怎样产生的？产生应力腐蚀裂缝的必要条件有哪些？如何消除由于介质因素所引起的应力腐蚀裂缝？

答：在设备的制造和生产过程中引起的应力（拉伸应力和压缩应力），有焊接和加工过程产生的，有设备运行过程中产生的，但大多数是由于残余应力引起的。

不锈钢产生应力腐蚀裂缝的必要条件是：在腐蚀的同时有应力的作用使设备构件产生裂缝。

消除介质因素所引起的应力腐蚀裂缝时，应在介质中提高Cl^-离子浓度，减少O_2或提高O_2浓度，减少Cl^-浓度。上述任一条件都有的情况下，就会消除由介质因素的应力裂缝。

38 为什么说铝在很多介质中耐腐蚀，而在强碱性溶液中不耐腐蚀？

答：这是由于空气中的氧及氧化性介质能使铝钝化，使表面生成一层氧化膜，这层膜很致密，又很牢固，膜破裂后还能自生修复，所以说铝在很多介质中耐腐蚀。

因为很少的氢氧化钠或氢氧化钾溶液便可溶解铝的氧化膜，所以说铝在强碱性溶液中不耐腐蚀。

39 锡青铜与铜比较，谁的力学性能好？哪一种耐蚀性高？

答：锡青铜的力学性能比铜好。

锡青铜的耐蚀性比铜高，但在硝酸氧化剂及氨溶液中也不耐蚀。

40 管道的安装中设置补偿器的作用是什么？什么情况下一般不设置补偿器？

答：管道安装中设置补偿器的作用是：为了保证管道在热状态下的稳定和安全工作，减小并释放管道受热膨胀时所产生的应力。

当管内介质温度不超过80℃时，管道又不长且支点配置正确时，则管道长度的热变化可以使其自身的弹性予以补偿，一般这种情况下不设置补偿器。只有不能满足补偿要求时，再考虑设置补偿器。

41 低压管路是指压力不超过多少 kg/cm^2 时，可使用有缝钢管作为水系统的管子？

答：低压管路是指压力不超过 $16kg/cm^2$ 时，可使用有缝钢管作为水系统的管子。

42 输送腐蚀性能介质溶液时应选择什么管道？

答：输送腐蚀性介质溶液时，应选择钢管涂有防腐覆盖层管道，防腐材料喷镀管道、橡胶衬里、管道或塑料管道，并采取架空敷设。

43 蒸汽管道和热水管道必须采取什么措施？

答：蒸汽管道和热水管道，必须采取在管道适当位置配有热补偿器，以减少管道的膨胀，并对管道做保温措施。

44 在管径不大于60mm的管道上，什么情况下可采取螺纹连接？

答：在管径不大于60mm管道，介质工作压力在10个大气压（表压）以下，介质温度在100℃以内且便于检查和修理的水、煤气输送钢管、镀锌钢管的联接可采用管螺纹连接。

45 管子对焊装配时应注意的事项有哪些？

答：管子对焊装配时应注意的事项有：

（1）直径小于80mm，壁厚不大于3mm时，对焊采用氧炔气焊的方法，管壁较厚时应采用电弧焊接。

（2）管壁大于4mm对焊时，应采用开V型坡口的方法焊接（坡口角度60°～70°），钝边1～2mm，接口空隙1.5～3mm。

（3）焊接前应先在焊缝10～15mm范围内，除净铁锈、泥垢和油污等，直至露出金属光泽。

（4）管道对焊时其位置差和壁厚差不得超过管壁的10%，最多不超过3mm。

46 管道进行水压试验时的要求有哪些？

答：管道进行水压试验时的要求有：管道安装完后，应以 1.25 倍工作压力进行试验，并不小于工作压力加 5 个大气压。然后管道需以水泵全开阀门的最大压力进行试验，保持 5min，用 1.5kg 重的手锤敲击检查焊缝与法兰接合面，如果有泄漏或出汗现象，虽压力表计无压力下降的指示，但也说明试验不合格。对于地下管道回填后应进行二次强度压力试验。对于有缺陷时，应放水处理后，再进行试验，直到合格为止。

47 小管径管弯曲时应注意哪些？

答：小管径管弯曲时应注意：不用弯管器、不填充砂子时，其弯曲半径不应小于它的外径的 4 倍。利用填充砂法或弯管器时，其弯曲最小半径不小于它的外径的 2 倍。

48 弯管的方法有哪几种？

答：弯管的方法有：冷弯法和热弯法两种。冷弯管法又分手工和机器两种。

49 简述一般热弯管的工作顺序。

答：一般热弯管的工作顺序为：

（1）将砂做干燥处理，填装砂子并震紧，加装堵头（堵头用木塞）。

（2）准备样板（用直径 10～15mm 的钢筋制成）。

（3）准备好焦炭（不用煤，因煤含硫，会使管子变脆），把炉加热，炉火调好。

（4）准备弯制平台。

（5）划好管子加热部位，送入炉内加热，并加盖铁板。加热过程要注意翻动管子，以免烧坏管壁。

（6）管子加热至 1000℃（橙黄色）左右，就可抬到弯制平台上进行弯曲工作。开始弯曲时被弯曲部位的远处两端用水冷却（合金管不可浇水，以免发生裂纹），按照样板的弯曲度来弯制，当温度降到 700℃（黑红色），合金管降到 750℃时，弯曲工作应停止，再去重新加热后再弯。

（7）弯管时不可用力过猛，力量应保持均匀，以防止用力不匀而引起折皱，有发扁象征时要注意浇水或停止弯曲。弯曲过了角度时，可利用局部冷却来调整角度，弯曲成功时，一般多弯 3°～5°之间，因冷却后能伸展 3°～5°。管子冷却，倒出砂子，清理内外管壁。

50 弯曲后的管道，应注意检查的事项有哪些？

答：弯曲后的管道，应注意检查的事项有：

（1）弯曲后的管道，应注意检查管子断面的椭圆度不超过 7%～9%(可用球法来检查)。

（2）弯曲半径应符合样板。

（3）弯管外弧部分实测壁厚不得小于设计计算壁厚（壁厚用钻孔法来获取）。

51 法兰与管道焊接时应注意的事项有哪些？

答：法兰与管道焊接时应注意的事项有：

（1）法兰接触面应平整光滑，可允许有环形浅槽，但不得有斑疤、砂眼及辐射向沟槽，两法兰面均匀、严密地接触。

（2）法兰平面中心线应垂直于管子中心线，其偏差不大于1～2.5mm。

（3）法兰螺孔孔距位置（直线测量）允许误差为0.5～1.0mm。

（4）法兰孔眼中心线与管子中心线位移允许误差1～2mm。

（5）两法兰平面允许偏差0.2～0.3mm。

（6）法兰与管道焊接时，应注意焊接应力变形（特别是不锈钢）。

52 管道支架有哪几种？管道支架上敷设管道应考虑的因素有哪些？

答：管道支架有：固定支架和活动支架两种。

管道支架上敷设管道时应考虑：管道的合理排列、支架所承受的荷重、管道的轴向水平推力和管道侧向水平推力等问题。

53 选用法兰时，应根据什么来考虑所需用的法兰类型？

答：选用法兰时，首先应根据公称压力、管道公称直径、工作温度和介质的性质来选用所需的法兰类型、标准及其材质，然后确定法兰的结构尺寸和螺栓的数目、材质与规格等。用于特殊介质的法兰材质，应和管子的材质相同。

54 常用的塑料管道有哪些？试简述它们的特征。

答：常用的塑料管道有：硬聚氯乙烯PVC管、UPVC管、工程塑料ABS管。

（1）硬聚氯乙烯PVC管具有良好的化学稳定性、机械加工性和可焊性，具有毒性，低温时易变脆，适用于低压，温度在－10～60℃之间。可采用法兰连接、焊接连接或承插连接。

（2）UPVC管具有抗酸碱、耐腐蚀、强度高、寿命长、无毒性、质量轻、安装方便等特性。连接方式主要采用承插连接后再用黏合剂黏结密封。

（3）ABS管具有耐腐蚀、高强度、可塑铸、高韧性、抗老化、无毒害、质量轻和安装方便等特点。连接方式主要采用承插连接后再用黏合剂黏结密封。

55 化学水处理系统输送树脂的管道应选用什么管材为宜？管道切割应如何进行？

答：化学水处理系统输送树脂的管道应选用1Cr18Ni9Ti不锈钢管，并在管道上加装冲洗水管。

依据不锈钢管道的金属特性，切割不锈钢管时宜采用机械切割法，即采用刀割、锯割、磨割、机床切割和等离子切割等多种。

56 管道安装前需进行哪些工作？

答：管道安装前除检查管子及附件本身的质量外，还应进行下列检查：

（1）管子应平直、无裂纹、无显著的腐蚀坑等缺陷。

（2）管子内不得有杂物，使用时应让钢球通过，以清除锈渣及氧化皮，并用绳子绑上钢丝刷来回移动，将内壁擦刷干净。

（3）一般较大直径的管子要检查其椭圆度，如大于DN150的管子，椭圆度允许偏差为5mm。

（4）衬胶管道、衬塑管道和涂覆管道，安装时应目测检查有无碰击损坏，必要时需用电火花仪检查。

57 不锈钢焊接时，如何防止晶间腐蚀？

答：不锈钢焊接时，为了防止晶间腐蚀，可以采用下列措施：

（1）选择材料时可使用超低碳（含碳量为0.03%及以下）不锈钢或稳定化（添加钛或铌元素）不锈钢。钛比铬对于碳具有更大的结合力，以保证铬不会与碳相结合形成碳化铬，使铬仍留于固熔体中。

（2）固熔热处理。焊接后经1010～1120℃适当时间的加热，使析出的碳化物再次固熔到奥氏体中，随后快速冷却。

（3）稳定化热处理。焊接后经820～850℃加热，使集聚在碳化物附近的铬进行扩散，并均匀化，也就是把析出碳化物的损害限制在最小范围内。

（4）在焊接过程中冷却。在焊缝接头的表面上放置（如铜板等）衬板或进行水冷，其目的是把析出碳化物限制在最小范围内。

58 使用电焊时应遵守哪些安全事项？

答：使用电焊时应遵守的安全事项有：

（1）电焊所用工具必须安全、绝缘，电焊机的接线、开关板的安装均应由电工进行。电焊机的焊接地线不得接在有易燃易爆介质的管道或设备上，也不得接在暖气系统上。

（2）在有燃爆危险的生产区域内动火，必须办理动火许可证，并采取安全措施。

（3）工作时，必须按规定穿戴好劳保用品。在潮湿的地方或雨天作业时，要穿好胶鞋，采取防护措施。

（4）在容器内部工作时，必须使用低压行灯，还必须派人监护。

（5）严禁在衬胶、衬塑、涂覆的管道及设备上引弧，以防损坏防腐层。

59 衬里管道的安装有何要求？管道安装后要达到的标准是什么？

答：衬里管道的安装要求为：

（1）衬里管道安装前要进行质量检测，然后按照图纸进行施工。

（2）衬里管道在衬里前最好进行一次试装，并考虑好管道上安装的仪表、采样管等的接口位置。

（3）第一次试装不允许强制对口硬装，应合理安装，并需预留出衬里厚度和垫片厚度，尺寸要计算精确。

（4）衬里管道安装时，不得施焊、局部加热、扭曲和敲打。

（5）管道端面法兰应内、外两面焊接，并打磨成圆角，不得有气孔、凸凹不平等现象。衬里后法兰面应平整，衬里厚度均匀。

（6）搬运、堆放和安装衬里管段及管件时，应避免强烈振动或碰撞。

管道安装后要求达到的标准为：管道安装质量标准除应符合安装要求外，还应严格执行《火电施工质量检验及评定标准》有关管道的规定。

60 管道的连接方法有哪几种？

答：管道的连接方法有：焊接连接、法兰连接、承插连接和螺纹连接。

61 直埋地下的管道为什么还要进行防腐？

答：直埋地下的管道外壁直接与土壤接触，会遭到强烈腐蚀。土壤腐蚀是碱金属与土壤中的盐类和其他物质的溶液相作用而发生的破坏。土壤是由有机物、无机物和各种盐类组成，具有不同的孔隙率和对水、气的渗透性，且土壤中经常含有水分而形成电解液，使金属发生电化学腐蚀。所以，直埋地下的管道还要进行防腐。

62 水处理明装管道有哪几种敷设方式？

答：水处理明装管道的敷设方式有：沿墙敷设；靠柱敷设；沿设备敷设；沿地面或楼面敷设。

63 管道安装时对各种介质管道的坡度是怎样规定的？

答：管道安装时，应使水平管段有一定的同向坡度，以保证排放时能将液体介质全部排出。通常蒸汽和药剂管道的坡度大于或等于 0.004mm；水管道的坡度不小于 0.002mm；油管道的坡度不小于 0.010mm；气管道的坡度不小于 0.002mm；含泥渣管道的坡度不小于 0.005mm。

64 为了了解水处理钢管道的腐蚀结垢情况，应采用哪几种检查方法？

答：为了了解水处理钢管道的腐蚀结垢情况，可采取解体检查、割管检查、用探伤仪检查、盐酸清洗的检查方法。

65 多根管道在支架上排列有何要求？

答：多根管道在支架上排列的要求是：

（1）当管道支架采用刚性支架时，在管道多分双层排列的情况下，应尽可能将水平推力大的和重的高温管道置于下层或低点敷设，以减小管道支架的计算高度。

（2）在管道排列中，对重的高温管道应敷设在梁的中部，重的常温管道对称地敷设在梁的两端。

（3）输送各介质的管道按质量比例对称地敷设，尽量避免一边重、一边轻的情况，以使管道支架受力均衡，改善因不平衡力而产生的扭力。

（4）可能同时升温的管道应间隔排列。

（5）对输送腐蚀性介质的管道，应尽量设置在管道的最下层，以预防滴漏影响其他管道。

66 按公称压力选择标准法兰时，应注意什么？

答：按公称压力选择标准法兰时，应注意：

（1）选择与设备或阀件相连接的法兰，应按设备或阀件的公称压力来选择。当采用凸凹或梯形槽面法兰时，一般设备或阀件上的法兰制成凹面或槽面。

（2）对于气体管道上的法兰，当公称压力小于 0.25MPa 时，一般应按 0.25MPa 的压力等级选用。

(3) 对于液体管道上的法兰，当公称压力小于 0.6MPa 时，一般应按 0.6MPa 的压力等级选用。

(4) 真空管道上的法兰，一般应按公称压力不小于 1.0MPa 的压力等级选用凸凹面法兰。

(5) 易燃、易爆和具有毒性、刺激性介质管道上的法兰，其公称压力等级一般不低于 1.0MPa。

(6) 法兰、法兰盖及相应的紧固件的材质也应选择符合相应标准的材质。

67 非金属管道的安装要求有哪些?

答：非金属管道的安装要求有：

(1) 不应敷设在走道或容易受到撞击的地面上，应采取管沟或架空敷设。

(2) 沿建筑物或构筑物敷设时，管外壁与建（构）筑物间净距应不小于 150mm；与其他管路平行敷设时，管外壁间净距应不小于 200mm；与其他管路交叉时，管外壁间净距应大于 150mm。

(3) 管道架设应牢固可靠，必须用管夹夹住，管夹与管之间应垫以 3～5mm 厚的弹性衬垫，且不应将管路夹得过紧，需允许其能够轴向移动。

(4) 架空管水平敷设时，长度为 1～1.5m 的管子可设一个管夹；长度为 2m 及以上的管子需用两个管夹，并装在离管端 200～300mm 处。垂直敷设时，每根管子都应有固定的管夹支撑。承插式管的管夹支撑在承口下面，法兰式管的管夹支撑在法兰下面。

(5) 脆性非金属管不要架设在有强烈振动的建（构）筑物或设备上。当这种管垂直敷设时，在离地面、楼面和操作台面 2m 高度范围内应加保护罩。

(6) 架空敷设时，在人行道上空不应设置法兰、阀门等，避免泄漏时造成事故。

(7) 在穿墙或楼板时，墙壁或楼板的穿管处应预埋一段钢管。钢管内径应比非金属管外径大 100～130mm，两管间充填弹性填料。钢管两端露出墙壁或楼板约 100mm。

(8) 管道与阀门连接时，阀门应牢固可靠，在阀门的两端最好装柔性接头，避免在开启阀门时扭坏管子。

(9) 管道安装的水平偏差不大于 0.2%～0.3%，垂直偏差小于 0.2%～0.5%，坡度可取 3/1000。

(10) 应根据管子材质、操作条件及安装地点等的不同，考虑采取热伸长补偿措施和保温防冻措施。

68 管子在使用前应检查的内容有哪些?

答：管子在使用前应检查的内容有：

(1) 使用前查明其钢号、直径及壁厚是否符合原设计规定，并核对出厂证件。

(2) 合金钢管不论有无制造厂技术证件，使用前均需进行光谱检查，并由检验人员在管子上做出标志。

(3) 使用前应进行外观检查，有重皮、裂痕的管子不得使用。对管子表面的划痕、凹坑等局部缺陷应作检查鉴定。凡经处理后的管壁厚度不应小于设计计算的壁厚。

第二节　阀门的基础知识与检修

1 阀门开启后不过水的原因有哪些？如何处理？

答：阀门开启后不过水的原因有：

（1）闸板或阀芯与阀杆的连接卡子损坏或不合适，未能提起闸板或阀芯。

（2）阀门的门杆或门套螺纹损坏。

（3）阀门或管道堵塞。

处理方法：

（1）打开门盖，更换卡子或 T 形槽顶尖。

（2）更换门杆或门套。

（3）拆下阀门，清理堵塞物。

2 阀门关不严而泄漏的原因有哪些？如何处理？

答：阀门关不严而泄漏的原因有：

（1）闸板或阀体的密封圈脱落、变形、磨损或有沟槽。

（2）顶针磨短，阀门关过头。

（3）阀门底部积有污物。

处理方法是：

（1）解体后更换密封圈或用研磨砂研磨密封铜圈。

（2）更换顶针，关闭阀门时不要过头。

（3）阀门解体，清理污物。

3 阀门关不回去或开不了的原因有哪些？怎样消除？

答：阀门关不回去或开不了的原因有：

（1）闸板的卡子脱落或损坏。

（2）闸板开启过度而开脱。

（3）门杆空转。

（4）T 形槽顶针损坏。

消除方法是：

（1）更换闸板卡子。

（2）解体后闸板就位。

（3）解体查明空转原因并处理其缺陷。

（4）解体更换卡子。

4 阀门门杆转动不灵活或开不动的原因有哪些？如何消除？

答：门杆开关不灵活或转不动的原因有：

（1）填料压得过紧。

（2）门杆螺纹与门芯螺扣配合不良或门杆弯曲。

(3) 阀件装配不正或不同心。
(4) 门杆腐蚀锈死。
(5) 门杆螺纹积有污物或缺油。
消除方法是:
(1) 调整填料的松紧程度。
(2) 检修或更换门杆。
(3) 解体后重新装配并调整同心度和配合间隙。
(4) 喷洒松动剂或汽油,清除锈蚀。
(5) 清理螺纹污物或加润滑油。

5 手动衬胶隔膜阀打开后不过水或者有截流现象的原因有哪些?怎样消除?

答:手动衬胶隔膜阀打开后不过水或者有截流现象的原因是:
(1) 隔膜与弧形压块的销钉脱落。
(2) 门杆与弧形压块的连接销子断。
消除方法是:
(1) 解体更换隔膜。
(2) 解体更换销子。

6 手动隔膜阀开关过紧的原因有哪些?怎样处理?

答:手动隔膜阀开关过紧的原因有:
(1) 门套推力轴承损坏。
(2) 门杆、丝杆或轴承缺油。
处理方法是:
(1) 解体更换推力轴承。
(2) 进行门杆、丝杆或轴承补充润滑油。

7 气动隔膜阀不灵活的原因有哪些?如何消除?

答:气动隔膜阀不灵活的原因有:
(1) 大隔膜与活塞连杆的密封圈磨损。
(2) 执行机构隔膜破裂或活塞板密封圈损坏。
消除方法是:
(1) 解体更换连杆密封圈。
(2) 更换隔膜或活塞板密封圈。

8 气动阀关不严的原因有哪些?如何消除?

答:气动阀关不严的原因有:
(1) 密封条损坏。
(2) 活塞室密封处磨损。
(3) 常闭式隔膜阀执行机构弹簧断。
消除方法是:

(1) 解体后更换密封条。
(2) 更换活塞室。
(3) 更换传动机构弹簧。

9 电动阀门行程控制机构失灵有哪些原因？如何处理？

答：电动阀门行程控制机构失灵的原因有：
(1) 控制开关损坏。
(2) 凸轮机构损坏或松动。
处理方法是：
(1) 更换或修理控制开关。
(2) 更换损坏的凸轮或紧固凸轮。

10 电动阀门转矩限制机构失灵的原因有哪些？如何消除？

答：电动阀门转矩限制机构失灵的原因有：
(1) 紧固件松动。
(2) 弹簧无弹性或损坏。
(3) 控制开关损坏。
消除方法是：
(1) 将松动件重新紧固。
(2) 更换弹簧。
(3) 更换控制开关。

11 电动阀门开度指示机构不准确的原因有哪些？如何消除？

答：电动阀门开度指示不准确的原因有：
(1) 线绕电位器损坏。
(2) 导线接触不良。
(3) 指示盘松动。
消除方法是：
(1) 更换线绕电位器。
(2) 接好导线。
(3) 固定好指示盘。

12 蝶阀动作的特点和优点有哪些？

答：蝶阀动作的特点是：蝶阀的阀芯是圆盘形的，阀芯围绕着轴旋转，旋角的大小便是蝶阀的开度。

蝶阀的优点是：轻巧、开关省力、结构简单、开关迅速、切断和节流均可使用，流体阻力小，操作方便。

13 阀门按结构特征可分哪几种？

答：阀门按结构可分为：截止阀、闸阀、球阀、蝶阀、滑阀、隔膜阀、止回阀、安全阀、减压阀、调节阀。

14 阀门按公称压力如何分类？

答：阀门按公称压力可分为：

（1）真空阀。公称压力小于 0.1MPa 的阀门。

（2）低压阀。公称压力小于或等于 1.6MPa 的阀门。

（3）中压阀。公称压力在 2.5～6.4MPa 之间的阀门。

（4）高压阀。公称压力在 10～80MPa 之间的阀门。

15 减压阀在水处理系统中的应用范围是什么？对其安装质量有哪些要求？

答：减压阀在水处理系统中主要应用于压缩空气系统、蒸汽系统、汽水取样装置系统。

对减压阀的安装质量要求为：

（1）减压阀不应安装在临近移动设备或容易受冲击的部位，应设在振动小、有足够空间和便于检修的部位。

（2）蒸汽系统的减压阀前应设疏水阀。

（3）减压阀组前应装设压力表，其后还应装安全阀。

（4）如果系统中流动的介质带有残渣物时，则应在减压阀组前设置过滤器。

（5）减压阀均应装在水平管道上。波纹管式减压阀用于蒸汽管道上时，波纹管应向下安装，用于空气管道上时波纹管应向上安装。

（6）减压阀的安装高度一般在离地面 1.2m 左右，并沿墙敷设，设在 3m 以上时应设操作平台。

16 闸阀、截止阀的安装要求有哪些？

答：闸阀、截止阀的安装要求有：

（1）安装前应按设计核对型号，并根据介质流向确定其安装方向。

（2）检查、清理阀门各部分污物、氧化铁屑、砂粒及包装物等，防止污物划伤密封面及污物遗留阀内。

（3）检查填料是否完好，一般安装前要重新塞好填料，调整好填料压盖。

（4）检查阀杆是否歪斜，操动机构和传动装置是否灵活，试开关一次，检查能否关闭严密。

（5）水平管道上的阀门，其阀杆一般应安装在朝上方向。

（6）安装铸铁、硅铁阀门时，需注意防止强力连接或受力不均而引起损坏。

（7）介质流过截止阀的方向是由下向上流经阀盘。

（8）闸阀不宜倒装，明杆阀门不宜装在地下。

（9）升降式止回阀应水平安装。旋启式止回阀一般应垂直安装，但在保证旋板的旋转轴呈水平的情况下，亦可水平安装。

17 气动薄膜式衬胶隔膜阀如何拆装？

答：气动薄膜式衬胶隔膜阀的拆卸步骤为：

（1）由仪表人员拆掉微动开关及进气管路。

（2）逆时针转动调整螺杆，使弹簧处于松弛状态，然后拆卸汽缸及汽缸盖的连接螺栓（指常开式），取下汽缸盖上体及弹簧部分。

（3）拆下弹簧罩与汽缸盖的连接螺栓，取下弹簧罩，松开连杆螺栓，取下弹簧座及弹簧。

（4）拆下阀体与阀盖、汽缸与阀盖螺栓，取出阀杆、阀瓣与隔膜。

（5）将拆下的各零部件清洗干净，检查有无损坏和是否需要更换。

装配时按拆卸的逆顺序进行。

18 阀门研磨时研具、导向器和密封圈的配合，应满足什么样的关系？

答：阀门研磨时研具、导向器和密封圈的配合，应满足式（4-1）的关系，即

$$D-d \geqslant (d_1-D_1) \tag{4-1}$$

式中 D——研具外径；

D_1——导向器外径；

d——密封圈外径；

d_1——密封圈内径。

只要研具、导向器和密封圈三者的直径符合式（4-1），在研磨过程中，研具就会始终盖住密封面，密封面可受到均匀研磨。

19 简述阀门密封面的研磨方法。

答：阀门密封面的研磨方法为：研磨过程中分粗研、精研和抛光等步骤。粗研是消除密封面上的擦伤、压痕和蚀点等缺陷，使其具有较高的平整度，为精研打下基础。精研是消除密封面上的粗纹路，进一步提高其平整度和降低表面粗糙度。粗研后接着进行精研，此时应更换研具并清洗干净。对一般阀门，精研就能满足最终的技术要求，可不必进行抛光处理。

研磨时，应使微细的划痕都成为同心圆，这样可以阻止介质泄漏。粗磨时，磨具压在密封面上的压力不应大于0.15MPa。精磨时，则不应大于0.05MPa。

手工研磨时不管是粗研还是精研，整个过程始终贯穿提起、放下、往复、轻敲、换向等与操作相结合的研磨过程。其目的是避免磨粒轨迹重复，使密封面得到均匀的磨削，提高密封面的平整度和降低表面粗糙度。

20 阀门研磨过程中的注意事项有哪些？

答：阀门研磨过程中的注意事项有：

（1）清洁工作是研磨过程中很重要的一个环节，但往往容易被人疏忽。研磨时，应做到被研磨件、研具及使用物料不要随意放在地面上，研磨所用的研磨剂、稀释剂（液）用后应上盖，不要暴露在外面；更换研磨剂时，研具、密封面均要擦洗干净。

（2）研具使用后，应清洗干净，禁止乱丢乱扔，更不允许将研具作其他工器具使用。要分门别类地把研磨工具摆放在工具架上，以便再用时选择。

（3）在任何情况下也不准用锉刀或砂纸锉磨密封面。

（4）研磨中要检查研具与阀体是否有摩擦现象，阀体内壁毛糙、出现疤点和台肩是造成研具运动不平稳的主要原因。

21 简述活塞式减压阀的工作原理。

答：活塞式减压阀的工作原理是借助活塞平衡压力的作用工作。介质从主阀芯下部进入，一部分通过主阀座流至出口，另一小部分通过入口脉冲孔流至脉冲阀，从脉冲阀杆与其阀套之间的间隙通过，流经出口脉冲孔进入减压阀的出口侧。另外，经过脉冲阀的介质又导入活塞的上方，形成控制压力（p_k），进行自动调节。当调节弹簧处于自由状态时，由于阀前压力的作用和阀芯弹簧的阻抑作用，主阀芯和脉冲阀芯处于关闭状态。拧动调节螺栓，顶开脉冲阀芯，工作介质即按上述的路线进行流动，并开始了调节工作。当减压阀后的压力 p_1 由于某种原因升高时，活塞的下方压力升高，于是力的平衡关系遭到破坏，活塞就上移，主阀芯也随之上移，阀门通道被关小，使 p_1 下降到整定数值。当减压阀后的压力 p_1 由于某种原因下降时，活塞的下方压力下降，活塞就下移，主阀芯也随之下移，阀门通道被开大，使 p_1 再升至整定值。

22 简述弹簧式安全阀的工作过程。

答：弹簧式安全阀的工作过程为：弹簧的压紧力或重锤通过杠杆的压力与在介质作用下阀芯的正常压力相平衡，这时阀芯与阀座密封面密合。当介质的压力超过规定值时，弹簧受到压缩或重锤被顶起，阀芯失去平衡，离开阀座，介质从中排出。当介质压力降到低于规定值时，弹簧的压紧力或重锤通过杠杆的压力大于作用在阀芯上的介质压力，阀芯回座，密封面重新密合。

23 安全阀的安装要求有哪些？

答：安全阀的安装要求有：

（1）安全阀应装在设备容器壳体的较高位置上，也可装在接近设备容器入口的管路上，但管路的公称通径不得小于安全阀进口的公称通径。

（2）排放液体的安全阀，介质应排入封闭系统。排放气体的安全阀，介质可排入大气。

（3）排放蒸汽及可燃气体和有毒气体的安全阀，其排气口应用管引至室外，此管应尽量不拐弯，它的出口应高出操作面 2.5m 以上。可燃气体和有毒气体排入大气时，安全阀放空管出口应高出周围最高建筑物或设备 2m；水平距离 15m 以内有明火设备时，可燃气体不得排入大气。

（4）安全阀应垂直安装，以保证管路系统畅通无阻。安全阀应布置在便于检查和维修的场所，并做到不能危及人身和附近其他设备的安全。

（5）安装重锤式安全阀时，应使杠杆在一垂直平面内运动，调试好后必须用固定螺栓将重锤固定。

（6）对蒸发量大于 0.5t/h 的锅炉，至少装两个安全阀，其中一个为控制安全阀，另一个为工作安全阀，前者开启压力略低于后者。其排放管接口外通常还应接一向上排放的弯管。该弯管中心线到安全阀中心线的距离通常小于 500mm，以尽量降低排放时对安全阀产生的应力。

（7）设备上的安全阀，其接口管应尽量接近设备，其排放管接口外通常还应接一向上排放的弯管，该弯管中心线到安全阀中心线的距离通常应小于 500mm，以尽量降低排放时对安全阀产生的应力。

(8) 排放管不应用安全阀来作支撑，以免使安全阀承受过大的应力。排放管单独固定在建筑物或其他结构上。

(9) 安全阀排放弯管的管径通常应大于接口管管径一个等级。

24 安全阀装好后为什么要进行调整？弹簧式安全阀应如何调整？

答：安全阀装好后应进行调整，即将其入口的开启压力整定到略低于容器或管道的最高允许压力，以保证当容器或管道内压力达到其最高允许值时，安全阀能可靠地开启并达到预定开启高度。

弹簧式安全阀是靠调节弹簧的压缩量来调整开启压力的，调整的方法是：先将阀体顶部的防护罩拧下，然后用扳手按顺时针方向旋转弹簧上的调整螺杆，弹簧的压紧力增大，安全阀的开启压力随之增大；反之，按逆时针方向旋转弹簧上的调整螺杆，弹簧的压紧力减小，安全阀的开启压力随之减小。

25 简述阀门的安装、维护和使用注意事项。

答：阀门的维护保养包括提货运输、库存保管、安装使用和正确操作的全过程，这是减少阀门跑、冒、滴、漏，延长其使用寿命的一项重要措施。安装、维护和使用注意事项如下：

(1) 阀门起吊时，绳索要系在法兰处或门杆臂处，切忌系在手轮或阀杆上。阀门起落工作要轻轻地进行，不要撞击其他物体。放置时要平稳，并应直立或斜立，使阀杆向上。

(2) 入库的阀门应认真擦拭，清理运输中进入的水和灰尘等脏物。对容易生锈的加工面、阀杆、密封面，应涂上一层防锈剂或贴上一层防锈纸加以保护。

(3) 装用的阀门要经常保持阀门外部和活动部位的清洁，润滑部位要定期加油，减少摩擦，避免相互磨损。

(4) 更换盘根时，盘根压盖不宜压得过紧，应以阀杆上下动作灵活为准。压盖压得过紧，会加速阀杆的磨损，增加操作扭力。

(5) 法兰和阀体上的螺栓应齐全，不允许有松动现象。盘根压盖不允许歪斜或无预紧间隙。露天安装的阀门，阀杆要安装保护罩。

26 衬胶隔膜阀有哪些特殊保养要求？

答：衬胶隔膜阀除了要按照一般阀门进行维护保养外，还有下列特殊保养要求：

(1) 阀门必须存放在干燥通风的室内，温度不宜过高或过低，应保持在5～35℃之间，以防橡胶件或衬里层老化而影响其使用寿命。

(2) 应避免与液体燃料、油料或其他易燃物质接触。

(3) 库存阀门的通路两端必须封口，避免异物进入内腔，损伤有关密封部件。

(4) 长期存放的阀门，应逆时针旋转手轮至阀门处于微启状态，避免隔膜因长期受压而产生塑性变形。

(5) 安装过程中，应将阀体内腔清洗干净，避免污垢卡阻及损伤密封部件，并检查各个连接部位的螺栓是否均匀紧固。

(6) 运行中的阀门，应按实际使用情况，定期更换隔膜。

(7) 当更换新隔膜时，螺钉切勿拧得过紧或过松而影响其密封和使用寿命。隔膜上的密封筋应与阀瓣上的密封凸线保持一致。

(8) 当阀门需手动操作时，对常开阀应按顺时针旋转手轮使阀门关闭；对常闭阀应按逆时针旋转手轮使阀门开启。开闭工作均不得借助于其他辅助杠杆，以免因扭矩过大而损伤有关部件。

27 电动阀门对驱动装置有什么要求？

答：电动阀门对驱动装置的要求为：

(1) 应具有使阀门进行开关的足够转矩。

(2) 应能保证开阀和关阀具有不同的操作转矩。

(3) 能提供关阀时所需的密封力。

(4) 应能保证阀门操作时要求的行程。

(5) 应具有合适的操作速度。

(6) 应能适应阀门的总转圈数。

(7) 应具有手动操作的机构。

(8) 应能适应运行过程的环境条件。

(9) 应能脱离阀门安装。

(10) 应有力矩保护及行程限位装置。

28 脉冲安全阀的检修项目有哪些？

答：脉冲安全阀的检修项目有：

(1) 全部解体进行检查修理。

(2) 研磨修理瓦拉密封封面。

(3) 弹簧进行探伤及压缩试验。

(4) 各处法兰接合面进行刮研找平。

(5) 顶尖及刀口处应进行修正。

(6) 更换衬垫及易损件。

(7) 安全阀进行热态校验。

29 简述检查安全阀弹簧的方法。

答：检查安全阀弹簧可用小锤敲打，听其声音，以判断有无裂纹。若声音清亮，则说明弹簧没有损坏；若声音嘶哑，则说明有损坏，应仔细查出损坏的地方，然后再由金属检验人员选 1～2 点做金相检查。

30 阀门手轮断裂的修复方法有哪几种？

答：阀门手轮断裂的修复方法有：焊接法、黏接法和铆接法三种。

31 阀门在使用前应检查的内容有哪些？

答：各类阀门在使用前应检查的内容为：

(1) 填料用料是否符合设计要求，填装方法是否正确。

(2) 填料密封处的阀杆有无锈蚀。

(3) 开闭是否灵活，指示是否正确。

(4) 另外，须查明规格、钢号（或型号）、公称通径和公称压力是否符合原设计规定，并核对出厂证件。

32 简述阀门阀杆开关不灵的原因。

答：阀门门杆开关不灵的原因有：

(1) 操作过猛使阀杆螺纹损伤。

(2) 缺乏润滑油或润滑剂失效。

(3) 阀杆弯曲。

(4) 阀杆表面粗糙度大。

(5) 阀杆螺纹配合公差不准，咬得过紧。

(6) 阀杆螺母倾斜。

(7) 阀杆螺母或阀杆材料选择不当。

(8) 阀杆螺母或阀杆被介质腐蚀。

(9) 露天阀门缺乏保养，阀杆螺纹沾满砂尘或者被雨露雪霜所锈蚀。

(10) 冷态时关得过紧，热态时胀住。

(11) 填料压盖与阀杆间隙过小或压盖紧偏卡住门杆。

(12) 填料压得过紧。

33 安全阀热校验前有哪些准备工作？

答：安全阀热校验时，现场应清扫干净，符合运行要求。热校验安全阀的方式、程序和注意事项应由检修负责人组织，检修人员和运行人员共同研究制定，并对参加校验的人员分工。准备好通信设备及联络信号，并且准备好校验的工具及记录、计算工具的物品。换上标准压力表，校验时要经常和操作盘上锅炉的压力表进行对照。

34 怎样进行阀门的研磨？

答：阀门的研磨过程分为粗研、精研和抛光等过程。

(1) 粗研。采用粗粒砂布（纸）或粗粒研磨剂，其粒度为80～280#，可消除密封面上的擦伤、压痕、蚀点等缺陷，使密封面得到较高的平整度和一定的表面粗糙度。

(2) 精研。采用细粒砂布（纸）或细粒研磨剂，其粒度为280#～W5，可消除密封面上的粗纹路，进一步提高密封面的平整度和降低表面粗糙度。

(3) 抛光。采用氧化铬等极细的抛光剂涂在毛毡或金丝绒上进行抛光，也可用W5或更细的微粉与机油、煤油稀释后，密封副中的两密封面互研，但这种方式不适宜长时间，一般靠研具有自重力，研合一下即可。抛光一般用于表面粗糙度 $Ra<0.8\mu m$ 的密封面。

35 阀门执行机构中齿轮怎样进行翻面修理？

答：齿轮传动在长期运行中，往往会产生齿面单边磨损现象。如果结构对称，条件允许的话，可把正齿轮、蜗轮翻个面，蜗杆调个头，把未磨损面作为主工作面。如果轮毂两边端面高低不一致、不对称的话，可根据具体结构采取适当的措施，如锉低端面和用垫片来调整高度等方法。

36 高压阀门如何检查修理？

答：高压阀门的检查修理方法为：

（1）核对阀门的材质，不得错用，阀门更换零件材质应先做金相光谱试验，更换材质应由金相试验人员同意，并做好记录。

（2）清理检查阀体是否有砂眼、裂纹和腐蚀。若有缺陷，可采用挖补焊接方法处理。

（3）阀门密封面要用红丹粉进行对口接触点试验，应达到80%。若小于80%，需要研磨，对于结合面上的凹面和深沟要采用堆焊方法处理。

（4）门杆弯曲度、椭圆度应符合要求，门杆螺纹和螺母配合要无松动、过紧和卡涩现象。

（5）检查瓦拉上下夹板有无裂纹、开焊、冲刷变形和严重损坏；瓦拉调节是否灵活；锁紧螺母螺纹是否配合良好，如有缺陷应更换处理。

（6）用煤油清洗检查轴承，轴承应无裂纹，滚珠应灵活完好，转动无卡涩，蝶形补偿无裂纹或变形。

（7）清扫门体、门盖、填料室、固定圈、压环、填料压盖、螺栓及各部件，达到干净、光泽。

（8）测量各部分之间的间隙。

37 阀门检修应注意的事项有哪些？

答：阀门检修应注意的事项有：

（1）阀门检修当天不能完成时，应采用防止杂物掉入的安全措施。

（2）更换阀门时，在管道焊接中，要把阀门开启2～3圈，以防阀头因温度过高而胀死、卡住或把阀杆顶弯。

（3）阀门在研磨过程中，要经常检查密封面是否被磨偏，以便随时纠正或调整研磨角度。

（4）用专用卡子进行阀门水压试验时，试验人员应注意防止卡子脱落伤人，要躲开卡子飞出的方向。

（5）在阀门组装前对合金钢螺栓要逐条进行光谱和硬度检查，以防错用材质。

（6）更换新合金钢阀门时，对新阀门各部件均应打光谱鉴定，防止发生错用材质，造成运行事故。

38 脉冲式安全阀误动的原因有哪些？如何解决？

答：脉冲式安全阀误动的原因及解决方法为：

（1）脉冲式安全阀定值校验不准确或弹簧失效使定值改变。应重新校验安全阀或更换弹簧。

（2）压力继电器定值不准或表计摆动，使其动作。应重新核验定值或采取压力缓冲装置。

（3）脉冲安全阀严密性差，当回座电磁铁停电或电压降低吸力不足时，阀门漏汽，使主阀动作。应恢复供电或测试电压。

（4）脉冲安全阀严重漏汽。应研磨检修脉冲安全阀。

（5）脉冲安全阀出口管疏水阀、疏水管道堵塞，或疏水管与压力管相连通。应使疏水管畅通，并通向大气。

第五章

化学设备的检修

第一节 沉淀、过滤设备

1 试画出泥渣悬浮式澄清设备的结构简图。

答：泥渣悬浮式澄清设备的结构简图，如图 5-1 所示。

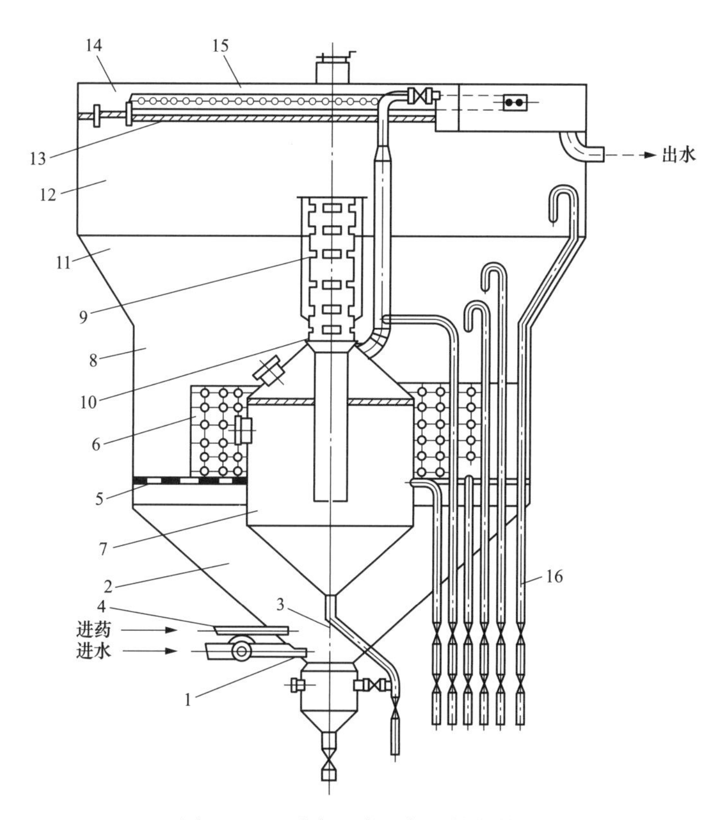

图 5-1 悬浮式澄清设备的结构简图

1—进水喷嘴；2—混合区；3—加石灰管；4—加凝聚剂管；5—水平整流栅板；6—垂直整流栅板；7—泥渣浓缩器；8—反应区；9—排泥筒；10—调节罩；11—过渡区；12—清水区；13—水平孔板；14—出水区；15—环形集水槽；16—采样管

2 简述泥渣悬浮式澄清池的基本构造。

答：泥渣悬浮式澄清池的主体结构是由钢板焊成的带锥底的圆形筒体。锥体底部装有进水喷嘴，喷嘴的上方为加药管。筒体中部装有整流隔栅和泥渣浓缩器（内筒），筒体上部装有水平孔板和环形集水槽，筒体外部还有高位布置的空气分离器和低位装设的排污系统。整个筒体按纵向可分为混合区、反应区、过渡区、清水区和出水区五个区段。

3 泥渣悬浮式澄清池的工作过程是什么？

答：水泵将原水打到空气分离器，分离空气后的水力用静压通过澄清器底部的喷嘴以切线方向进入混合区。水在混合区中与加入的混凝剂混合后进入反应区，并通过整流栅板将旋转流向变为垂直流向，经充分反应后的水通过该区段的悬浮泥渣层得到基本澄清，其主流继续向上依次通过过渡区、清水区和出水区进入澄清池顶部的环形集水槽，然后流到明槽与泥渣浓缩器分离出来的水混合，最后通过出水管进入后续设备。

另外，在反应区悬浮泥渣层的上缘处，有一小股泥渣水通过排泥筒上的窗口进入泥渣浓缩器，分离泥渣后的清水经出口管进入分离水槽，最后流到出水明槽与主流水混合。

4 澄清池前常安装有空气分离器，其主要作用是什么？

答：水流经空气分离器后，由于流速的变慢和流动方向的改变，造成水的扰动，从而除去水中的空气和其他气体。否则，这些空气进入澄清器后，会搅乱渣层，使出水混浊。

5 试画出机械加速澄清池的结构示意图，并简述机械加速澄清池的工作过程。

答：机械加速澄清池的结构示意图，如图 5-2 所示。

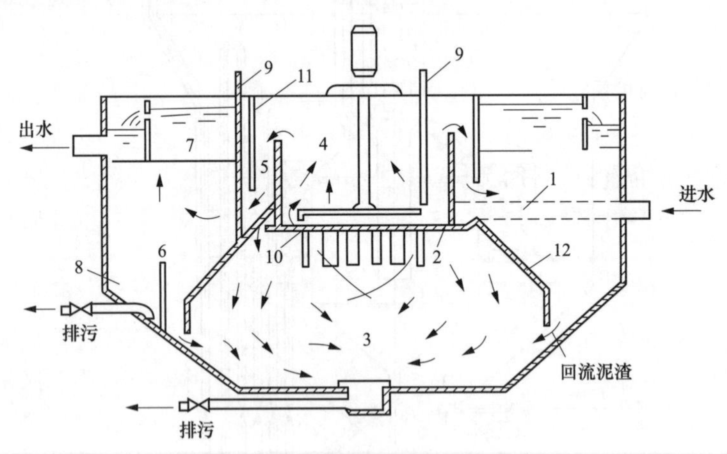

图 5-2 机械加速澄清池结构示意图

1—进水管；2—进水槽；3—第一反应室（混合室）；4—第二反应室；5—导流室；6—分离室；7—集水槽；8—泥渣浓缩室；9—加药管；10—机械搅拌器；11—导流板；12—伞形板墙

机械加速澄清池通常由钢筋混凝土制成，横断面呈圆形，内部有搅拌装置和各种导流隔板。原水由进水管进入截面为三角形的环形进水槽，通过槽下面的出水孔或缝隙，均匀流入澄清池的第一反应室（又称混合室）。在这里，由于搅拌器上叶片的搅动，将水和大量回流泥渣混合均匀。第一反应室中夹带有泥渣的水流被搅拌器上的涡轮提升到第二反应室，在这里进行凝絮长大。然后，水流经设在第二反应室上部四周的导流室（消除水流的紊动）进入分离室。在分离室中，由于其截面较大，故水流速度很慢，泥渣和水可分离，分离出的水流入集水槽。集水槽安置在澄清池上部的出水处，以便均匀地集取清水。混凝剂可直接加至进水管中。

6 机械加速澄清池的工作原理是什么？

答：原水进入进水管后，在进水管中加入混凝剂，混凝剂在进水管内与原水混合后进入截面为三角形的环形进水槽，通过槽下面的出水孔或缝隙，均匀流入澄清池的第一反应室（又称混合室）。由于搅拌器上叶片的搅动，将水、混凝剂和大量回流泥渣充分混合均匀。第一反应室中夹带有泥渣的水流被搅拌器上的涡轮提升到第二反应室，在水进入第二反应室时，水中的混凝剂完成了电离、水解、成核，并形成细小的凝絮。到第二反应室及导流室后，因流通截面增大，以及导流板防水流扰动的作用，使凝絮在稳定的低流速水中逐渐长大。水进入分离室，此时水的流通截面更大，使水流速更缓慢，水中的凝絮由于重力作用渐渐下沉，从而达到与水分离的目的。分离出的水流入集水槽，集水槽安置在澄清池上部的出水处，以便均匀地集取清水。泥渣回流循环或进入浓缩室定期排放。

7 水力循环澄清池的工作原理是什么？

答：原水加压后，进入进水管。同时，混凝剂稀释后经计量泵打入进水管中与原水混合。加了混凝剂的原水由喷嘴喷出，通过混合室进入喉管。当原水被喷出喷嘴，进入喉管时，由于流速高，在混合室中造成了负压并将池底大量的回流活性泥渣吸入混合室。水的快速流动，使水、混凝剂和泥渣得到充分的混合。当水流到第一反应室时，混凝剂已完成了电离、水解、成核，并已开始凝聚形成细小的凝絮。在水流到第二反应室的过程中，由于流通截面逐渐变大，流速逐渐减小，凝絮长大，形成泥渣。当水流到分离室后，由于流速下降，泥渣在重力作用下和水分离，分离出的清水进入集水槽中，泥渣沉降，活性的泥渣参加循环，无活性的泥渣则通过底部排污排出。

8 泥渣悬浮澄清池中整流栅板、水平孔板的作用是什么？

答：泥渣悬浮澄清池中整流栅板的作用是：当水和药剂通过栅板孔眼时，由于流通截面积的缩小，得到进一步混合；水平整流栅板可阻止混合区中直接上升的水流，并有利于栅板下的水流呈旋转状态；垂直栅板起到消除水的旋转，使水平整流栅板以上的水流由旋转状态逐步变成垂直上升状态，以便泥渣的沉降和分离。

清水区和出水区之间的水平孔板的作用是：给上升水流一定的阻力，防止偏流。

9 澄清池出水环形集水槽的检修要求是什么？

答：环形集水槽的边缘应平整，并保持水平，槽壁和底板上不应有孔洞，否则应进行补焊。槽壁上的孔眼应干净，孔眼的边缘应光滑没有毛刺，孔眼的中心线应在同一水平线上且大小一致、分布均匀，其误差不得超过±2mm。

10 机械加速澄清池中机械搅拌装置的作用及调整范围。

答：机械搅拌装置是一个整体，下部是桨叶，上部是叶轮，通过主轴与减速装置相连，由无级变速电动机驱动。叶轮是用来将夹带有泥渣的水提升到第二反应室，其提升水量除与转速有关外，还可以用改变叶轮高低位置的办法来调节，调节范围为0～170mm，提升流量5倍于处理水量。桨叶的作用是搅拌，搅拌的速度可根据需要调节，调节范围为4.8～14.5r/min。

11 水温对澄清池的运行有何影响？

答：水温对澄清池运行的影响较大。水温低，凝絮缓慢，混凝效果差。水温变动大，容易使高温水和低温水产生对流，也影响出水水质。

12 过滤器过滤的原理是什么？

答：过滤器内以不同颗粒的大小滤料，从上到下、由小到大依次排列（指单层滤料）。当水从上部流经滤层时，水中部分悬浮物由于吸附和机械阻留的作用，被滤层表面截留下来，经过一段时间以后，由于悬浮物的重叠和架桥（或称胶联）等作用，滤层表面好像形成了一层附加的滤膜，此膜起过滤作用，这种过滤机理称为薄膜过滤。同时，当水在通过滤层中间的孔道时，悬浮物也被截留，这种过滤称为渗透过滤。另外，经过沉淀处理层的细小杂质所带的电荷斥力已大大降低，在通过滤层时和砂粒有更多的碰撞机会，水中杂质便黏附在砂粒表面，此称为接触过滤。综上所述，过滤器过滤就是通过薄膜过滤、渗透过滤和接触过滤，使水进一步得到净化。

13 无阀滤池过滤效果差、出水浊度高的原因是什么？

答：无阀滤池过滤效果差、出水浊度高的原因是：

(1) 过滤水室锥体顶盖裂缝开焊，或法兰结合面泄漏，使进水走了短路。

(2) 反洗水室中的滤池入口管泄漏，将入口水漏到反洗水室。

14 无阀滤池不能自动反洗的原因是什么？

答：无阀滤池不能自动反洗的原因是：

(1) 设计不合理，配水箱水位的标高低于辅助虹吸管管口的标高，形不成辅助虹吸。

(2) 过滤水室的垫层和滤料混杂，部分或大部分的滤料掉入集水室，不起过滤作用，致使水头损失不增加或增加缓慢。

(3) 入口水中带有大量空气，形不成虹吸。

(4) 强制反洗系统、虹吸系统和联锁系统严重漏气，形不成虹吸。

(5) 水封井中无水或水位过低，未能将虹吸下降管口封住。

15 水处理的过滤设备（如压力式过滤器）检修时，应做哪些措施？

答：检修人员提出热力机械工作票，按照检修设备的范围，将要检修的设备退出运行，关闭过滤设备的出入口门，打开底部放水门，将水放尽。关闭操作本过滤器用的压缩空气总门，关闭盘上有关操作阀，就地挂警示牌。

16 过滤处理在炉外补给水制备系统中的主要作用是什么？

答：天然水经过混凝、沉淀的澄清处理后，虽然已经将其中大部分悬浮物除去，但仍残留有少量细小的悬浮颗粒。这对于对悬浮物很敏感的离子交换设备或其他诸如反渗透、电渗析等装置的正常运行是不利的，因此必须将残余的悬浮物进一步除去。过滤处理正是发挥这个作用的常用办法。

17 机械搅拌器的主要结构形式是什么？常用的搅拌器有哪几种？

答：机械搅拌器主要是由一对或数对固定于轴上的桨叶组成。轴的转动是利用齿轮或摩擦轮等传动装置或直接由电动机来带动的。

根据桨叶构造的特性，常用的搅拌器有下列几种：

（1）平桨式搅拌器或桨式搅拌器。

（2）锚式搅拌器。

（3）旋桨式搅拌器或推进式搅拌器。

（4）涡轮式搅拌器。

18 影响过滤器运行的主要因素是什么？

答：影响过滤器运行的主要因素是：反洗的时间和强度、滤速、水流的均匀性、滤料的粒径大小和均匀程度。

19 过滤器常用滤料有哪几种？有何要求？

答：过滤器常用的滤料有：石英砂、无烟煤、活性炭、大理石、磁铁矿等。

不论采用哪种滤料，均应满足下列要求：

（1）要有足够的机械强度。

（2）要有足够的化学稳定性，不溶于水，不能向水中释放出其他有害物质。

（3）要有一定的级配和适当的孔隙率。

（4）要价格便宜，货源充足。

20 双层或多层滤料过滤器在选择滤料上有什么要求？不同的滤料层之间是否有明显的分界面？为什么？

答：比重小的滤料选用颗粒径大的在上层；比重大的滤料选用颗粒径小的在下层。

不同的滤料层间没有明显的分界面。因为滤料不是均匀的。反洗时，比重小粒径大的滤料与比重大粒径小的滤料质量差不多，两者有可能相混，所以没有明显的分界面。

21 过滤器内滤水帽有何要求？如何清洗滤水帽？

答：滤水帽的缝隙不得过大或过小，以0.25～0.35mm为宜，偏差值不得超过0.1mm。滤水帽应结实可靠，不得有裂缝、断齿和过渡冲刷等缺陷。滤水帽的螺纹要完整，与底座的配合要紧密。安装后滤水帽应一样高，其偏差不应超过5mm。

拆下的旧滤水帽可先用3%～5%的稀盐酸在耐酸容器中清洗干净，并用水冲洗至中性，然后用0.25mm厚的薄钢片或小刀清除缝隙中残留的滤料和其他污物。

22 过滤器排水装置的作用有哪些？

答：过滤器排水装置的作用有：

(1) 引出过滤后的清水，而不使滤料带出。

(2) 使过滤后的水和反洗水的进水，沿过滤器的截面均匀分布。

(3) 在大阻力排水系统中，有调整过滤器水流阻力的作用。

23 简述重力式无阀滤池的过滤过程。

答：从澄清设备或水泵的来水经分配堰进入配水箱，流经U形管及进水挡板后进入滤水室，自上而下通过滤层和集配水装置汇集到集水室，然后经连通管上升到反洗水箱，再经漏斗形出水管引至清水池。

24 简述活性炭过滤器的工作机理。

答：原水由活性炭过滤器顶部的进水装置进入过滤器内，通过活性炭过滤层过滤，最后由底部集配水装置流出。活性炭的作用是吸附和过滤。活性炭是一种具有很大的比表面积和丰满的孔隙的多孔性物质，对于有机物具有较强的吸附力。水通过活性炭滤层后，水中的有机物被吸附。同时，还可除去水中的活性氯、油脂、胶体硅、铁和悬浮物。

25 活性炭滤料可分哪几种?

答：活性炭滤料分为：木质活性炭、煤质活性炭、果壳活性炭三种。

26 采用孔板水帽为出水集水装置的活性炭过滤器，为何还要加装一定量的石英砂?

答：用孔板水帽方式作为集水装置，需在孔板水帽与活性炭之间加装粒径为2～4mm的石英砂，高度约400mm。其作用不是过滤，而是为使配水更加均匀，并减缓反洗水流的冲击力，防止反洗时由于配水不均匀和水流冲击力过大，而导致活性炭颗粒破碎，或冲出过滤器外流失。

27 简述使用活性炭过滤器的注意事项。

答：使用活性炭过滤器的注意事项为：

(1) 如水中悬浮物、胶体含量较大时，应先过滤除去悬浮物、胶体等杂质，否则易造成活性炭网孔及颗粒层间的堵塞。

(2) 当水中溶解性的有机物浓度过高时，不宜直接用活性炭吸附处理，因为这样做不经济，而且在技术上也难以取得良好的效果。

(3) 当水通过活性炭时，接触时间最好为20～40min、流速以5～10m/h为宜。

(4) 活性炭吸附一般设置在混凝、机械过滤处理之后，离子交换除盐之前。

(5) 活性炭过滤器在长期运行后，在活性炭床内，会繁殖滋生微生物，使活性炭结块，水流阻力增加。因此，对床内的活性炭要定期进行充分反洗，或通以空气擦洗来保持床内的清洁。

(6) 影响活性炭吸附效果的还有水温和进水的pH值。

(7) 在活性炭滤料的选择上应选择吸附值高，机械强度大，水中析出物少的滤料。

28 简述高效纤维过滤器的工作过程。

答：先将一定体积的水充至胶囊加压室内，使纤维形成压实层，过滤水自下而上通过纤维滤层，直到过滤终点。当其进入失效状态需进行清洗时，先将加压室内的水排掉，此时过滤室中的纤维恢复到松散状态；然后在下向清洗的同时通入压缩空气，在水的冲洗和空气的擦洗过程中，纤维不断摆动造成相互摩擦，从而将吸附着悬浮物的纤维表面洗涤干净。

29 压力式过滤器效果差、出水浊度高的原因是什么?

答：压力式过滤器效果差、出水浊度高的原因是：

(1) 滤料粒度过大，以至细小的悬浮物穿透滤层。

(2) 出、入口压差超过规定值，致使滤层受压破裂，大量水流从裂缝中通过，起不到过滤作用。

(3) 滤层太低，使悬浮物穿透。

30 过滤器运行周期短、反洗频繁的原因是什么?

答：过滤器运行周期短、反洗频繁的原因是：

(1) 反洗不彻底、不及时或长期小流量运行，致使滤层结块。

(2) 滤料粒径过小，投运后出入口压差迅速超过规定。

(3) 滤料装得过高，出入口压差在开始投运时就高，致使反洗作业频繁地进行。

(4) 双流式过滤器底部进水门打开后不过水，形成了单流过滤。

31 过滤器运行流量太小的原因是什么?

答：过滤器运行流量太小的原因是：

(1) 集水装置污堵，过滤后的水流排不出。

(2) 滤料结块，水的通流截面积减小。

(3) 滤料粒径太小或滤层装置太高，阻力增大。

(4) 进出口阀门开不大。

32 过滤器反洗流量太小的原因是什么?

答：过滤器反洗流量太小的原因是：

(1) 集配水装置污堵，反洗水不能大量流出。

(2) 滤料结块，使通流截面积减小，反洗水不能大量通过。

(3) 反洗入口门或排污门开不大。

33 简述过滤处理的滤层膨胀率和其反洗强度的关系。

答：在滤料粒度、水温、滤料密度一定的情况下，反洗强度越大，滤层膨胀率就越高。但反洗强度和滤层膨胀率过大，虽可使水流的剪切力增大，但颗粒之间相互碰撞几率减小，将影响反洗效果。反洗时，所采用的反洗强度应能使滤层的膨胀率达到25%～50%为宜。

34 机械搅拌澄清池有何优缺点？其适用条件是什么?

答：机械搅拌澄清池的优点是：

(1) 处理效率高、出力大。

(2) 适应性较强，处理效果较稳定。

(3) 如采用机械刮泥装置，则对高浊度水（3000mg/L）的处理也有一定的适应性。

缺点是：

(1) 需要有一套机械搅拌设备。

(2) 投资成本高。

(3) 维护较麻烦。

适用条件是：

(1) 进水悬浮物含量一般小于 3000mg/L 的水质。

(2) 可用于大、中型出力的制水设备。

35 水力循环澄清池有何优缺点？其适用条件是什么？

答：水力循环澄清池的优点是：

(1) 无机械搅拌设备，无转动部件。

(2) 构造较简单。

缺点是：

(1) 混凝剂用量较大，水头损失较大。

(2) 对水质、水温变化的适应性较差。

(3) 由于靠水流的动力循环，出力受到限制。

适用条件是：

(1) 进水悬浮物含量一般小于 2000mg/L。

(2) 适用于中、小型出力的制水设备。

36 机械搅拌澄清池运行中为什么要维持一定量的泥渣循环量？如何维持？

答：在机械搅拌澄清池运行中，水和凝聚剂进入混合区后，将形成絮凝物。循环的泥渣和絮凝物不断地接触，以促进絮凝物长大，从而沉降，达到分离的目的。

一般通过澄清池的调整试验，确定澄清池的运行参数，回流比一般为 1∶3，定时进行底部排污。当澄清池运行工况发生变化时，还应根据出水的情况，决定排污。

37 什么是水的预处理？其主要内容和任务包括有哪些？

答：水的预处理是指水进入离子交换装置或膜法脱盐装置前的处理过程。其包括凝聚、澄清、过滤、杀菌等处理技术。只有搞好水的预处理，才能确保后面处理装置的正常运行。

预处理的主要内容和任务包括：

(1) 除去水中的悬浮物、胶体物和有机物。

(2) 降低生物物质，如浮游生物，藻类和细菌。

(3) 去除重金属，如 Fe、Mn 等。

(4) 降低水中钙、镁硬度和重碳酸根。

38 在一般情况下，使用超滤的操作运行压力是多少？其除去的物质粒径大约在什么范围？

答：在一般情况下，超滤的操作运行压力为 0.1～0.5MPa。

超滤除去的物质粒径在 0.005～10μm 之间。

39 什么是过滤过程的水头损失？为什么通常以它作为监督过滤过程的一项指标？

答：在实际运行中，水流通过过滤介质层时的压力降即为水头损失。

在过滤过程中，随着被滤出的悬浮物在滤料颗粒间的小孔中和滤料表面渐渐地堆积，水流经过滤介质层的阻力逐渐增大，反映为过滤时的水头损失随之加大。由于该指标可以间接地指示过滤介质的污染情况，有利于把握反洗时机，因此，实际运行中常以此作为一项监督指标。

40 什么是最大允许水头损失？为什么在实际的过滤运行中，当水头损失达到此值时，运行必须停止？

答：最大运行水头损失是保证过滤设备安全、有效运行的一个人为设定的重要参数。其确定原则有两个：一是要保证设备的出水量基本恒定；二是不能因压差过大而造成滤层破裂。

当过滤运行达到最大允许水头损失值时，必须停运，并进行清洗。原因是：水头损失过大时，过滤操作就要增大压力，易造成过滤介质层内的个别部位发生破裂。此时，大量水流从裂纹处穿过，破坏了过滤作用，从而影响出水水质。即使滤层不发生破裂，也意味着滤层的污染相当严重，虽然一时还不会影响出水水质，但会使反洗时不易清洗，造成滤料结块等不良后果。另外，设备各部分是按一定压力设计的，不能承受过高的压力。

41 什么是滤层的膨胀率？什么是反洗强度？它们之间有何关系？

答：反洗时，水自下而上流经过滤介质层，使滤料颗粒间发生松动，即滤层膨胀。过滤介质层膨胀后所增加的高度和膨胀前高度的比称为滤层膨胀率。

反洗强度是指在每秒钟内每平方米过滤断面所需要反洗水量的升数。

当滤料粒度、水温一定，滤料密度也一定的情况下，反洗强度越大，滤层膨胀率就越高。如要达到同样的膨胀率，滤料颗粒越大，水温越高，滤料密度越大，则所用反洗强度应越大。反洗时，所采用的反洗强度应能使滤层的膨胀率达到25%～50%为宜。

42 经过混凝处理的水，采用粒状滤料进行过滤处理的基本原理是什么？

答：对于经过混凝处理的水，采用粒状滤料进行过滤处理的基本原理：基于悬浮颗粒和滤料颗粒之间存在的黏附作用。其机理类似于澄清过程中的接触混凝，滤料也具有表面活性作用，悬浮杂质在水力作用下靠近滤料表面时就发生接触混凝。由于滤料的排列比澄清设备中活性泥渣的排列更紧密，水在滤层孔隙中曲折流动时，悬浮杂质与滤料具有更多的接触机会，因此除浊效果更好。

43 什么是过滤介质？什么是过滤材料？

答：过滤设备中，用于截留水中悬浮固体的部件叫做过滤介质。

构成过滤介质的材料叫做过滤材料。

根据水中固体颗粒的大小，水处理中采用不同的过滤材料，组成结构不同的过滤介质，因此把过滤分为粗滤、微滤、超滤和粒状材料过滤等四个主要类型。后者是电厂水处理系统中最常用的过滤形式。用于过滤的粒状材料一般称滤料，石英砂是最常用的粒状材料。

44 变孔隙滤池是一种什么滤池？它起的作用是什么？

答：变孔隙滤池是一种深床滤池。

变孔隙滤池的作用是：在被处理水中加入絮凝剂，利用深床过滤过程中悬浮颗粒在滤层孔隙里发生同向絮凝作用，因而增加了小颗粒悬浮变为大颗粒并被滤料截住的可能性，从而提高了过滤效率，改善了过滤水质。

45 变孔隙滤池的优点有哪些？

答：变孔隙滤池的优点有：滤池主要采用粗滤料，并采用整体过滤；又因为在滤料中加入少量细滤料，每次反洗之后用压缩空气混合，所以降低了粗滤料的局部孔隙，从而提高了悬浮颗粒的絮凝效率，也提高了截污能力，减少了滤层阻力等优点。

46 变孔隙滤池主要由哪几部分组成？

答：变孔隙滤池主要由滤料和承托层、进水装置、配水装置、进出水堰室、液位控制系统以及阀门部分等组成。

47 变孔隙滤池检修时，对空气擦洗系统有哪些要求？

答：变孔隙滤池检修时，对空气擦洗系统的要求是：滤帽不得有破裂、堵塞。如滤帽破裂应更换新滤帽；滤帽缝隙出现堵塞应用同缝隙相厚的铁片来清理堵塞物；母管和支管不得堵塞、破裂或管道表面的锈蚀程度超过管单壁厚的1/2，否则更换新管道；牢固地固定母管和支管，并且支管和母管都必须处于水平状态，支管保持互相平行，以保证反洗时布气的均匀性。

48 变孔隙滤池常出现的故障现象及原因有哪些？

答：变孔隙滤池常出现的故障及原因有：

（1）反洗出现偏流现象。原因：反洗装置或空气擦洗装置局部出现堵塞或断裂；反洗流量不足，空气擦洗装置或反洗装置出现歪斜现象。

（2）进水或出水不畅通现象。原因：进水阀不能全部开启或来水流量不足；出水阀没能全部开启；出水管堵塞；滤料反洗不彻底，造成水的渗透能力下降。

（3）空气擦洗流量小现象。原因：空气管道或滤帽堵塞；来气管不畅通；来气阀不能全部开启；来气气源压力不足。

（4）滤料层降低现象。原因：滤池内的管道或滤帽破裂，造成漏砂；反洗流量过大，造成跑砂；检修后装砂高度未增加滤料间的空隙，而造成冲洗后滤料层的降低。

49 LIHHH型澄清器主要由哪几部分组成？

答：LIHHH型澄清器主要由主体结构是钢板制成的带锥体的圆形筒体、进水喷嘴、加药系统、水流栅板、整流栅板、泥渣浓缩器、排泥系统、空气分离器、水平孔板、采样系统环形集水槽、过渡区、清水区和出水区等部分组成。

50 澄清器检修时，对采样系统有哪些要求？

答：澄清器检修时，对于采样系统的污垢较轻时，可用压力水从下往上逆向冲洗，边冲边敲，直至清理干净；如结垢较重时，应进行酸洗或拆下采样管，进行分段清理；采样管不得有腐蚀深坑，更不可有孔洞，否则必须更换或补焊；检修结束后采样必须畅通。

51 澄清器环形集水槽和水平孔板的要求有哪些？

答：澄清器环形集水槽的要求是：水槽的边缘应平整，并保持水平，槽壁和底板上不得有孔洞或腐蚀不得超过原厚度的1/2，否则更换。

水平孔板的要求有：水孔应光滑无杂物或结垢，水孔中心线应在同一水平线上，其误差不超过±2mm，水平孔板应平整，孔板的腐蚀程度不得超过原厚度的1/2，也不应有腐蚀孔洞，否则更换；孔板水平误差不超过±5mm。

52 LIHHH型澄清器壳体、环形集水槽和泥渣浓缩器三者之间有哪些要求？对壳体有哪些要求？

答：LIHHH型澄清器壳体、环形集水槽和泥渣浓缩器三者之间的中心线应重合，其误差不超过澄清器直径的0.3%。

LIHHH型澄清器对壳体垂直度不超过其高度的0.25%，椭圆度不大于其直径的2%。

53 LIHHH型澄清器空气分离器的要求有哪些？

答：LIHHH型澄清器空气分离器的要求有：垂直度不应超过其高度的0.4%。其进水管、分水盘应与壳体同心，偏差不大于5mm。

54 机械加速澄清池的特点有哪些？

答：机械加速澄清池的特点是利用机械搅拌叶轮的提升作用来完成泥渣的回流与原水和药品的充分搅拌，使其接触反应迅速，然后经叶轮提升至第一反应室继续反应，凝聚成较大的絮粒，再经过导流室进入分离区以完成沉淀和分离任务，清水经集水槽送至下道工艺。泥渣除定期从底部排出外，大部分仍参加回流。

55 机械加速澄清池主要由哪几部分组成？

答：机械加速澄清池主要由池体、第一反应室、第二反应室、分离室、搅拌机、刮泥机、支承机械装置的桥式桁架、集水槽、排泥装置、加药系统、采样装置以及自动控制系统装置等组成。

56 机械加速澄清池搅拌叶轮检查时的注意事项有哪些？

答：机械加速澄清池搅拌叶轮检查时，应注意叶轮不得有偏磨、裂缝、变形，叶轮应与搅拌轴保持同心并相互垂直，连接牢固。搅拌叶轮与底板间隙小于3mm。叶轮调整杆不得松动和腐蚀，如出现松动应查明原因并紧固，腐蚀严重应更换。

57 机械加速澄清池刮泥轴与搅拌轴的技术要求有哪些？

答：因刮泥轴与搅拌轴为同心套轴，要求实心轴与空心轴要有良好的同心度和垂直度，联轴器、底部轴瓦支承钢架应牢固并与轴保持同心；所有连接件与稳固件的连接应牢固，不得松动或有腐蚀和裂缝与变形，否则更换或调整，齿轮啮合应正常，链传动与弹性保持良好的状态，剖分轴承与轴为紧配合，轴承应运转良好，无任何杂音和损坏。

58 检修机械加速澄清池的刮泥组件时，应注意哪些事项？

答：检修机械加速澄清池的刮泥组件时，应注意刮泥臂如有变形、裂缝应进行矫正、补焊，如出现一臂高一臂低应用角度调整夹来调整。角度调整夹不得出现腐蚀或松动现象，如出现松动应加以紧固，腐蚀严重时应更换。刮泥刀与池底间隙不超过15mm，刮泥刀与固定螺栓出现腐蚀与磨损严重时应更换；泥浆不得有扭曲变形，焊缝开裂和腐蚀严重等情况，否则应更换。

59 机械加速澄清池安全销（剪力销）的作用是什么？不得有哪些缺陷？

答：机械加速澄清池安全销的作用是用来传递动力和保护设备。

安全销不许有任何裂伤、弯曲、配合过松的缺陷，如有必须更换新销。

60 机械加速澄清池发生震动或噪声的原因有哪些？

答：机械加速澄清池发生震动或噪声的原因有：

（1）搅拌减速机发生故障。

（2）搅拌传动轴承损坏或传动齿轮啮合不正常。

（3）刮泥减速机发生故障。

（4）刮泥传动链与齿轮啮合不良。

（5）承重轴承或剖分轴承出现磨损或损坏。

（6）对轮找正不良。

（7）轴的垂直度未达到要求，造成齿轮啮合不良。

（8）搅拌叶轮与底板发生摩擦。

（9）润滑油油质老化或缺油。

（10）支承架发生变形。

61 机械加速澄清池安全销断的原因有哪些？如何处理？

答：机械加速澄清池安全销断的原因有：

（1）刮泥刀与地面摩擦或刮泥刀被物件卡住。

（2）刮泥轴轴承被卡死。

处理方法是：

（1）刮泥刀与地面摩擦时应查明原因是部分轴承损坏，造成轴下降的原因还是调整夹松动造成，如果轴承损坏应更换，调整夹松动应重新调整。刮泥刀被物件卡住时应清除。

（2）轴承被卡死时应对轴承进行检查并消除。

62 澄清池出力不足或发生溢流的原因有哪些？如何处理？

答：澄清池出力不足或发生溢流的原因有：来水流量小；集水槽水孔结垢；集水槽出水联通管结垢或堵塞；出水明沟结垢严重而造成堵塞等原因。

处理方法是：提高来水流量；清理集水槽水孔；清理集水槽联通管结垢或堵塞物；清理出水明沟结垢。

63 水力加速澄清池泥渣循环是利用了什么原理？泥渣循环的原理特点有哪些？

答：水力加速澄清池泥渣循环是利用喷射器的原理，即利用进水的动力促使泥渣回流。泥渣循环原理的特点是：没有传动部件，结构简单。

64 LIHHH型澄清池的空气分离器溢流的主要原因有哪些？如何处理？

答：LIHHH型澄清池的空气分离器溢流的主要原因有：
（1）流量聚然波动把空气压入出口管内，造成气塞或流量开得过大，超负荷运行。
（2）入口喷嘴或导向槽结垢严重，使通流截面积减小，使阻力增大，水流不畅。
（3）空气分离器下部格栅污堵。
处理方法是：
（1）降低流量片刻后，再缓慢地将流量提高到所需的流量，但不可超负荷运转。
（2）将澄清池排空后清理喷嘴和导向槽中的污垢。
（3）将澄清池排空后清理格栅的污堵杂物或结垢物。

65 澄清池排泥系统排放不畅的原因有哪些？如何消除？

答：澄清池排泥系统排放不畅通的原因是：
（1）出口门不能全部开启或损坏开不了。
（2）排泥管堵塞或结垢严重。
（3）排泥管入口堵塞。
消除方法是：
（1）排空池内积水后，修理或更换出口门。
（2）用高压清洗车，清理排泥管。
（3）排空池内结水后清理排泥入口堵塞物。

第二节 离子交换设备

1 浮动床的工作原理是什么？

答：浮动床与逆流再生固定床的工作原理相同，只是在运行方式上比较特殊，是以整个床层托在设备顶部的方式进行的。当原水自下而上的水流速度大到一定程度时，可以使树脂层像活塞一样上移（称作成床），此时，床层仍然保持着密实状态。离子交换反应即在水向上流的过程中完成。当床层失效时，利用排水的方法或停止进水的办法是床层下落（称作落床），然后再生液自上而下通过进行再生。但是在成床时，应控制水的流速，以防止成床后乱层。

2 为何浮动床底部的弧形孔板必须牢牢地固定好？

答：浮动床底部的弧形孔板必须牢牢地固定好是为了防止高速托床时将弧形板移位而泄漏垫层。

3 浮动床为防止碎树脂污堵塑料滤网，应采取哪些措施？

答：为防止碎树脂污堵塑料滤网，可在离子交换树脂的上边加装200mm左右的一层惰性树脂（白球）。通常选用的品种是用可发性聚苯乙烯材料经低发泡工艺制成的球体，粒径为1.5～2.5mm，由于这些球体的视密度很小（0.25～0.40g/mL），可浮在床层上部，将树脂和集水装置隔离，从而消除碎树脂污堵，提高树脂利用率。

4 为什么要特别强调浮动床集水装置的强度？提高其强度的技术措施有哪些？

答：浮动床集水装置在运行中所承受的托力和冲击力相当大，可以从吨级到数十吨级；并且投床时，树脂向上移动产生巨大的瞬间冲击力，以及在运行中，由于水流波动而致使压力突变所形成水锤的破坏作用。因此，必须加固浮动床集水装置。

加固方法可采用将角形顶板置于母管端部的上方并与床壁焊死，再用M20的U形卡子卡住母管。也可采用竖向敷设集水装置的引出管，并通过封头中心引出的方法加固集水装置。

5 简述混床除盐的工作原理。

答：混床是将阴阳离子交换树脂按照一定的比例均匀混合放在一个交换器中，它可以看作是许多阴、阳树脂交错排列的多级式复床，在与水接触时，阴、阳树脂对于水中阴、阳离子的吸附（反应的过程）几乎是同步的，交换出来的H^+和OH^-很快化合成水，从而将水中的盐除去。

6 简述离子交换器出水装置的结构。

答：大直径离子交换器出水装置多采用弧形孔板加石英砂垫层式。弧形板直径相当于交换器的半径，板上开孔，直径为8～12mm。通流面积为出水管面积的3～5倍；石英砂高度在700～900mm之间，级配从1～35mm，为6级层。

7 混床设有上、中、下三个窥视窗，它们的作用是什么？

答：混床设有的上部窥视窗，一般用来观察反洗时树脂的膨胀情况。

中部窥视窗用于观察床内阴树脂的水平面，确定是否需要补充树脂。

下部窥视窗用来检测混床准备再生前阴、阳树脂的分层情况。

8 试分析再生过程中，水往计量箱中倒流的原因是什么？

答：再生过程中，水往计量箱中倒流的原因有：

（1）阴阳床酸碱入口门开得太小或中排门开得太小。

（2）水力喷射器堵塞，活水源压力太低，再生泵没有启动或运行不正常。

（3）运行床的进酸碱门不严，水从运行床往计量箱倒流。

9 简述装卸离子交换树脂的正确方法。

答：装入离子交换树脂的方法是：

（1）水力喷射器装入法。利用喷射箱中的大中型专用的水力喷射器，通过0.4MPa以上的压力水将喷射箱中的树脂打到交换器或擦洗器或储脂罐中。

（2）擦洗器装入法。一般采用水力或压缩空气逆压法将擦洗器或储脂罐中的树脂压到交换器中。

卸出树脂的方法：一般采用水力或压缩空气反压法将交换器内的树脂全部压到擦洗器或储脂罐中。

10 离子交换器中装填树脂过满有何危害？

答：由于树脂具有溶胀性，离子交换器中装填树脂过满，使树脂没有足够的缓冲高度，致使树脂受压碎裂，不但加大损耗，而且还会增加运行阻力。

11 影响离子交换器再生的因素有哪些？

答：影响离子交换器再生的因素有：

（1）再生剂的种类及纯度。

（2）再生剂的用量、浓度、流速、温度。

（3）再生方式。

（4）树脂层高度。

12 离子交换器有哪几种类型？

答：根据离子交换运行方式的不同，离子交换器可分为以下几种类型：

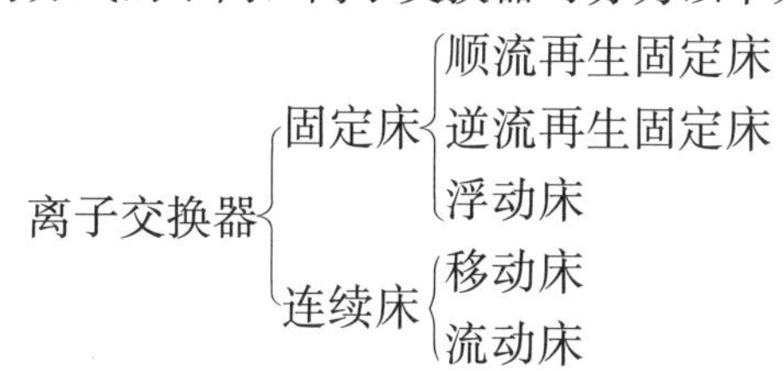

固定床是离子交换剂在相对静止的条件下运行的交换器，并且制水和再生是在同一装置内进行的。其优点是：设备简单，操作方便，对各种水质适应性强，出水水质较好。缺点是：树脂用量大，利用率低，再生和清洗时间长，设备的利用率和生产效率低。

连续床是离子交换剂在动态条件下运行的交换器，并且制水和再生是在不同的装置内进行的。其优点是：树脂用量小，再生剂的利用率及树脂的饱和程度均高，制水纯度高，出水水质均匀，操作自动化程度高，可连续出水，生产效率高。缺点是：设备结构复杂，操作管理不便，树脂磨损量大，适于低含盐量和低硬度的水。

13 试画出逆流再生离子交换器的结构示意图。

答：逆流再生离子交换器的结构示意，如图5-3所示。

14 逆流再生离子交换器中间排水装置上部的压脂层有哪些作用？

答：压脂层指自交换剂层上缘至中排装置的一定高度（一般200mm左右）的一层树脂。它的作用主要是防止再生液和水向上流时引起树脂乱层。同时，在运行时，还能对进水起过滤作用。

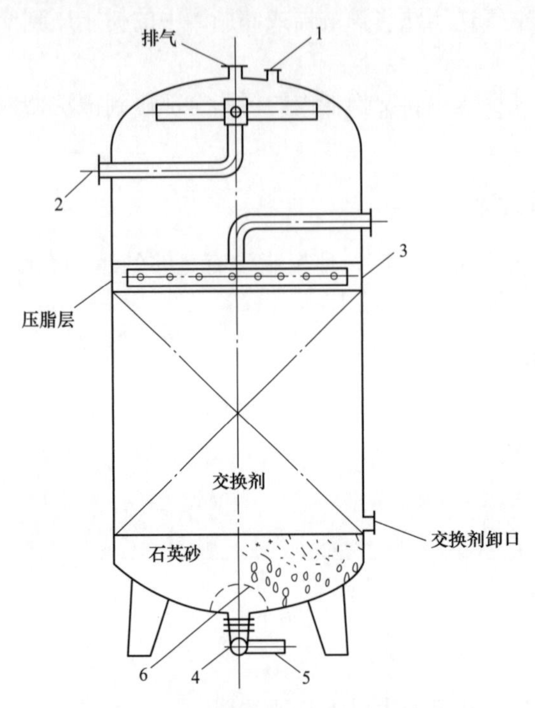

图 5-3 逆流再生离子交换器结构图
1—进气管；2—进水管；3—中间排液装置；
4—出水管；5—进再生液管；6—穹形多孔板

15 在浮床内，树脂自然装实的目的是什么？倒 U 形管的作用是什么？树脂捕捉器的作用是什么？

答：浮床内的树脂自然装实的目的是：为了减少水垫层的空间，防止树脂间窜动而造成乱层。

在浮床管路系统装设倒 U 形再生废液排出管的作用是：为了防止交换器在再生和置换过程中发生抽入空气的现象。因为装满树脂的浮床上部空间很小，一旦空气进入树脂层，就会影响树脂的再生。倒 U 形管的顶部高出交换器上封头 50～100mm，完全可以有效地避免上述现象的发生。

浮床运行时，水流自下而上，由于水力分层的作用，细小的树脂颗粒往往集中在交换器的顶部，容易穿过滤水网漏出，造成树脂流失。另一方面，出水滤网缺陷或破损时，易造成树脂大量泄漏。为此在出水管路上设置树脂捕捉器，以截留漏出的树脂。

16 离子交换器达不到出力的原因有哪些？

答：离子交换器达不到出力的原因有：

（1）原水压力低，阀门、管道、泵等有故障。

（2）交换器的进水装置或排水装置堵塞。

（3）树脂被悬浮物等堵塞。

（4）树脂破碎严重，造成阻力急剧增加。

（5）流量表指示不准。

17 逆流再生离子交换器中间排水装置损坏的原因有哪些？

答：离子交换器中间排水装置损坏的原因有：

（1）在交换器排空的情况下，从底部进水。

（2）在大反洗过程中高速进水，树脂以柱状迅速上浮，将中间排水装置托坏。

（3）在进再生液的过程中，再生液流速较高，将中间排水装置托坏。

（4）中间排水装置结构单薄，没有加强固定，强度较弱，或托架腐蚀严重。

（5）进水水质过差，造成树脂压实层脏污堵塞，此时若突然大流量进水或高压力下突然卸压，便将中间排水装置向下弯曲损坏。

（6）树脂层中有较多的碎树脂，并混杂有污物和胶状物，使出、入口压差较大，使中间排水装置向下弯曲而损坏。

18 大孔型树脂和均粒树脂各有何优点?

答：大孔型树脂具有较高的机械强度，不易破碎，并能吸附胶体硅等大分子化合物，有较高的抗有机物污染的能力。

均粒树脂具有交换容量大，再生效率高，单耗低，水耗小和水质好等优点。

19 简述滤水帽的检查和处理方法及其技术标准。

答：滤水帽的检查和处理方法及其技术标准为：

(1) 滤水帽应以直观和轻敲听声的方法检查其完整情况，不得有裂纹和变形缺陷，手感应有刚性和韧性。

(2) 滤水帽的出水缝隙宽度应在 0.25～0.35mm 之间，其误差不得超过 0.1mm。

(3) 滤水帽的螺纹应完整，底座不得过紧、过松，帽与底座应拧紧，旋进去的螺纹不应小于 4 扣。

(4) 滤水帽装在多孔板上时，多孔板下方的螺母应采用两个，并拧紧，以免松动脱落。滤水帽的底座装在管子丝头上时，要采取手拧的方法旋紧，不得歪斜和乱扣，旋进去的螺纹不应少于 5 扣。

(5) 旧的滤水帽拆下后可用 3%～5%的盐酸浸泡清洗，并用 0.2mm 的金属片逐个清理其缝隙中的杂物。

(6) 滤水帽全部装好后，用反洗水进行喷水试验，要求达到无堵塞、无破损、无脱落，配水均匀。

20 逆流再生离子交换器的集水装置和中间排水装置有哪些技术要求?

答：集水装置和中间排水装置应校直，并进行喷水试验，喷水应均匀。支管和多孔板应保持水平，其偏差不得超过 4mm，支管与母管的垂直偏差应小于等于 3mm，相邻支管的中心距偏差应不大于±2mm。

21 为防止混床体内再生时的交叉污染，对中间排水装置有何要求?

答：为防止混床体内再生时的交叉污染，母支管中心线应在同一高度，必须由母管直接通往体外排放。同时要求阴、阳树脂装填时界面的高度与床内排放点的高度一致。

22 设置树脂装卸系统时，有哪些技术要求?

答：设置树脂装卸系统时，应达到下列技术要求：

(1) 管道的材质应选用 1Cr18Ni9Ti 的不锈钢管。

(2) 管系中的管件要尽可能地少设置。所用弯头应采用曲率半径较大的热煨不锈钢弯头，以减轻对树脂的磨损，减小系统阻力，以免碰碎树脂。

(3) 管道焊接时，其对口要平整（采用锯割法下料），可不留间隙，以免管内产生焊瘤，碰撞树脂而碎裂。

(4) 在输脂管靠近设备的两端应与压力较大的水源相连接，以利于输送树脂及冲洗管路。

(5) 输脂管系的所有阀门应采用不锈钢或衬胶球阀，以减轻对树脂的磨损。

（6）阴阳树脂和强弱型树脂以及一级床和混床应用各自专用的输脂系统，以免混杂而影响水质。

23 逆流再生阴阳离子交换器出入口压差较高的原因有哪些?

答：逆流再生阴阳离子交换器出入口压差较高的原因有：

（1）入口水的浊度较高，使表层树脂中积有污泥和胶状物。

（2）树脂碎裂，或混有杂质和污物。

（3）树脂中滋生繁殖微生物、藻类或混杂有与铁化合的有机物。

（4）垫层脏污。

（5）阳树脂氧化降解，膨胀度增加。

24 逆流再生阴阳离子交换器出入口压差高如何处理?

答：逆流再生阴阳离子交换器出入口压差高的处理方法为：

（1）检查入口水的浊度，若超过标准，应查明原因，尽快消除。

（2）检查树脂的脏污情况，若表层黏泥较多，应刮除；若树脂碎裂严重，应降低流量运行，严格控制压差；对已破碎的树脂和污泥，应通过反洗予以去除。

（3）若树脂中滋生微生物、藻类或含有铁的有机化合物（黄色沉淀）时，除充分反洗外，还应采用二氧化氯等进行杀菌灭藻处理。

（4）若垫层脏污，应挖出进行清理或更换新垫层。

（5）化验阳树脂的含水量，若水分超过60%时，应更换新树脂。

25 浮动床集水装置变形损坏，并泄漏树脂的原因有哪些?

答：浮动床集水装置变形损坏，并泄漏树脂的原因有：

（1）在树脂沥干的情况下高速成床，将集水装置顶坏，滤水帽压坏或掉下。

（2）集水装置的母支管没有牢固地固定而变形，并将塑料网磨破。

（3）多孔管的孔眼较大，孔口没有倒角，在高压差下将孔口的塑料网割破。

（4）多孔管管卡的胶皮垫未固定好，将管卡胶皮垫处的塑料网磨破。

26 双层床离子交换器的优缺点各是什么?

答：双层床离子交换器的优点是：

（1）酸、碱消耗低，树脂利用率高。

（2）排放废酸、废碱量很低，容易进行废液处理。

（3）适用于含盐量较高的水质。

（4）有利于防止有机物的污染。

（5）节省离子交换设备。

（6）树脂的平均工作交换容量高，交换器周期制水量大，出水水质好。

缺点：

（1）强、弱型树脂的交界面容易相互混杂，弱型树脂易黏结，易影响树脂的交换能力。

（2）阻力较大，树脂反洗比较麻烦。

27 离子交换器产生偏流的原因及危害是什么?

答：离子交换器产生偏流的主要原因是：

(1) 床内进水装置布水不均匀。特别是进水装置为鱼刺式装置时，如果支管不水平，则会造成严重偏流现象。

(2) 进水装置或排水装置有损坏现象。

(3) 反洗不彻底，树脂被污泥污染。

(4) 操作不当也很容易造成偏流，如交换器启动时，入口门突然开得很大。逆流再生时，废液排放门开度大于进再生液门的开度，床内树脂出现干床现象后运行或再生等。

(5) 石英砂垫层布置不合理，如级数太少，没按颗粒规格要求装填，砂层穿孔等。

产生偏流的危害：会严重影响再生效果，树脂的工作交换容量明显下降，缩短运行周期，单耗增大，出水水质差。

28 什么是除碳器? 其工作原理是什么?

答：除二氧化碳器简称为除碳器，是去除水中游离 CO_2 的设备，常用的是鼓风式除碳器。

除碳器的工作原理是：依据气体溶解定律（亨利定律），即任何气体在水中的溶解度与该气体在水气界面上的分压成正比例。当溶解于水中的 CO_2 与空气接触时，水中气体与空气中气体容易自由交换。由于空气里的 CO_2 含量很小，它的压力只占大气压力的 0.03%左右，这样水里的 CO_2 就很容易扩散到空气里去。当水逐渐往下流动的时候，它所接触的是鼓风机不断吹来的新鲜空气，有利于 CO_2 扩散出来。当水流到塔底时，水里绝大部分的 CO_2 都扩散到空气中，最后残余的 CO_2 一般只有 5～10mg/L。

29 影响除碳器效率的主要因素有哪些?

答：影响除碳器效率的主要因素有：

(1) pH 值。酸性水除 CO_2 的效果最好。

(2) 温度。温度越高，除 CO_2 的效果越好。

(3) 设备结构。接触面积越大，接触时间越长，则效果越好。

(4) 鼓风量。鼓风量越大，效果越好。

30 喷射器抽不出液体的原因是什么?

答：检查喷射器入口门、交换器进酸（碱）门、计量箱出口门开启的位置是否正确；检查喷射器的入口水压力是否正常，如水压太低，将无法形成真空；检查喷射器内部是否变形，抽水的声音是否正常；检查交换器中排水量是否合适，现堵塞造成压力过大，计量箱排空门是否打开，计量箱出口隔膜门的隔膜是否脱落等。

31 酸雾吸收器的结构和工作原理是什么?

答：酸雾吸收器的结构简图，如图 5-4 所示。

酸雾吸收器的工作原理：因盐酸为挥发性酸，在装卸酸、压酸、放酸操作时都有大量酸雾散发。在盛酸容器设备密封不良时，会有酸雾逸出。挥发出的大量酸雾对人、物、设备都

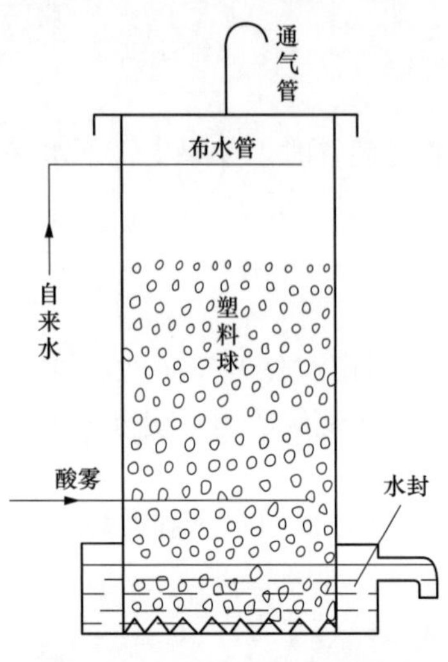

图 5-4 酸雾吸收器结构简图

会产生危害和腐蚀。因此，凡是盛酸容器或设备，都应在上部装设酸雾排放塑料管，将盛酸容器内挥发出来的酸雾通过管道引入酸雾吸收器。酸雾吸收器一般由塑料制成。酸雾进入酸雾吸收器下部由下向上扩散，途中与众多的塑料环或空心多面塑料球接触，自来水由上部进入，并由布水管淋洗下来，在塑料环或塑料球表面形成水膜，以增大吸收酸雾的接触表面积。酸雾遇到水膜就溶于水中，形成很稀的酸液，经底部水封溢出排液口排入废水池或中和池。

32 什么是反渗透？

答：若在浓溶液一侧加上一个比渗透压更高的压力，则与自然渗透的方向相反，就会把浓溶液中的溶剂（水）压向稀溶液侧。由于这一渗透与自然渗透的方向相反，所以称为反渗透。利用此原理净化水的方法，称为反渗透法。

33 以 NaCl 为例说明电渗析的工作原理。

答：电渗析是利用离子交换膜和直流电场，使溶液中电解质的离子产生选择性迁移。水中一般含有多种盐类，例如 NaCl 在水中电离为 Na^+ 和 Cl^-，通电之后，Na^+ 向阴极迁移，Cl^- 向阳极迁移。在迁移过程中，将遇到阴、阳树脂制成的离子交换膜，它们的性质和离子交换树脂相同，将选择性地让阴离子或阳离子通过。结果阳离子膜将通过阳离子而排斥阴离子。反之，亦然。这些受膜控制，由直流电引导的离子运动结果使一组水室的水被除盐，另一组水室的水被浓缩，即形成淡水室和浓水室。

34 如何防止反渗透膜结垢？

答：防止反渗透膜结垢的方法为：

（1）做好原水的预处理工作，特别应注意污染指数的合格，同时还应进行杀菌，防止微生物在器内滋生。

（2）在反渗透设备运行中，要维持合适的操作压力。一般情况下，增加压力会使产水量增大，但过大又会使膜压实。

（3）在反渗透设备运行中，应保持盐水侧的紊流状态，减轻膜表面溶液的浓度极化，避免某些难溶盐在膜表面析出。

（4）在反渗透设备停运时，短期应进行加药冲洗，长期应加甲醛保护。

（5）当反渗透设备产水量明显减少时，表明膜结垢或污染，应进行化学清洗。

35 反渗透膜进水水质的控制指标是什么？如何测定？

答：反渗透膜进水水质的控制指标是：污染指数。

测定方法为：在一定压力下将水连续通过一个小型超滤器（孔径 0.45μm）。由开始通水时，测定流出 500mL 水所需的时间（t_0）；通水 15min 后，再次测定流出 500mL 水所需的时间（t_{15}）。按式（5-1）计算污染指数（F_I）。

$$F_{I}=(1-t_{0}/t_{15})\times 100/15 \tag{5-1}$$

36 反渗透停运时，如何进行膜的保护？

答：停运时间较短，如5d以下，应每天进行低压力水冲洗。冲洗时，可以加酸调节pH值在5～6。若停用5d以上，最好用甲醛冲洗后再投运。如果系统停用两周或更长一些时间，需用0.25%甲醛浸泡，以防微生物在膜中生长。化学药剂最好每周更换一次。

37 在什么情况下反渗透系统应考虑进行化学清洗？

答：当反渗透的淡水流量比初始运行流量下降了10%，压差为平均每个膜元件达到0.075MPa时，应考虑进行化学清洗。尽管脱盐率可能还没有明显下降。

38 电渗析运行中电流下降，应进行哪些方面的检查？

答：应首先检查电源线路系统接触是否良好，检查膜的出入口压力是否正常，脱盐率是否有所降低。一般来说，当电渗析的电气部分线路接触良好时，发生这种情况，表明电渗析膜结垢或污染，导致了膜阻力增大，使工作的电流下降，这时往往需要进行膜清洗工作。

39 电渗析器浓水室阴膜和淡水侧阳膜为何会出现结垢现象？应如何处理？

答：浓水室中阴膜和淡水室中阳膜出现结垢现象是因为电渗析器发生极化现象后，由于淡水室的水离解出H^{+}和OH^{-}，OH^{-}在电场作用下迁移透过阴膜，结果造成阴膜浓水室一侧的pH值上升，表面水层呈碱性，产生$MgCO_3$、$CaCO_3$、$Mg(OH)_2$沉淀。在淡水室的阳膜附近，由于H^{+}透过膜转移到浓水室中，因此这里留下的OH^{-}也使pH值升高，产生铁的氧化物等沉淀物。

为了减少结垢，常常采用在浓水中加酸的方法，定期倒换电极；浓水在循环时，控制浓水的电导率等方法，并根据运行的情况定期进行膜的酸洗工作。

40 反渗透运行中膜容易产生哪些污染？如何进行清洗？

答：反渗透膜在运行中容易受金属氧化物的污染，可采用0.2mol/L的柠檬酸铵，pH=4～5，并以15L/min的流量循环清洗；如果膜产生结垢现象（钙的沉积物），可以用1%～2%的盐酸以5L/min的流量循环清洗；但对于CA膜，pH值应不低于2；当膜受到有机物、胶体的污染时，可以采用EDTA、磷酸钠（十二烷基磺酸钠），并用氢氧化钠调其pH值为10左右，以40L/min的流量循环清洗；当膜受到细菌污染，可以用1%甲醛溶液以15L/min的流量循环清洗。

在循环清洗时，维持压力在0.4MPa。反渗透的清洗一般都需要接临时系统，原则上应分段清洗，清洗的水流方向和运行方向一致。一个清洗步骤完成后应进行水冲洗，再转为另一个步骤。清洗的温度不应超过40℃。一般情况下，每一段循环时间可设为1.5h。当反渗透膜污染严重时，清洗第一段后的溶液不要用来清洗第二段，应重新配制。为了提高清洗效果，可以让清洗液浸泡膜元件，但不应超过24h。在清洗过程中应检测清洗液的pH值、清洗液的颜色变化等。对于反渗透的清洗，其清洗条件应向供应商咨询，以便对膜本身更具有针对性。

41 电渗析的应用范围是什么？

答：电渗析水处理技术被广泛应用于工业水的预脱盐，海水和苦咸水的淡化，工业废水的回收，化工过程中物质的分离、浓缩、提纯和精制等。

42 如何清洗电渗析器的阴阳膜？

答：将阴阳膜先放在水中用软毛刷（不能用金属刷）清洗，然后用2%左右的稀盐酸浸泡，必要时再用10%的食盐和2%的氢氧化钠混合液浸泡数小时，干净后用清水冲洗至中性，并清除表面上的污物。

43 离子交换树脂按作用和用途可分为哪几种？

答：离子交换树脂按作用和用途可分为：阳离子交换树脂、阴离子交换树脂、吸附树脂、浸渍树脂和惰性树脂。

44 离子交换器防腐层的要求有哪些？

答：对离子交换器防腐层的要求有：防腐层应完整，没有龟裂、鼓包、脱层和气孔缺陷。电火花检验无漏电现象。

45 交换器窥视孔有机玻璃板的厚度为多少？

答：交换器窥视孔有机玻璃板必须有足够的强度。通常用在承压部件上，其厚度应不小于12mm；用于非承压部件上，其厚度应不小于8mm。

46 交换器再生时，酸、碱、盐进不了床的主要原因有哪些？

答：交换器再生时，酸、碱、盐进不了床的主要原因有：

（1）管道堵塞或破裂。

（2）背压过大。

（3）交换器进口门打不开。

（4）计量箱出口门打不开

（5）水力喷射器损坏，堵塞或水源压力降低等原因造成。

47 离子交换树脂保存时应注意哪些问题？

答：离子交换树脂保存时应注意：

（1）防止失水干燥。

（2）防止冻裂。

（3）转型保存。

（4）阴阳树脂应贴鉴隔离存放，以防混乱。

48 交换器使用的石英砂质量有何要求？石英砂装入交换器前，应进行哪些工作？

答：交换器使用的石英砂质量的要求是：外观应洁白，所有二氧化硅量不小于99%以上；化学性能稳定，石英砂的级配必须符合规定并分层装入；对混杂的石英砂要筛分清楚，并将所有杂物彻底清除干净。

石英砂装入交换器前，要充分用水冲洗干净，并在交换器内画上各层顶高的水平线。装时要轻轻倒入，以免损坏胶板。

49　顺流再生离子交换器的集水装置有哪几种形式?

答：顺流再生离子交接器的集水装置一般有：弯形多孔板上平铺石英砂垫层式、平板水帽式和鱼刺形支母管式三种。

50　覆盖式离子交换器出水中含有树脂的原因有哪些?

答：覆盖式离子交换器出水中含有树脂的原因有：

(1) 母支管式集水装置滤帽损坏脱落。

(2) 母支管式集水装置腐蚀穿孔。

(3) 平板滤网式集水装置的塑料滤网穿孔。

(4) 弯形板石英砂垫层装置乱层。

(5) 母支管式的法兰接合面损坏或螺栓松动脱落等。

51　空冷发电机组凝结水处理用的离子交换树脂的特殊要求是什么? 会出现什么问题?

答：对于空冷发电机组，凝结水处理用的离子交换树脂还应满足耐高温的要求。海勒式空冷机组的凝结水温度高达60～70℃，而直接空冷机组，凝结水最高温度可达80℃。因此，对凝结水处理所用树脂提出了更高的要求。

各国的强酸大孔型阳树脂的允许温度在100℃以上，没有出现问题，而一般的强碱Ⅰ型大孔阴树脂 OH^- 型的最高允许温度仅为60℃。有资料介绍当凝结水温度高于49℃时，运行中 SiO_2 的泄漏量要增加。另外，高温凝结水还会使阴树脂分解率提高，致使阴树脂交换容量减小，溶于水中的分解产物增加。因此，国内树脂厂提出实际使用温度不要超过50℃。

第三节　粉末树脂覆盖过滤器

1　覆盖过滤器对滤料的要求是什么?

答：由于凝结水中的杂质大多是细微的悬浮物、胶体和颗粒，因此滤料必须是很细的粉状物质才能将这些杂质除去。为了保证凝结水水质，作为覆盖过滤器的滤料必须是化学稳定性好、质地均匀、亲水性强、杂质含量少、吸附能力强及其本身具有微小的孔隙或孔洞等特性，常用的滤料有用干纸板经粉碎后的棉质纤维纸粉、树脂粉及活性炭粉等。

2　粉末覆盖过滤器爆膜不干净是何原因? 如何处理?

答：纸粉覆盖过滤器爆膜不干净的原因有：

(1) 不按操作规程规定的步骤进行爆膜操作。

(2) 在顶压时已有部分滤膜脱落下来，导致爆膜时泄压。

(3) 若原来滤膜不完整，也会影响爆膜。

(4) 滤元内有纸粉堵塞。

(5) 运行压力偏高，将滤膜压实，不易爆干净。

(6) 滤元及钢丝表面粗糙或纸粉质量不佳。

(7) 在爆膜操作中，顶压时水压、气压不足。

(8) 空气门与正排门开启时不同步。

处理方法：

(1) 覆盖过滤器失效后，防止部分滤膜从滤元上脱落下来。

(2) 每次铺膜前应尽量将滤元冲洗干净后再铺膜，铺膜时应使滤膜均匀完整。

(3) 顶压时水压、气压不能低于规定值。

(4) 开启空气门、正排门时，应尽量同步。

(5) 一次爆不干净可重复爆几次，再进气进行搅拌冲洗。

(6) 如滤元上仍有较多纸膜或挂丝，使下一步无法铺上完整的滤膜时，应冲洗清理吊芯。

3 覆盖过滤器、管式过滤器的作用是什么?

答：覆盖过滤器、管式过滤器的作用是把凝结水中的悬浮物和氧化铁微粒截留下来，防止高速混床树脂污染，提高出水量和水质指标。

4 如何检修覆盖过滤器?

答：覆盖过滤器的检修为：

(1) 覆盖过滤器大法兰的拆装。

(2) 滤元装置的拆装检修。

(3) 容器上窥视孔的检查和清理。

(4) 取样管阀的检修。

(5) 容器内壁防腐层的质量检查。

5 覆盖过滤器的检修技术标准是什么?

答：覆盖过滤器的检修技术标准是：

(1) 过滤器筒体及其滤元应垂直，偏差不得超过其高度的0.25%。筒体内壁的防腐层应完好，无鼓泡、脱壳和龟裂现象。修补环氧玻璃钢时必须满足固化条件，充分固化后方能使用。

(2) 大法兰的结合面完好，无腐蚀凹坑及纵向沟槽。大法兰垫片燕尾接口平整，组装时垫片要垫好，螺栓紧力要均匀，水压试验无渗漏。

(3) 窥视孔有机玻璃板无变形和裂纹现象，表面干净，透光清晰。

(4) 进水装置固定螺栓要紧固，防止运行中松动。

(5) 进水装置冲洗检查，滤元管外不挂纸粉。外圈滤元管断裂，如换备用滤元管件有困难，则应在滤元管出水端加盖堵死。

(6) 新装配的滤元装置在装配前要逐根检查滤元管的绕丝，要求绕丝平整、间隙均匀，保持在 0.3mm，装配时螺栓要拧紧，孔板吊环螺母应锁住，新装滤元装置除油处理后必须冲洗合格。

（7）取样管阀畅通，取样阀开关灵活，密封良好无渗漏。

（8）压力表、流量表指示准确。

（9）所有阀门开关灵活，密封良好。

（10）标志齐全，漆色完整。

6 什么是过滤周期？一个完整的过滤过程应包括哪几个环节？各环节的主要作用是什么？

答：过滤周期是两次反洗之间的实际运行时间。

一个完整的过滤过程主要包括：过滤、反洗和正洗。

过滤的主要作用是：用来截留水中所含的悬浮颗粒，以获得低浊度的水。

反洗的主要作用是：为了清除在过滤过程中积累于过滤介质中的污物，以恢复过滤介质的截污能力。

正洗的主要作用是：保证过滤运行出水合格的一个必要环节，用水正洗直至出水合格，方可开始正式过滤运行。

7 简述凝结水处理覆盖过滤器的工作原理。

答：凝结水处理覆盖过滤器的工作原理：预先将粉状滤料覆盖在特制滤元上，使滤料在其上面形成一层均匀的微孔滤膜。在铺膜时，滤料随同水流从过滤器底部进入，当水和滤料一起流至由塑料或不锈钢制成的内部空心的多孔管件（称滤元）时，水从管上小孔进入管内又流出管子，而滤料被截留在滤元外表面上形成一层均匀的薄层，称滤膜。这是由于粉状滤料在滤元上彼此重叠、架桥、吸附，形成了一层孔隙不同的过滤层。

一般情况下，滤膜对水中杂质具有良好的吸附、过滤作用。若采用树脂粉末时，兼有脱盐作用。当凝结水流过时，水中胶状、粒状杂质部分可被滤膜吸附过滤，水通过滤元上的孔进入管内，汇集后送出，从而起到过滤作用。随着滤膜上杂质的积累，过滤器进出口水的压差也在不断上升，当压差达规定值时，可认为覆盖过滤器已失效，对失效的过滤器采用通入清水或压缩空气的方法除去旧的滤膜，并冲洗干净后再铺上新的滤膜投入运行。

8 凝结水过滤的设备有哪些？它们过滤的原理是什么？

答：凝结水过滤的设备有：覆盖过滤器、磁力过滤器和微孔过滤器。

（1）覆盖过滤器的过滤原理：鉴于凝结水中的杂质大多数是很微小的悬浮物和胶体，因而采用极细的粉状物质作为过滤介质，将凝结水中的杂质清除。

（2）磁力过滤器的过滤原理：凝结水中的腐蚀产物主要是 Fe_3O_4 和 Fe_2O_3，而 Fe_2O_3 又有 α-Fe_2O_3 和 γ-Fe_2O_3 两种形态，其中 Fe_3O_4 和 γ-Fe_2O_3 是磁性物质，α-Fe_2O_3 是顺磁性物质，因而可以利用磁力清除凝结水中的腐蚀产物。磁力过滤器又分为永磁过滤器和电磁过滤器，前者除铁效果较低，仅有 30%～40%的后者除铁效率可达 75%～80%。

（3）微孔过滤器的过滤原理：该过滤器是利用过滤介质的微孔把水中悬浮物截留下来的水处理工艺，其设备结构与覆盖过滤器类似，但运行时不需要铺膜。过滤介质一般做成管形，称为滤元。

9 为什么凝结水要进行过滤？

答：凝结水过滤是凝结水处理系统中重要的组成部分，其目的在于滤除凝结水中金属腐蚀产物及油类等杂质。这些杂质常以悬浮态、胶态存在于凝结水中，在进行凝结水除盐前首先进行过滤，可以防止这些杂质污染离子交换树脂，堵塞树脂上层，保证凝结水除盐设备的正常运行。由于通常把过滤器置于除盐设备之前，这种布置的过滤器，称为前置过滤。但覆盖、磁力和微孔等几类过滤设备是后置布置的。

10 简述粉末树脂覆盖过滤器的作用。

答：覆盖过滤器是发电厂中凝结水处理的重要设备。汽轮机的凝结水是蒸汽凝结而成的，其水质应该是纯净的。但凝结水系统的管路和设备往往由于某些因素而遭受腐蚀，致使凝结水中带有微粒铁、铜腐蚀产物，在锅炉启动前后的水汽系统循环过程中，凝结水会被系统中金属腐蚀产物及其他杂质严重污染。为了确保高参数锅炉给水品质，作为给水主要组成部分的凝结水必须进行处理。

在凝结水中胶体等微粒状态的铁、铜等腐蚀产物不能用一般的过滤方法除去，也不能全部被离子交换树脂吸收和过滤。尤其在机组启动阶段，大量的氧化铁颗粒会造成混合床的堵塞，影响出力，缩短离子交换树脂的寿命。所以必须采用覆盖过滤器作精密的过滤，较彻底地除去凝结水中的铁、铜微粒及其他杂质。覆盖过滤器中，利用特制的多孔管状过滤元件（滤元）及合适的助滤剂在滤元上的架桥作用，形成均匀的微孔滤膜，水流由滤元外通过滤膜和小孔进入滤元管内，水中的悬浮状固态微粒，如氧化铁、氧化铜微粒，胶状物质及其他悬浮杂质便被截留在滤膜表面，从而获得所要求的水质。覆盖过滤器实际上是种特殊结构的机械过滤装置。

11 粉末树脂覆盖过滤器的检修项目有哪些？

答：覆盖过滤器为机组系统设备，其大小修可随机组同时进行。覆盖过滤器的小修项目主要是揭开大盖，吊出滤元装置，用压力水冲洗滤元绕丝之间的纸粉，检查滤元及不锈钢丝有否损坏，如有损坏更换备件。

大修项目有：

（1）覆盖过滤器封头、本体及进水装置的检查修理。

（2）本体内壁环氧玻璃钢的检查修补。

（3）滤元装置的检查修理。

（4）覆盖过滤器窥视孔及取样管道阀门的检查修理。

（5）覆盖过滤器管道及所属阀门的检查修理。

（6）铺料箱、搅拌装置及铺料泵的检查修理。

大修前要充分做好检修准备工作，检查大修专用工具是否完好，备件是否齐全。大修后要及时整理技术记录。

12 粉末树脂覆盖过滤器的检修步序是什么？

答：检修前必须办好检修工作票手续，使设备处于停运状态，并由运行班把覆盖过滤器滤元表面的滤膜爆净冲掉，然后泄压放水。确认覆盖过滤器内无压、无水后才能开始检修工作。其检修工作步骤如下：

（1）拆去覆盖过滤器大法兰螺栓。

（2）拆去上封头出水短管法兰螺栓及取样管道接头。

（3）把上封头吊到检修场地，妥善安放。

（4）把滤元装置吊出覆盖过滤器，安放到滤元装置专用检修架上检查修理。滤元装置吊装时注意不得撞坏滤元管及擦伤滤元不锈钢丝。

（5）检查修理覆盖过滤器内壁衬贴的环氧玻璃钢及检修窥视孔。

（6）检查修理取样管道阀门，进出水压力表由热工人员校验。

（7）检查修理覆盖过滤器所属管道阀门及铺料箱等设备。铺料泵可另行安排时间检修（因铺料泵与覆盖过滤器检修时间可能不同）。

13 粉末树脂覆盖过滤器的检修步骤是什么？

答：粉末树脂覆盖过滤器的检修步骤是：

（1）拆装覆盖过滤器大法兰螺栓。覆盖过滤器大法兰螺栓规格为 M35X4，每台覆盖过滤器大法兰螺栓数为 40 个。紧法兰螺栓必须对称进行，紧力要均匀。

（2）滤元装置拆装。覆盖过滤器装有滤元 324 根，每根滤元装有 M42×2 不锈钢螺母 3 只，螺母垫圈及胶皮垫各 2 个。拆装一台覆盖过滤器滤元管的工作量很大，为提高工作效率应使用必要的设备和专用工具。滤元装置检修架由旋转筒体及支承旋转筒体的座架组成。滤元装置吊入旋转筒体后，用压紧法兰固定（旋转筒体及法兰可按照覆盖过滤器的尺寸制作）。然后把旋转筒体旋转 90°，使检修人员可站在地面上拆装滤元管。拆卸和装配滤元管 M42X2 不锈钢螺母可采用 ZS3.2 型双向风钻。

（3）滤元及其不锈钢丝的绕制。滤元绕丝前，可在齿棱上按不锈钢丝绕制间距在车床上车制螺距为 0.8mm 的丝槽。滤元绕丝亦在车床上进行。在绕制不锈钢丝时须要用拉紧装置把它拉直，使绕丝间隙均匀（0.3mm），绕制后的滤元管钢丝表面光滑、平整。不锈钢丝两端用 M4 螺钉固定在滤元管上。滤元管装配时螺母之间的距离必须相等，即如图 5-5 所示中的 l 长度相等，使滤元管在孔板下部的长度相等整齐，便于安装滤元装置定位圈。

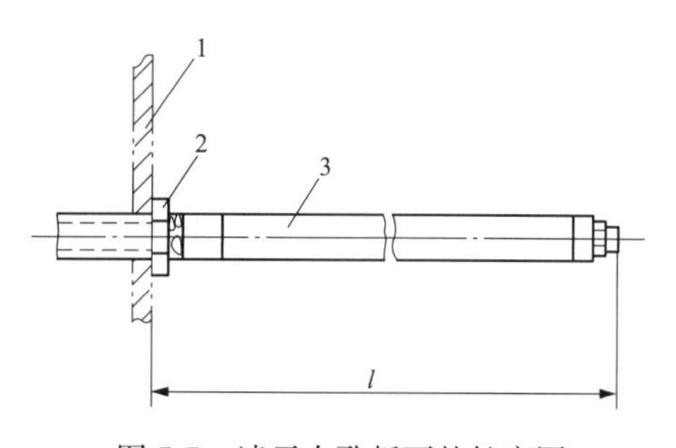

图 5-5　滤元在孔板下的长度图

（4）窥视孔及取样阀。窥视孔的有机玻璃板经过长期运行（凝结水温度 40～50℃），在它的表面会产生微小裂纹、变形等老化现象。随着使用时间的延长，其老化程度会日趋严重，影响有机玻璃板的机械强度，所以必须定期更换。有机玻璃板厚度原为 15mm，但厚度以 18mm 为宜。装配窥视孔时，有机玻璃板两侧的胶皮垫须垫妥，四周固定螺栓紧力要均匀。覆盖过滤器的取样管阀检修时要注意堵塞情况。尤其是进水取样管阀，其取样口在滤元铺料时容易使纸粉沉积在里面。在检修时可用压缩空气或者压力水冲通，必要时取样阀要解体清理。

（5）新绕丝后滤元装置的除油处理。新绕丝的滤元装置因加工过程中会被油类污染，所以在使用前必须进行除油处理。滤元装置就位前，在覆盖过滤器的本体中加入501洗涤剂（或油酸皂）约20kg，磷酸三钠4kg，洗涤液的含量约为0.5%。然后把滤元装置装入覆盖过滤器，装上封头连接管座。待组装完毕后向覆盖过滤器内加水至滤元上部，再用压缩空气搅拌3～4h，搅拌结束排掉洗涤液，并用除盐水反复冲洗，直到进出水的导电度相等，冲洗结束，覆盖过滤器即可随时铺膜投运。

14 粉末树脂覆盖过滤器检修的技术要求有哪些？

答：粉末树脂覆盖过滤器检修的技术要求有：

（1）覆盖过滤器内壁环氧玻璃钢完好，无气泡、脱壳、龟裂现象。修补环氧玻璃钢时必须满足固化条件，充分固化后才能使用。

（2）覆盖过滤器大法兰的结合平面完好，无腐蚀凹坑及纵向沟槽。大法兰垫床接口平整，组装时垫床垫妥，螺栓紧力均匀，额定水压下不渗漏。

（3）窥视孔有机玻璃板无变形和裂纹现象，清洗清晰，水压下不渗漏。

（4）进水装置固定螺钉扳紧，防止运行中松动。

（5）滤元装置冲洗检查完好。滤元管外无挂纸粉，滤元管内无积纸粉。外圈滤元管断裂如换备用滤元管有困难，则应在滤元管出水端加盖堵死。

（6）新装配的滤元装置，在装配前要逐根检查滤元管的绕丝，要求绕丝平整，间隙均匀，装配时螺母扳紧。孔板吊环螺母应锁住。新装滤元装置除油处理后必须冲洗合格。

（7）取样管阀畅通，取样阀开关灵活不泄漏，压力表指示正确。

（8）覆盖过滤器的所有阀门检修后启闭灵活，密封良好无渗漏。

15 检修后的粉末树脂覆盖过滤器调整试验项目有哪些？

答：粉末树脂覆盖过滤器检修后的调整试验项目有：

（1）凝结水精处理系统旁路阀动作试验。

（2）粉末树脂覆盖过滤器铺膜量的调整试验。

（3）粉末树脂覆盖过滤器铺膜过程循环时间的确定。

（4）爆膜、反洗过程中罐体内液位的确定。

（5）爆膜、反洗过程中用水量、用气量的调整试验。

（6）爆膜、反洗过程中耗用时间的确定。

（7）粉末树脂覆盖过滤器先进铺膜量的调整试验。

（8）粉末树脂覆盖过滤器先进铺膜过程循环时间的确定。

（9）系统中各种阀门开度的调整。

（10）待所有参数调试确定后，相应修改程序参数。

第四节　再生设备检修

1 体内再生混床的主要装置有哪些？

答：体内再生混床的主要装置有：上部进水装置、下部集水装置、中间排水装置、酸碱液分配装置、压缩空气装置以及阴阳离子交换树脂等。

2 高速混床检修的主要技术要求有哪些？

答：高速混床检修的主要技术要求有：

（1）高速混床内壁衬胶防腐层完整，没有脱壳、鼓泡、裂纹等缺陷，用电火花仪检验绝缘合格，否则应补衬玻璃钢或其他防腐层。

（2）检查清洗出水装置滤元，要求滤元绕丝缝隙均匀，缝宽（0.25±0.05）mm，无开焊和变形。

（3）滤元缝隙内堵有碎树脂时，应采用毛刷刷洗，用0.25mm的薄钢片插通或采用压缩空气扫出。

（4）混床内部进水装置、树脂输送装置要求安装牢固，位置正确，支排管水平。

（5）安装有冲洗水喷水（或压缩空气）装置的高速混床，应进行喷水试验，验证喷头开孔方向是否沿器壁的切线方向，方向有误应进行调整，保证在输出树脂时，能使树脂产生漩流，达到全部输送干净的目的。

（6）外部阀门要求开关灵活，流量表、压力表等表计校验准确，动、静密封点严密无渗漏，水压试验合格。

3 什么是氨化混床？与H/OH型混床相比，有何特点？

答：运行中，为了防止热力设备和管道的腐蚀，在系统中要加氨来提高除盐凝结水和给水的pH值。氨进入系统后，随给水进入锅炉、汽轮机及凝汽器后仍有大量的氨溶于凝结水中。当凝结水经过H/OH型混床时，水中的氨被除去，而在混床出水中又要重新加氨调节pH值，造成了氨的浪费。另外，这还造成混床的运行时间缩短，再生频繁，在经济上也是一种浪费。

氨化混床的运行可避免上述问题的出现。氨化混床采用的是NH_4型阳离子交换树脂。

与H/OH型混床相比，氨化混床有如下特点：

（1）氨化混床运行周期长（正常时可达2～3个月），再生次数少。

（2）因H_2O的电离常数要比NH_4OH的电离常数小得多，要获得相同的出水水质，氨化混床的再生度必须比氢型混床的再生度高得多，即氨化混床再生时对阳、阴树脂分离度的要求很高。

（3）氨化混床对再生剂的纯度要求高。

（4）再生氨化混床时的操作和测定，要比再生氢型混床时复杂、繁琐。

（5）因强酸性阳树脂NH_4型对Na^+的选择性系数为0.77，故在运行时，氨化混床中残留的Na^+以及进水中的Na^+大多容易漏出混床进入除盐凝结水中。

（6）凝汽器的严密性要好，如有泄漏，则采用H/OH型混床运行。

（7）氨化混床必须与H/OH型混床一起运行以便协调系统中的氨含量。

（8）由于氨化混床有转型阶段和失效阶段，需加强监测。

（9）由于氨化混床出水的pH值较高，而且阳树脂是RNH_4型的，因此除硅效果要比H/OH型混床差。

4 为什么混床能制出优质纯水？

答：混床是将阳、阴离子交换树脂放在同一个交换器中，并将它们混合均匀后进行离子交换的一种水处理设备。它可以看作是由许许多多的阳、阴树脂交错排列而组成的多级式复床。由于混床内的阳、阴树脂是相互混匀的，因此其阳、阴离子交换反应几乎是同时进行的，或者说水的阳离子交换和阴离子交换是多次交错进行的。因为交换出来的 H^+ 和 OH^- 都来不及积累便立即化合成水，所以混床基本上消除了返离子影响，交换反应进行得很彻底，可制出很纯的水。

5 高速混床树脂空气擦洗的原理和方法是什么？

答：在凝结水处理系统中，若高速混床前没有设置过滤设备，凝结水直接进入高速混床，则高速混床本身既是过滤设备又是除盐设备。采用空气擦洗可以将高速混床内截留的过滤杂质擦洗后除去，以保证树脂的交换性能。

擦洗的方法是：重复用通空气—正洗—通空气—正洗的方法，擦洗用的压缩空气量为 $200m^3/(h \cdot m^2)$，擦洗时间为 2min，直至正洗排水清澈为止。重复的次数视树脂层污染程度而定，通常为 6～30 次。

6 固定床反洗进水阀未关严或泄漏，造成的后果是什么？

答：阳床反洗进水阀未关严或泄漏，会使清水经反洗进水门直接从阳床的出水管进入除碳器，造成除碳器的效率下降。水进入阳床后，水中强酸根盐大多交换成碱，因为进水中有一部分是杂质阳离子，所以阴床中经交换后的水仍呈碱性，水中有大量的 OH^- 存在。由于离子效应，水中的弱酸根 HCO_3^- 及 $HSiO_3^-$ 等难以除去。此时阴床出水的 pH 值会上升，电导率上升，SiO_3^{2-} 及 Na^+ 含量上升，并有硬度。

阴床反洗进水阀未关严或泄漏，会使中间水泵过来的酸性水经反洗进水阀直接从阴床的出水管进入除盐水箱，此时出水的 pH 值偏低，电导率高，SiO_3^{2-} 含量大大超出标准，严重污染补给水。

7 简述高速混床常见故障及处理方法。

答：高速混床常见故障及处理方法，见表 5-1。

表 5-1　高速混床常见故障及处理方法表

编号	故障现象	原因分析	处理方法
1	出水水质不合格	1. 树脂混合不均匀 2. 树脂被油污染 3. 凝结水中有机物含量高 4. 树脂被氧化铁污染 5. 树脂再生度不高或分离不好	1. 重新混脂 2. 加大再生用碱量或用碱液浸泡树脂 3. 查明原因，降低有机物含量 4. 用热盐酸清洗树脂 5. 提高再生剂用量或减轻交叉污染
2	周期短且制水量减少	1. 加氨量太大 2. 树脂分层不良，再生度降低 3. 床内偏流 4. 凝结水水质恶化	1. 控制加氨量 2. 查明原因，提高再生度 3. 查明原因，消除偏流 4. 查明原因，提高水质

续表

编号	故障现象	原因分析	处理方法
3	阴、阳树脂抱团、难于分层	1. 阴、阳新树脂静电吸引 2. 菌藻在树脂层中繁殖	1. 用碱液或含盐水清洗树脂 2. 用二氧化氯冲击性杀菌灭藻
4	压降急剧升高	1. 启动时热力系统脏污 2. 前置过滤设备出水浊度高 3. 树脂泄漏	1. 延长冲洗时间 2. 查明原因，降低浊度 3. 检查集水装置，消除泄漏缺陷
5	出力骤然减小	1. 树脂脏污 2. 泄漏的树脂将捕捉器污堵	1. 认真擦洗树脂 2. 检查集水装置，消除泄漏缺陷
6	出水 pH 值低，呈酸性	1. 阳树脂较多地沉积在混床底部 2. 阴树脂老化降解	1. 注意树脂的混合操作 2. 更换阴树脂

8 补给水除盐用混床和凝结水处理用高速混床在结构和运行上有何不同?

答：补给水除盐用混床和凝结水处理用高速混床在结构和运行上的不同有：

(1) 所使用的树脂要求不同。因高速混床运行流速一般在 80～120m/h，故要求树脂的机械强度必须足够高。与普通混床相比，树脂的粒度应该较大而且均匀，有良好的水力分层性能。在化学性能方面，高速混床要求树脂有较高的交换速度和较高的工作交换容量，这样才有较长的运行周期。

(2) 填充的树脂量不同。普通混床阴、阳树脂比一般为 1∶2，高速混床为 1∶1 或 2∶1。

(3) 高速混床一般采用体外再生，无需设置酸碱管道，但要求其排脂装置应能排尽筒体内的树脂，进排水装置配水应均匀。

(4) 高速混床的出水水质标准比普通混床高。普通混床要求电导率在 0.2μS/cm 以下，高速混床为 0.15μS/cm 以下。普通混床二氧化硅要求在 20μg/L 以下，高速混床为 10μg/L 以下。

(5) 再生工艺不同。高速混床再生时，常需要用空气擦洗去除截留的污物，以保证树脂有良好的性能。普通混床一般为体内再生，高速混床一般采用体外再生。

9 何谓混床?

答：所谓的混床，就是在同一个离子交换器内按一定比例装入阴、阳两种树脂的离子设备。运行时，阴阳树脂混在一起。再生时，阴阳树脂分层后分别再生。

10 混床装阴阳树脂时有哪些要求?

答：混床装阴阳树脂时的要求有：阳树脂先装入高度 500mm，阴树脂再装入高度 1000mm，两者比例为 1∶2。装入顺序为：先装阳树脂，后装阴树脂。

11 顺流再生床集水装置的作用是什么?

答：顺流再生床集水装置的作用是：均匀收集交换后的水；阻留交换剂防止漏到水中；反洗时均匀配水。

12 移动床和浮动床选用何种树脂?

答：由于移动床和浮动床的流速高，压降大，树脂磨损、破碎的几率大，因此要求树脂耐磨损、高温和大粒度的性能。最好选用16～30目的大孔型树脂。

13 何谓浮床？

答：所谓浮床，就是进水装置在底部，集水装置（也是再生液分配装置）在顶部。在顶部树脂基本充满交换器时运行或再生过程中，床内树脂呈托起或压实状态，树脂好似活塞柱上下少许起落，每个周期树脂起落一次，已完成制水和再生。

14 喷射器检修的技术质量标准有哪些？

答：喷射器检修的技术质量标准有：

(1) 喷射器出口内径无损伤，安装后与喉管中心线允许误差不大于1mm，喷嘴内径边缘整齐，中心线与喉管对中是喷射器检修质量的关键。

(2) 喷嘴混合室与喉管的光洁度达3.2以上，内涂层不许有悬挂、脱落等缺陷，内涂层损坏应及时修补。

(3) 法兰联接的喷射器，紧力配合以无漏水现象为宜，法兰强度应满足出入口法兰联接要求。

(4) 吸入侧短管与壳体联接必须严密。

15 浮动床填充树脂时应注意的事项有哪些？

答：浮动床填充树脂时应注意的事项有：

(1) 新的强型树脂，应自然充满。

(2) 失效的强型树脂应留100～200mm的膨胀高度，以免树脂被挤压损坏。

16 逆流再生除盐设备的中排管的作用是什么？开孔面积有什么要求？

答：逆流再生除盐设备的中排管的作用是：为使顶部空气和再生液体不再交换器内“堆积”，必须保证再生液以及顶部空气从中排管排出，方可顺利再生，不发生树脂乱层。

一般中排开孔面积是进水管截面积的2.2～2.5倍，这也是白球压实逆流再生且不会乱层的重要原因。

17 交换器树脂再生的方式有哪几种？

答：交换器树脂再生的方式有两种：一种是体内再生；另一种是体外再生。

18 浮动床集水装置的作用是什么？一般有哪几种形式？

答：浮动床集水装置的作用是：阻留树脂、均匀地收集交换后的水流和作再生液分配装置。

浮动床的集水装置形式有：平板滤网式；水平孔管式；弧形多孔管式；穹形多孔板式（适用于盐酸再生的阳浮床）。

19 常用的塑料滤网有哪几种？分别适用于什么？

答：常用的塑料滤网有：涤纶网、绵纶网（又名尼龙“6”网）、尼龙“66”网和聚乙烯网等多种。

涤纶网的耐酸性能好，耐碱性能稍差。

绵纶网的耐碱性能较好，耐酸性能差，能耐弱酸。

聚乙烯网的耐酸性能较好。

20 穹形多孔板的技术要求有哪些?

答：穹形多孔板的技术要求有：多孔板的直径通常为500～700mm（一般交换器直径的1/3～1/4），孔板除中部位（略大于出水口面积）不开孔外，其余部分均钻小孔（孔径为20～25mm），其总面积为出水管截面积的2～3倍。穹形孔板一般用不锈钢板（厚度为10～12mm）或聚氯乙烯板（厚度为20～25mm）制作，也可用衬胶钢板（厚度为15～20mm）制作。用聚氯乙烯板制作时，应焊上加强筋来加强它的硬度。穹形孔板扣装在出水口上方的中心，并与交换器壳体保持同心，以便均匀集水。

21 挡板式进（或出）水分配（可收集）装置的要求有哪些?

答：挡板式进（或出）水分配（或收集）装置的要求是：将挡板固定在进水口上方（或出口下方），要求挡板保持水平，并与交换器壳体保持同心，以防偏流。其材质采用不锈钢板（厚度为10～12mm）、衬胶钢板（厚度为12～15mm）或聚氯乙烯等耐磨蚀材料。

22 十字支管式配水装置的要求有哪些?

答：十字支管式配水装置的要求是：将进水管扩大成管接头，采用法兰连接支管，将支管装成水平十字形。支管上布孔应均匀（孔径为ϕ10～12），开孔总面积略大于进水管截面积，材质最好采用不锈钢，其次为ABS工程塑料。

23 漏斗式配水装置的要求有哪些?

答：漏斗式配水装置的要求是：边沿应光滑平整，安装时与交换器壳体保持同心并保持水平，以防偏流。其材质一般由不锈钢板、衬胶钢板或聚氯乙烯板等耐蚀材料制成。

24 凝结水混床再生好坏的关键是什么?

答：凝结水混床再生好坏的关键是阴阳树脂分层要清，最好使阴阳树脂在两个再生塔内单独再生，因为混床要求出水质量很高，应尽可能提高其再生度，如果互有混杂，则阴树脂中混有的阳树脂还原为钠型，阳树脂中混有大阴树脂被还原为氯型，混合后总的阳树脂再生度就有所降低。虽然这种现象不可能完全避免，但应尽量减轻。从两种混杂的利害关系来看，阳树脂内混入阴树脂对凝结水处理来讲危害要大些，因为凝结水中主要为胺离子，钠离子含量很小，而阳离子本身工作交换容量很大，即使再生度低一些，也能够有效地除去凝结水中的阳离子，如果接近失效，有钠离子漏过，则电导率增大，可以从仪表上及时发现。凝结水中主要阴离子为硅酸，酸性最弱，使阴树脂再生度低就不易使凝结水中本来含量较低的硅酸根进一步降低，且失效时不易监督。

25 为什么高参数大容量机组的凝结水要进行处理?

答：随着发电机组的参数及容量不断增大，对锅炉给水的要求越来越严格，这就相应地提高了对凝结水的水质要求，特别是直流锅炉、亚临界或更高参数的锅炉，必须进行凝结水的处理。

26 凝结水混床体外再生有什么优缺点?

答：凝结水混床体外再生的优点有：

(1) 混床可不设中排装置，可使流速提高到 120～130m/h，而用于体外再生的专用再生塔可以做得较长，有利于阴阳树脂的分离。

(2) 混床树脂失效后可及时转移至再生塔中，再生好的树脂可立即移入混床，并可及时投运。这样可以提高混床效率。

(3) 在专用再生塔再生的效率较高，也不会导致再生液污染凝结水。

体外再生的缺点有：

(1) 体外再生需将树脂输出、输入，树脂的磨损率较大。

(2) 再生操作复杂。

27 凝结水不合格应怎样处理?

答：凝结水不合格的处理为：

(1) 冷却水漏入凝结水中，应增加化验监督次数，并及时联系查漏堵漏。

(2) 凝结水系统及疏水系统中，有的设备和管路的金属腐蚀产物污染凝结水。应加强测定次数，控制好 NH_3-N_2H_4 的处理，提高水汽品质。

(3) 热用户热网加热器不严，有生水或其他溶液漏入加热蒸汽的凝结水中，加强监督通知热用户检查并消除热网加热器的泄漏处。

(4) 补给水品质劣化，或补给水系统有其他污染水源，应加强补给水化验次数，提高补给水品质，隔绝污染水源。

(5) 凝结水处理混床失效，将不合格的水送入除氧器。此时应立即停运失效混床，投运备用床。

(6) 有关的监督仪表失灵，造成实际测量值超过指标，而仪表指示合格。应增加化验次数，校正仪表，分析原因采取措施，迅速提高水汽品质。

(7) 返回凝结水在收集、储存和返回电厂的途中，受到金属腐蚀产物的污染，应将不合格的水全部排入地沟。

28 为何要监督凝结水电导率? 连续监督有何好处?

答：试验证明：监督凝结水电导率比监督凝结水硬度更为合理，因为凝汽器的泄漏等，使凝结水含盐量增大，假如硬度不超标，但其他盐类已影响到蒸汽和给水指标，因电导率反应的是所有导电介质，可见监督凝结水电导率反应更为灵敏。

采用电导率表连续监督凝结水电导率，可克服定时化验的迟缓性和再次取样化验的间隔时间内凝结水质量变化的不能及时发现，而连续监督则可避免这种现象，达到及时发现水质变化的目的。

29 如何清洗树脂层所截留下来的污物?

答：清洗树脂层所截留下来污物的方法有空气擦洗和超声波清洗两种。

(1) 空气擦洗。即在装有污染树脂的设备中，重复性地通入空气，然后进行正洗。每次通入空气时间为0.5～1min，正洗时间为1～2min，重复次数为6～30次，空气由底部进入，目的在于疏松树脂层，并使树脂上的污物脱落。正洗时，脱落下的污物随水流由底部排出。空气擦洗应与树脂再生交错进行。

（2）超声波清洗。可以清除树脂颗粒表面的污物，清洗时污染树脂由设备顶部进入，经中间超声波场后，由底部离开设备。冲洗水由底部进入上部流出，分离出污物及树脂碎屑，随水流由顶部流出。

30 除盐兼除浊型凝结水处理主要有哪几种型式？

答：除盐兼除浊型凝结水处理主要有三种形式：

（1）除盐混床前设置单独的强酸H型阳床，其阳床可以起到过滤凝结水的作用，并仍具有阳床除盐的特性，适合于进口凝结水含NH_4^+较高的情况。

（2）混床前不单设置阳床，在混床上面另加一层阳树脂，组成阳混床系统，其上层起过滤作用的阳树脂，通常不需要进行再生，但要定期冲洗树脂上所截留的污物。

（3）采用三床除盐系统，其前阳床可同时起到过滤和除盐作用。

31 除浊兼除盐型凝结水处理应采用什么设备？

答：除浊兼除盐型凝结水处理一般采用离子交换树脂粉末覆盖过滤器。其覆盖滤料为阳、阴离子交换树脂粉，其颗粒在50μm下。其粉末状离子交换树脂的离子交换速度比普通颗粒的离子交换树脂快10 000～30 000倍。设备运行终点，若以除盐为主要目的，可根据设备进出口压差进行判别。

32 凝结水除盐混床氨化的原因是什么？混床氨化的缺点有哪些？

答：为了防止热力设备的腐蚀，在凝结水系统中要加入一定量的$NH_3 \cdot H_2O$，以维持系统中的pH值。这样在正常运行情况下，凝结水中$NH_3 \cdot H_2O$含量往往比其他杂质大得多，结果会使混床中的H型阳树脂很快被NH_4^+所耗尽，并把H型树脂转化为NH_4^+型阳树脂，此时混床将发生“NH_4^+穿透”现象，混床出口水的导电度会立刻升高，同时Na^+的含量也会增加。其后果之一是H-OH型混床周期会很短。再有一点是，由于氢型混床除去了不应除去的$NH_3 \cdot H_2O$，所以不利于热力设备的防腐保护，而且增加了给水系统中的NH_4OH补充量。为了克服氢型混床的弱点，在严格控制Na^+泄漏量条件下，可把混床中阳树脂“就地”氨化，并作为NH_4-OH型混床继续运行。

在NH_4-OH型混床中，阳、阴树脂的初始型分别为NH_4型和OH型。阳树脂通过离子交换基团——NH_4^+与水中杂质阳离子进行交换。

混床氨化的缺点：由于NH_4-OH型混床与H-OH型混床相比，在化学平衡方面有很大的差异，在工艺上也有很大的不同，现以净化含NaCl的水为例，进行分析说明。

H-OH型混床的离子交换反应为

$$RH + ROH + NaCl = RNa + RCl + H_2O \tag{5-2}$$

NH_4-OH型混床离子交换反应为

$$RNH_4 + ROH + NaCl = RNa + RCl + NH_4OH \tag{5-3}$$

通过对式（5-2）和式（5-3）进行比较，可明显看出：虽然NH_4OH也属弱电解质，但

稳定性较 H_2O 相差甚远，所以其逆反应倾向较大。另外，根据离子交换选择顺序：NH_4 型阳树脂对 Na^+ 的交换能力要低于 H 型树脂。显然，对 NH_4-OH 型混床不采取相应的措施，运行中很容易发生 Na^+、Cl^-、SiO_2 的泄漏，而严重影响出水质量，以至失去实用价值。为克服 NH_4OH 型混床存在的问题，可以提高混床中阳、阴树脂的再生度，以尽量减少再生后残余的 Na 型树脂和 Cl 型树脂。

33 什么是凝结水的除浊和除盐？

答：由于在通常情况下，凝结水处理系统中分别设有凝结水过滤和除盐两个水质净化步骤。因此设备系统复杂，运行与维护费用高。除浊和除盐，实际上就是把过滤和除盐在同一设备中进行。目前，大体采用的有两种型式：其一为凝结水除盐设备兼有除浊的性能，称为除盐兼除浊型；其二为凝结水除浊兼有除盐性能，称为除浊兼除盐型。

34 凝结水除盐用树脂应如何选择？

答：凝结水除盐用树脂的选择是一个比较复杂的问题，应把凝结水含盐量低、流量大和采用的冷却水质等因素作为考虑选择的基本出发点。

（1）由于凝结水除盐采用高速运行混床（最高可达 140m/h），故必须选用机械强度大（以减小除盐设备运行压降），颗粒均匀（ϕ0.45～0.65）的树脂。为此，一般选用大孔树脂。

（2）由于弱酸、弱碱树脂都有一定的溶解度，而且弱碱性树脂不能除掉水中的硅，羧酸型弱酸树脂交换速度慢。所以，必须选用强酸、强碱性树脂。

（3）考虑到给水的加氨处理，凝结水中含有较多的 $NH_3 \cdot H_2O$，为保证混床的阳树脂不先于阴树脂失效，所以阳阴树脂比例一般选为 1∶0.5～1.5（普通除盐混床为 1∶2）。

具体地说分为以下情况：

（1）冷却水含盐量低、凝汽器泄漏又轻时，阳、阴树脂比可采用 1∶0.5～1∶1。但在以海水作冷却水或凝汽器严重泄漏时，应增加阴树脂量。阳、阴树脂比可采用 1∶1.5。

（2）应根据树脂交换容量确定阳、阴树脂比，对大孔型树脂，当阳、阴树脂体积比为 1∶1.5 时，两种树脂实际交换容量为 1∶1。

（3）当凝结水温度高时，运行中容易漏硅，因此温度高时，应增加阴树脂的比例。

第五节 空气压缩机

1 空气压缩机的主要部件有哪些？

答：空气压缩机的主要部件有：曲轴、连杆、十字头、活塞、气缸、刮油环组件、填料装置、气阀、空气冷却系统、润滑装置、调节装置、安全阀、空气滤清器等。

2 空气压缩机的曲轴起什么作用？

答：空气压缩机曲轴的作用是把电动机的旋转运动经连杆、十字头变为活塞的往复运动。

3 空气压缩机的连杆起什么作用？

答：空气压缩机连杆的作用是将曲轴的旋转运动转换为活塞的往复运动；同时又把活塞的推力传递给曲轴。

4 空气压缩机的十字头起什么作用？

答：空气压缩机十字头的作用起导向传力的作用，也就是将摆动的连杆和往复的活塞连接并传递动力。

5 空气压缩机的活塞组件由哪些组成？它们分别起什么作用？

答：空气压缩机的活塞组件由活塞、活塞杆、活塞环、支承环、弹力环、固定螺母、调整螺母等组成。

(1) 活塞的作用是往复做功。

(2) 活塞杆的作用是传递动力，连接和调整活塞间隙。

(3) 活塞环起密封的作用。

(4) 支承环起支承导向作用。

(5) 弹力环的作用：是使活塞环有一定的胀力与气缸壁接触。

(6) 固定螺母的作用是用来紧固连杆和活塞。

(7) 调整螺母是用来调整活塞上、下止点间隙并起固定活塞杆的作用。

6 空气压缩机的气缸起什么作用？由哪几部分组成？

答：空气压缩机气缸的作用是安装活塞，使活塞做往复压缩气体的作用。

空气压缩机气缸由缸盖、缸体、缸座等组成。

7 空气压缩机刮油环组件的作用是什么？

答：空气压缩机刮油环组件的主要作用是：将活塞杆上的润滑油刮掉，不使油污进入气缸内，使空气保持清洁，不含油污。

8 空气压缩机填料装置的作用是什么？

答：填料装置的作用是防止压缩空气沿活塞杆向外泄漏，起密封的作用。

9 空气压缩机气阀的作用是什么？

答：空气压缩机气阀的作用是：控制气缸空气的吸入和压缩空气的排出。

10 空气压缩机冷却器的作用是什么？

答：空气压缩冷却器的作用是：将气缸排出的气体冷却、降温和分离压缩气体中的水分。

11 安装空气压缩机进、排气阀组件时应注意的问题有哪些？

答：安装空气压缩机进、排气阀组件时应注意的问题有：

(1) 气阀所有部件必须干净无污物。

(2) 阀片无划痕、裂纹并平整光滑；对有轻微缺陷经研磨修复的可继续使用，无法修复时应更换。

(3) 弹簧弹力应一致，弹簧高度和残余变形在自由状态下其误差不超过5%，否则应更换。弹性下降或轴线歪斜时应更换。

(4) 阀座不得有裂纹、接触面有缺口时，应更换。

(5) 利用煤油来检查阀片的严密性，允许有滴状渗漏。

(6) 安装进、排气阀时，阀座不得超过气缸内表面，排气阀不得装反，否则造成机组损坏。

12 安装空气压缩机的刮油环和活塞杆时应注意的问题有哪些?

答：安装刮油环和活塞杆时应注意的问题有：首先检查活塞环不得有毛刺、划痕、变形，如有必须研磨、校正，经修理达不到要求的必须更换。组装刮油环必须按照其顺序安装，刮油环切口必须错位安装，刮油环弹簧必须系紧，并用手推动试验其紧力程度，如过松必须重新调整紧力，以免造成润滑油上窜。

13 安装空气压缩机填料装置时应注意什么?

答：安装空气压缩机填料装置时应注意：填料环不得有毛刺、划痕、变形，如有必须研磨、校正，经修理达不到要求必须更换。填料环切口必须错位安装。铜套、挡环不得变形、扭曲、损伤等，对无法修理的应更换。弹簧必须系紧。

14 检查空气压缩机气缸套、十字头滑道时应注意什么?

答：检查空气压缩机气缸套、十字头滑道时应注意：气缸套和十字头表面光洁度应达到0.8，不得有锈迹、划痕及偏磨现象，并用内径千分尺测量气缸和十字头滑道的几何尺寸，尺寸精度及椭圆度应符合要求。如有轻微划痕或锈迹可用油砂布轻轻打磨；若划痕、偏磨、椭圆度超标，则必须更换。对十字头滑道则应考虑机加工后镶套；注意镶套必须采用过盈配合。

15 空气压缩机的曲轴在运行中容易产生磨损或变形，在检查与修理时应注意的问题有哪些?

答：空气压缩机的曲轴在运行中容易产生磨损或变形，在检查与修理时应首先检查曲轴外观是否完好，如发现变形或裂痕即可报废。如外观观察良好，则进一步检查曲轴轴颈是否发生圆锥度（不超过0.05mm）或椭圆度（小于0.05mm）；如发生圆锥度或椭圆度时，一般采用光磨法或喷镀法来修复。光磨轴颈时的尺寸依据是测量原轴所得到的最小尺寸来确定，同时还要考虑到装配尺寸。在修复时曲轴应尽量保持原有限度。如果磨损过大应做报废处理。

16 曲轴各轴颈中心线与主轴颈中心线的平行度偏差不得超过多少毫米（米)? 曲轴轴颈表面对其中心线的径向圆跳动偏差不得超过多少毫米?

答：曲轴各轴颈中心线与主轴颈中心线的平行度偏差不得超过0.30mm/m。若超过其偏差值，则应进行校直处理。

曲轴轴颈表面对其中心线的径向圆跳动偏差不得超过 0.03mm，若超过则应在车床上找正后进行车削。

17 空气压缩机连杆容易产生的缺陷有哪些？如何处理？

答：空气压缩机连杆容易产生的缺陷有：螺杆与螺母的损坏或磨损；连杆大、小头轴瓦的磨损或变形；连杆的弯曲或扭曲。

当螺杆与螺母出现损坏或磨损时，应更换新螺杆与新螺母。连杆大头轴瓦（钨金瓦）的磨损或变形程度不大时，可进行刮研轴瓦来调整处理。如果损坏程度太大必须更换新轴瓦，更换的新轴瓦必须经过刮研来调整轴瓦间隙；连杆小头铜套磨损或变形必须更换新套。连杆变形或扭曲不严重时则进行校正处理；如果变形或扭曲严重时必须更换新连杆。

18 更换空气压缩机连杆大头瓦时，轴瓦与连杆的配合对调整轴瓦与曲轴和连杆的配合有哪些要求？

答：更换连杆大头瓦时，对调整轴瓦与曲轴和连杆的配合要求有：轴瓦瓦背与连杆瓦配合应严密，瓦片分解平面应低于瓦座分解平面 0.05～0.15mm 之间，如过低或过高都不可以，瓦口应与瓦座平行，不得歪斜。曲轴与连杆大端轴瓦经精刮后，配合间隙应在 0.04～0.08mm 之间。如果调整过紧会造成润滑不良，烧瓦或抱死的后果；过松容易造成连杆的震动发热直至损坏。瓦口应与曲轴平行并且不得歪斜，其接触面面积经刮研后应达到 70%以上，最后在瓦口上开出润滑油槽。曲轴与连杆轴瓦的配合间隙用调整垫片的方法来调整松紧程度。

19 空气压缩机连杆小头轴瓦（铜套）的安装要求是什么？其与十字头配合的要求是什么？

答：空气压缩机连杆小头轴瓦（铜套）的安装要求是：小头轴瓦与连杆小头孔采用过盈配合，过盈量在 0.05～0.10mm 之间。一般用压入法或敲击法安装，轴瓦安装好后两端面应稍低于瓦座两端平面。

轴瓦压入后，内径稍有缩小，应测量其内径是否符合与十字头销的配合间隙（配合间隙为 0.04～0.07mm 之间），如过紧应进行刮研修理，过松必须更换新套。

20 空气压缩机连杆的技术要求有哪些？

答：空气压缩机连杆的技术要求有：连杆大小头孔中心线不平行度，每 100mm 不得超过 0.02～0.03mm；连杆大小头的平面不平行度，每米不得超过 0.05mm；连杆与连杆盖的分解面应成一直线，并和连杆中心线平行，其偏差不得超过 0.05mm/m。

21 空气压缩机连杆弯曲、扭曲变形的检查方法是什么？

答：空气压缩机连杆弯曲、扭曲变形的检查方法是：将连杆平置于平板上，用塞尺检测平板与各触点的间隙，各触点间的误差不超过 0.05mm。若三触点与平板接触，可将连杆翻转 180°；若接触良好，则表示正常；若下面两触点接触或只有一点接触，则表示弯曲；若上下各有一个触点接触，则表示扭曲；若下面只有一个触点接触则表示既弯曲又扭曲。校正时利用连杆校正器来校正，先校正连杆扭曲，后校正弯曲。

22 空气压缩机气缸发出撞击声的原因有哪些？如何处理？

答：空气压缩机气缸发出撞击声的原因很多，造成的原因和处理方法有：

（1）活塞或活塞环磨损严重。处理方法是：更换活塞或活塞环。

（2）活塞与气缸间隙过大。处理方法是：更换缸套或活塞。

（3）气缸余隙过小。处理方法是：重新调整气缸余隙。

（4）曲轴连杆机构与气缸中心不一致。处理方法是：重新调整中心度。

（5）活塞杆弯曲或连接件松动。处理方法是：调直活塞杆或更换活塞杆并拧紧连接件。

（6）吸排气阀断裂或螺栓松动。处理方法是：更换新吸排气阀，拧紧螺栓。

（7）连杆大小头间隙过大。处理方法是：调整间隙或更换轴瓦。

（8）气缸与活塞间落入异物。处理方法是：取出异物。

23 空气压缩机轴承温度高的原因有哪些？如何处理？

答：空气压缩机轴承温度高的原因及处理方法有：

（1）润滑油供给不足或油质老化，黏度不对。处理方法是：补充足够的油位或更换新油，更换机组要求黏度的油。

（2）轴瓦与轴的间隙过小。处理方法是：调整至合适的间隙。

（3）轴承座固定太紧。处理方法是：将轴承座的松紧调整适当。

（4）曲轴弯曲。处理方法是：校正曲轴或更换新曲轴。

24 空气压缩机排气温度过高的原因有哪些？如何处理？

答：空气压缩机排气温度过高的原因有：

（1）吸排气阀有漏气现象。

（2）活塞环损坏、活塞与活塞缸的间隙过大，造成气体两端互相串通。

处理方法是：

（1）研磨阀片或阀座使接合面严密，无法修理时更换新阀。

（2）更换新活塞环，更换活塞或进行气缸的镗修后镶套。

25 空气压缩机排出气体含有油的原因是什么？如何处理？

答：空气压缩机排出气体含有油的原因是：

（1）刮油环失去刮油作用。

（2）活塞杆磨损。

处理方法是：

（1）更换新刮油环。

（2）更换新活杆或调整刮油环与活塞杆的间隙。

26 空气压缩机排气量突然下降的原因是什么？如何处理？

答：空气压缩机排气量突然下降的原因：活塞或气阀突然损坏。

处理方法是：查明原因后将损坏部件更换。

27 空气压缩机的安全阀、减荷阀工作失灵的原因有哪些？如何处理？

答：空气压缩机的安全阀、减荷阀工作失灵的原因有：

（1）发生锈蚀或污物造成活动不灵活。

（2）弹簧压力过大。

处理方法是：

（1）消除锈蚀、污物，研磨密封面并涂以硅油。

（2）将弹簧弹力调整到符合要求的压力。

28 空气净化装置常出现的故障及原因有哪些？

答：空气净化装置常出现的故障及原因有：

（1）出入口压差高。其原因有：滤网式滤芯堵塞；出口门或入口门不能全部开启；压力表表计不准确；脱附剂结块严重。

（2）空气净化装置出口空气纯度低。其原因有：脱附剂失效不能正常再生；排污门不能自动排污、净化装置污染；来气气源污染严重。

29 清洗净化装置的滤网或滤芯时应注意的事项有哪些？

答：清洗净化装置滤芯或滤网时应注意的事项有：首先用纯净的空气由里向外吹，使滤芯或滤网表面杂质吹走，用清洗液浸泡并清洗干净，最后用干净的压缩空气吹干滤芯或滤网。

30 净化装置内脱附剂的要求有哪些？

答：净化装置内脱附剂的要求有；检修时脱附剂应用清洗液，将脱附剂表面污物清洗干净，脱附剂不得有破损；回装时脱附剂应干燥、无杂质或污物等。

31 净化装置回装后，系统应达到的要求是什么？

答：净化装置回装后，系统应达到畅通性、密封性、各阀门的灵活性、压力表计的准确性和空气排出后的纯度达到其工艺流程的要求。

第六节　水处理设备的防腐

1 什么是覆盖层防腐？

答：覆盖层防腐一般是指在金属设备或管件的内表面用塑料、橡胶、玻璃钢或复合钢板等作衬里，或用防腐涂料等涂于金属表面，将金属表面覆盖起来，使金属表面与腐蚀性介质隔离的一种防腐方法。

2 覆盖层主要有哪几种类型？

答：覆盖层主要有：橡胶衬里、玻璃钢衬里、塑料衬里、涂刷耐蚀涂料四种类型。

3 金属作覆盖层防腐时，对金属表面有哪些要求？

答：金属作覆盖层防腐时，对金属表面不允许有油污、氧化皮、锈蚀、灰尘、旧的覆盖层残余物等，其金属表面应全部呈现出金属本色，以增加金属与覆盖层之间的结合力。

4 金属表面除锈的方法有哪几种？

答：金属表面除锈的方法有：机械除锈、化学除锈、人工除锈三种方法。

5 常用的耐腐蚀涂料有哪些？

答：常用的耐腐蚀涂料有：生漆、环氧漆、过氧乙烯漆、酚醛耐酸漆、环氧沥青漆、聚氨酯漆、氯化橡胶漆和氯磺化聚乙烯漆。

6 防腐涂料施工时，应注意的安全措施有哪些？

答：防腐涂料施工时，作业现场严禁烟火；配置消防器材；制定具体防火措施；工作人员穿戴好防护用品；工作场所应有良好的通风，必要时进行强制通风。所用照明或电气设备不得有放电的可能；现场应有良好的照明，特别是容器内及沟道内施工时，应采用低压和防爆照明，其电源的开关应隔离安置，并制定防爆、防中毒的安全措施。

7 过氯乙烯漆在常温下适用于什么腐蚀介质？

答：过氯乙烯漆在温度不超过50℃时，适用于20％～50％的硫酸，20％～25％的盐酸，3％的盐溶液，还能耐中等浓度的碱溶液。

8 生漆涂层的优缺点有哪些？

答：生漆涂层具有优良的耐酸性、耐磨性和抗水性，并有很强的附着力等优点。
缺点是：不耐碱，干燥时间长，施工时容易引起人体中毒。

9 在常温下氯化橡胶漆具有的优点是什么？

答：在常温下氯化橡胶漆具有良好的耐酸、耐碱、耐盐类溶液及耐氯化氢和二氧化硫等介质的腐蚀性能，并有较大的附着力，柔韧性强，耐冲击强度高，耐晒、耐磨和防延燃，还宜用在某些碱性基体表面（如混凝土）等优点。

10 硬聚氯乙烯的优点有哪些？

答：硬聚氯乙烯具有良好的化学稳定性，它除强氧化剂（如浓度大于50％的硝酸、发烟硫酸等）外，几乎能耐任何浓度有机溶剂的腐蚀，并具有良好可塑性、可焊性和一定的机械强度，并且有成形方便、密度小、约为钢材质量的1/5。

11 用硬聚氯乙烯塑料热加工成型时应注意的事项有哪些？

答：用硬聚氯乙烯塑料热加工成型时应注意的事项有：预热处理时，板材不得有裂纹、起泡、分层等现象；板材烘热温度应控制在（130±5)℃，烘箱内各处温度应保持均匀；加热的板材应单块分层放在烘箱内的平板上，不得几块同时叠放；烘箱内的平板应平整，其上不得有任何杂物。对模具应选用热传导率与硬聚氯乙烯热传导率相近的材料（如木制），使用钢制模具时应有调温装置，板材在模具内成型时间不宜过短，脱膜后成型件表面温度不得大于40℃；成型后的板材，应及时组装，不宜长时间放置，并且直立放于平面上，相互之间应留有间距，成型边应平整光滑。

12 塑料法兰焊接时应注意的事项有哪些?

答：塑料法兰焊接时，法兰表面应光滑，不得有裂纹、沟痕、斑点、毛刺等其他降低法兰强度和连接可靠性的缺陷；端面应与管径垂直（垂直度不大于0.2mm）；法兰内径开孔处应有焊接坡口，便于法兰与管道焊接牢固。

13 硬聚氯乙烯塑料对温度有哪些要求? 对承受压力又有哪些要求?

答：硬聚氯乙烯（或PVC）塑料对温度的要求有：环境温度、介质温度不得低于零下10℃，否则造成设备变脆而损坏，也不得高于零上60℃的温度，否则容易造成设备的变形或承压部件损坏。

对承受压力的要求是一般低于使用压力，焊接管道压力一般为0.3～0.4MPa，承插管道压力不超过0.6MPa，设备和容器为常压。

14 硬聚氯乙烯塑料的最佳焊接温度是多少? 焊接时对现场环境温度以多少为宜?

答：硬聚乙烯塑料的最佳焊接温度是180～240℃。

焊接时对现场环境温度以10～25℃为佳。

15 硬聚氯乙烯焊接时应注意的事项有哪些?

答：硬聚氯乙烯焊接时，应注意焊条与焊缝间的角度为90°；对焊条的走向和施力应均匀；对焊条与被焊材料不得有焊糊的现象和未焊透的现象发生；对焊条的接头必须以切成斜口搭接；焊接前对焊条和焊接面必须清理干净，再用丙酮擦拭，以消除其表面的油脂和光泽，对于光滑的塑料表面应用砂布去除其表面光泽；对焊缝焊接完成后，焊缝应自行冷却，不得人为冷却，否则造成焊缝与母材不均匀地收缩而产生应力，从而造成裂开或损坏。

16 UPVC塑料管的优点有哪些? 管的连接宜采用什么方式联接?

答：UPVC塑料管具有抗酸碱、耐腐蚀、强度高、寿命长、无毒性、质量轻、安装方便等优点。

管的连接方式宜采用定型的管件联接，并用黏合剂将管道与管件黏结密封。UPVC的性能优于PVC制品。

17 ABS工程塑料由哪三种物质共聚而成? 其有哪些优点? ABS管件适用压力范围是多少?

答：ABS工程塑料由丙烯、丁二烯、苯乙烯三种物质共聚而成。

ABS工程塑料具有耐腐蚀、高强度、可塑铸、高韧性、抗老化、无毒害、质量轻和安装方便等优点。

ABS管件适用于0.4～1.6MPa的压力范围。

18 环氧玻璃钢由哪些物质组成? 它们的作用是什么?

答：环氧玻璃钢一般由环氧树脂、固化剂、增韧剂、增强材料等组成。

环氧树脂是起防腐和黏结的作用。

固化剂的作用是促进环氧树脂的固化。

增韧剂的作用是用来增加韧性，提高弯曲和冲击强度，并降低固化时的放热温度，有利于产品成型。

增强材料的作用是增加玻璃钢的强度。

19 玻璃钢可分为哪几类？

答：玻璃钢可分为：环氧玻璃钢、聚酯玻璃钢、酚醛玻璃钢、呋喃玻璃钢四类。

聚酯玻璃钢的优点是机械强度较高，成本低，韧性好，工艺性能优越，胶液黏度低，渗透性好，固化时无挥发物，适用于大型构件等；其缺点是耐酸碱性较差，耐热性低等。

环氧玻璃钢的优点有：机械强度较高、耐酸碱性高，黏接力较强，工艺性能良好，固化时无挥发物，易于改性等；其余强氧化性酸类都不耐腐蚀，如硝酸、浓硫酸、铬酸等。

20 贴衬玻璃钢的外观检查时不得有哪些缺陷？

答：贴衬玻璃钢的外观检查时，不得有下列缺陷出现：

（1）裂纹在腐蚀层表面深度不得超过0.5mm，增强层裂纹深度不超过2mm以上。

（2）防腐层表面气泡直径不超过5mm，在每平方米内直径不大于5mm的气泡不得多于3个。

（3）耐蚀层不得有返白区。

（4）耐腐蚀层表面应光滑平整，其不平整度不得超过总厚度的20%。

（5）玻璃钢的黏结与基体的结合应牢固，不得有分层，纤维裸露，树脂结节，色泽不均匀并不得夹有异物，不允许出现孔洞等现象。

21 玻璃钢制品同一部位的修补不得超过几次？玻璃钢制品当出现有大面积分层或气泡缺陷时，如何处理？

答：玻璃钢制品同一部位的修补不得超过两次。

玻璃钢制品当出现大面积分层或气泡缺陷时，应把该片玻璃钢全部铲除，露出基面，并重新打磨基体表面后，再贴衬玻璃钢。

22 常用于喷砂的砂料有哪些？一般粒度为多少毫米？

答：常用喷砂的砂料及其粒度大小为：

（1）石英砂。一般粒度为2～3.5mm。

（2）金刚砂。一般粒度为2～3mm。

（3）铁砂或钢丸。一般粒度为1～2mm。

（4）硅质河沙或海沙。一般粒度为2～3.5mm。

23 衬里胶板的连接方式一般有哪些？

答：衬里胶板的连接方式一般有：搭接、对接和削边三种方式。

（1）采用搭接时，应采用丁字形接缝，搭接宽度应不小于胶板厚度的4倍，且不大于30mm。无论同层或多层胶板接缝必须错缝排列，同层接缝必须错开胶板的1/2，最小不少于1/3。多层胶板接缝不得出现叠缝，接缝错位一般不低于100mm。

（2）对接缝的方向应顺介质流动的方向或设备转动的方向。

（3）采用削边连接时，削边应平直、宽窄一致，通常为10～20mm或边角小于30°，并且方向一致。

24 衬胶施工中必须进行的检查有哪些？

答：衬胶施工中必须进行中间检查，检查接缝不得有漏烙、漏压和烧焦现象，衬里不许存在气泡、针眼等缺陷，接缝搭接方向应正确，接头必须贴合严实，胶板不得有漏电现象。

25 修补橡胶衬里层缺陷常用的方法有哪些？各修补方法主要用于什么缺陷的修补？

答：修补橡胶衬里层缺陷常用的方法及适用于何种缺陷的修补有：

（1）用原衬里层同牌号的胶片修补。这种方法主要用于修复鼓泡、脱开和离层等面积较大的缺陷。

（2）用环氧玻璃钢和胶泥修补。这种方法适用于任何缺陷的修理，且其操作简单方便。

（3）用低温硫化的软橡胶片修衬。这种方法主要用于修复鼓泡、脱开和离层等较大的面积的缺陷。

（4）用环化橡胶熔灌（天然橡胶100＋酚磺酸7.5的胶料）。这种方法主要用于修复龟裂隙、针孔和接缝不严的小缺陷。

（5）用聚异丁烯板修补。这种方法主要用于修复鼓泡、脱开或脱层等面积较大的缺陷。

（6）用酚醛胶泥黏贴硫化的软橡胶片修补。这种方法主要用来修复鼓泡，脱开或离层较大面积的缺陷。

26 橡胶衬里进行局部硫化时，应注意的事项有哪些？

答：橡胶衬里进行局部硫化时，应注意的事项有：对允许再次硫化的设备，才可进行二次硫化，并按硫化工艺进行整体硫化；硫化时的最高压力比原硫化压力低0.05～0.1MPa（原硫化压力为0.3MPa）。对不允许再次硫化的设备，可利用局部加热的方法进行硫化；局部硫化时，应对硫化部位随时检查，以判断硫化是否完全。

27 橡胶衬里检查的方法有哪几种？

答；橡胶衬里检查的方法有四种：

（1）用眼睛观察的方法。主要检查衬里表面有无突起、气泡或接头不牢等现象。

（2）木制小锤敲击法。主要检查衬胶层有无离层或脱开现象。

（3）用电火花检验器。主要检验橡胶衬里的不渗透性。

（4）用电解液检验法。主要检验橡胶衬里的不渗透性。

28 如何选择耐腐蚀涂料？

答：耐腐蚀涂料的选择应根据介质的性质、环境条件并结合工程中使用部位的重要性和耐腐蚀涂料的性能及其在室温下固化成膜的要求来综合选定。

（1）按腐蚀程度选择涂料的品种，见表5-2、表5-3。

表 5-2　常温涂料的选用

腐蚀程度	涂料名称
强腐蚀	过氯乙烯涂料、聚氯乙烯涂料、氯磺化聚乙烯涂料、氯化橡胶涂料、生漆、漆酚漆、环氧树脂涂料
中等腐蚀	环氧树脂涂料、聚氯乙烯涂料、氯磺化聚乙烯涂料、氯化橡胶涂料、聚氨酯涂料（催化固化型）、沥青漆、酚醛树脂涂料、环氧沥青漆
弱腐蚀	酚醛树脂涂料、醇酸树脂涂料、油基涂料、富锌涂料、沥青漆

表 5-3　耐高温涂料的选用

腐蚀程度	耐温度（℃）	涂料名称
中等腐蚀	<250	氯磺化聚乙烯改性耐高温涂料
弱腐蚀	300～450	有机硅耐热涂料

（2）在碱性环境中，不应采用生漆、漆酚漆、酚醛漆和醇酸漆。

（3）富锌涂料适用于海洋大气，在酸碱环境中，只能作底漆。

（4）室外不宜采用生漆、漆酚漆、酚醛漆和沥青漆。

（5）应选用相互结合良好的涂料底漆、磁漆和清漆（面漆）等配套使用。

29 涂料施工应采取的安全措施有哪些?

答：涂料施工应采取的安全措施有：

（1）防腐涂料作业现场严禁烟火和吸烟，施工时必须制定具体防火措施，设置消防器材。

（2）喷涂、滚涂、刷涂漆料时，要穿戴好防护用品，特别是面部防护用品。还应采用风量较大的风机进行强制通风，防止中毒和爆炸。

（3）从事树脂涂料作业的人员，皮肤裸露部分不得与树脂接触。对树脂过敏的人员不宜从事此项工作。

（4）登高作业必须严格遵守高空作业安全规定。

（5）严禁携带引火物进行配料和施工，所用风机和照明的电源线应完整无缺，不得有放电的可能。

（6）施工现场应有良好的照明，特别是容器内及沟道内的施工应采用低压和防爆照明，其电源开关应隔离安置，并要制定防爆、防中毒的具体安全措施。

30 常见防腐覆盖层的种类有哪些?

答：常见防腐覆盖层的种类有：橡胶衬里、玻璃钢衬里、塑料衬里、涂刷的耐蚀涂料。

31 喷砂除锈四级质量标准的具体要求是什么?

答：喷砂除锈四级质量标准的具体要求是：

（1）一级。彻底除净金属表面上的油脂、氧化皮、锈蚀等一切产物，并用吸尘器、干燥洁净的压缩空气或刷子清除粉尘。要求表面无任何可见的残留物，呈现均匀的金属本色，并有一定的粗糙度。

（2）二级。允许残存的锈斑、氧化皮等引起轻微变色的面积，在任何100mm×100mm的范围内不得超过5%。

（3）三级。完全除去金属表面上的油脂、疏松氧化皮、浮锈等杂物，并用干燥洁净的压缩空气或刷子清除粉尘。紧附的氧化皮、点蚀锈坑或旧漆等斑点状残留物的面积在任何100mm×100mm的范围内不得超过33%。

（4）四级。除去金属表面上的油脂、铁锈、氧化皮等杂物，允许有紧附的氧化皮、锈蚀产物或旧油漆存在。

32 简述水处理设备中的防腐措施。

答：水处理设备中的防腐措施有：

（1）橡胶衬里。水处理设备衬里用的是天然橡胶板，把橡胶板按衬里的工艺要求衬贴在设备和管道的内壁上，例如固定床阳、阴离子交换器内壁，除盐水母管内壁等均可采用橡胶衬里。

（2）玻璃钢衬里。玻璃纤维增强的塑料即为玻璃钢。其成型方法一般可分为手糊法（衬里的主要成型方法）、模压法、缠绕法等。在一定的条件（温度、时间、压力）下，玻璃纤维浸透树脂，树脂固化，形成整体衬里玻璃钢或制品。玻璃钢的工艺性能好，成型工艺简单，适宜在现场进行。同时玻璃钢有良好的耐腐蚀性能，例如酸、碱槽，酸、碱计量箱等，都可采用玻璃钢制品或玻璃钢衬里。

（3）环氧树脂涂料防腐。它是用环氧树脂、有机溶剂、增塑剂、填料等配制的。在使用时，再加入一定量的固化剂，立即涂抹在防腐设备或管道的内、外壁上。其优点是有良好的耐腐蚀性能，与金属和非金属有极好的附着力。例如涂在酸、碱管道的外壁，酸、碱系统的接头处或筒体的内、外壁等。

（4）聚氯乙烯塑料。硬聚氯乙烯塑料是目前应用最广泛的一种防腐材料，能耐大部分酸、碱、盐类溶液的腐蚀（除浓硝酸、发烟硫酸等强氧化剂外），一般采用焊接，焊接工艺简单，又有一定的机械强度。可用作酸、碱的输送管道。

（5）工程塑料。是指具有某些金属性能，能承受一定的外力作用，在高低温下仍能保持其优良性能的一种塑料，其耐腐蚀性能、耐磨性能、润滑性能、电气性能良好。此类塑料有聚砜塑料、氟塑料等。

（6）不锈钢。有铬不锈钢及铬镍不锈钢，其耐腐蚀性能远优于普通碳钢及低合金钢，又具有金属的机械性能，常用在水汽取样管、树脂输送管、制作交换器的中排装置，过滤器的疏水装置等。

（7）有机玻璃。有一定的抗酸、碱性能。因透明，可用作固定床等筒体的监视窗。其耐温性能较差，一般用于常温、低压条件下。

（8）喷塑料微粒。这是一种防腐新工艺，可将塑料微粒喷结在金属壁上，这种防腐措施特别适用于小孔径管道内壁的防腐。

目前，还出现了一些新型的防腐工艺和材料，用于制作防腐的管道，比如浸塑管道等。

33 水处理设备压缩空气系统的防冻措施有哪些？

答：尽量避免压缩空气带水。在压缩空气带水时，应定期打开排污门，进行放水操作。

运行中，压缩空气带水将造成阀门拒绝动作，则需要加装伴热带或伴热管。

34 什么样的硬聚氯乙烯板材不能用于加工设备？

答：板材预热处理时，发现板材有裂纹、起泡、分层等现象时，不得用于加工设备。

35 硬聚氯乙烯板材加热成型时有何要求？

答：硬聚氯乙烯板材加热成型时的要求有：

（1）板材可在烘箱内加热，烘箱温度控制在（130±5)℃，烘箱内各处温度应保持均匀。

（2）不同厚度的板材，加热时间不同。

（3）加热的板材应单块分层放在烘箱内的平板上，不得几块同时叠放。

36 贴衬玻璃钢时应做的准备工作有哪些？

答：贴衬玻璃钢时应做的准备工作有：

（1）应抽样检查各种原材料的质量是否符合要求，合格后方可使用。

（2）施工环境温度以15～20℃为宜，相对湿度应不大于80%，温度低于10℃，应采用苯磺酰氯作固化剂。温度低于17℃时，应采用加热保温措施，但不得用明火或蒸汽直接加热原材料。

（3）玻璃钢制品在施工及固化期间严禁明火，并应防火、防曝晒。

（4）树脂、固化剂、稀释剂等原材料，均应密封储存在室内清洁干燥处。

（5）衬里设备的钢壳表面按喷砂除锈要求处理，其缺陷处、凸凹处可用环氧腻子抹成过渡圆弧。

（6）在大型密闭容器内施工时应设置通风装置，并搭脚手架或吊架。

37 贴衬玻璃钢时应检查的内容有什么？

答：贴衬玻璃钢时应检查的内容有：

（1）用目测法检查有无气泡、裂纹、凸凹（或皱纹）、返白，以及有无分脱层、纤维裸露、树脂结节、异物夹杂、色泽不均等现象。

（2）固化度检查。

（3）含胶量测定。

（4）用高频电火花检测仪检查有无微孔缺陷。

（5）衬里设备盛水检查。

38 设备内衬的橡胶板宏观检查合格的标准是什么？

答：设备内衬的橡胶板宏观检查合格标准是：

（1）胶板不应有大于0.5mm的外来杂质，表面上不得有重质油污染物。

（2）胶板允许有$2mm^2$以下的气泡存在，不大于$5mm^2$的气泡在$1m^2$的面积上，每侧不得多于5个。

（3）胶板表面允许有垫布本身黏附的线毛、线头，垫布折皱所造成的印痕及因压延造成的水波纹，但该处胶板厚度应在规定的公差范围内。

（4）胶板在规定的存放条件下，硬胶板、半硬胶板、软胶板在六个月内不应产生早期自硫化或结块现象，胶浆胶在两个月内不应产生早期自硫化或结块现象。

（5）胶板应储存在温度为0～30℃，相对湿度在50%～80%通风良好的暗室中，放置时不应受压、受热，并距热源2m以外。

（6）胶板应能全部溶解于溶剂汽油中。

39 橡胶衬里局部缺陷的修补方法是什么？

答：橡胶衬里局部缺陷常用的修补方法有：

（1）用原衬里层同种牌号的胶片修补。

（2）用环氧玻璃钢和胶泥修补。

（3）用低温硫化的软橡胶片修补。

（4）用环化橡胶熔灌（环化橡胶为天然橡胶100＋酚磺酸7.5的胶料）。

（5）用聚异丁烯板修补。

（6）用酚醛胶泥黏贴硫化的软橡胶片修补。

40 衬里喷砂除锈的磨料要求有哪些？

答：衬里喷砂除锈的磨料要求有：

（1）磨料应由密度大、韧性高、质坚有棱角的粒状物组成。

（2）磨料在使用过程中尽可能地不易碎裂，释放的粒尘也要最少。

（3）喷射在金属表面上的磨料粉尘要容易清除。

（4）磨料必须经过充分干燥，含水量应不大于1%，且不得含有污染衬里的杂质。

（5）磨料的粒径应能达到除锈等级要求。

41 贴衬橡胶板时应如何排气？

答：胶板黏贴时，除采用依次黏贴撵气法外，还可采用挂棉线排气法导气。根据工件形状和表面缺陷的分布状态不同，可采用单线、双线或线网的方法排气。挂线必须在胶浆接近干燥，胶板黏贴前进行，线头应引出管道或设备外。

42 如何检查贴衬玻璃钢的质量？

答：贴衬玻璃钢时应检查的内容有：

（1）用目测法检查所有部位，不允许有：

1）气泡。防腐层表面允许的气泡直径不超过5mm，直径不大于5mm的气泡少于3个/m^2时，可以不予修补。否则应将气泡划破进行修补。

2）裂纹。耐蚀层表面不允许有深度为0.5mm以上的裂纹，增强层表面不允许有深度为2mm以上的裂纹。

3）凸凹（或皱纹）。耐蚀层表面应光滑平整，增强层的凸凹部分厚度不大于总厚度的20%。

4）返白。耐蚀层不允许有返白区，增强层返白区最大不超过50mm范围。

5）玻璃钢制品层间黏结。衬里层与基体的结合应牢固，不允许有分脱层、纤维裸露、树脂结节、异物夹杂、色泽不均等现象。

（2）固化度检查。用手摸玻璃钢制品表面是否感觉发黏，用棉花蘸丙酮在玻璃钢表面上擦抹，观察有无颜色，或用棉花球置于玻璃钢表面上看能否被吹掉。如感到黏手，目观棉花变色或棉花球吹不掉，说明制品表面固化不完全，应予返工。也可采用丙酮萃取法抽样测定玻璃钢中树脂不可溶分的含量（即树脂固化度）。

（3）含胶量测定。可采用灼烧法抽样测定玻璃钢中树脂的含量。耐蚀层的含胶量应大于65%，增强层的含胶量为50%～55%。

（4）用高频电火花检测仪检查有无微孔缺陷。

（5）衬里设备盛水检查。在室温下固化不少于168h，然后盛水试验48h以上，要求无渗漏、冒汗和明显变形的不正常现象。

43 胶板贴衬时，胶浆一般涂刷几次？如何涂刷？

答：胶板贴衬时，胶浆一般金属表面涂三遍，胶板涂两遍。

涂刷胶浆前，应先将洁净的金属表面用汽油擦一遍，然后将胶浆搅拌均匀进行涂刷，要求涂层薄而均匀，勿流淌。涂刷一遍后，胶膜干到不黏手时再涂第二遍、第三遍。前后两遍的涂刷方向应纵横交错。

44 胶板硫化方法有哪几种？选择原则是什么？

答：胶板硫化的方法有硫化釜内硫化法和本体硫化法。

选择原则为：

（1）凡是能进入硫化釜的橡胶衬里设备，应首先考虑采用硫化釜内硫化的方法，并宜采用恒压法硫化；设计压力大于或等于0.3MPa的橡胶衬里设备，也可采用本体硫化法。

（2）凡是无法进入硫化釜的橡胶衬里设备，容积小于或等于100m^{3}的可选择本体硫化法。此时金属壳体的设计压力应大于或等于0.3MPa。

（3）不能采用上述方法进行硫化的大型设备，可采用自然硫化橡胶板、预硫化橡胶板、常压热水硫化橡胶板和常压蒸汽硫化橡胶板。

45 简述橡胶衬里的质量标准。

答：橡胶衬里的质量标准为：

（1）衬里成品形状、尺寸必须符合设计图纸要求。

（2）受压和真空设备、管件、管道，必须采用切削加工的衬胶制品，以及转动设备的转动部件，其衬胶层均不允许有脱层现象。

（3）常压设备衬胶层允许有脱层现象，但每处脱层面积不得大于20cm^2，凸起高度不得高于2mm，且脱层数量受到的限制见表5-4。

表5-4　橡胶衬里允许脱层数

补胶层面积（m^2）	允许脱层数（处）
≥4	≤3
2～4	≤2
<2	≤1

（4）常压管道、管件的衬胶层允许有不破的气泡，每处面积不大于10cm^2，凸起高度不大于2mm，气泡的总面积不大于管道、管件衬胶层总面积的1%。

(5) 衬胶层表面允许有凹陷和深度不超过 0.5mm 的外伤、粗糙、夹杂物，以及在滚压时产生的印痕。

(6) 法兰边沿及翻边密封面处的衬胶层不允许有脱层现象。

(7) 检查衬胶层厚度时，各测点应尽可能地相距远一点，一般测 10 点左右，厚度允许偏差为图纸标准厚度的－10％～＋15％之内。

(8) 硫化后的硬橡胶、半硬橡胶、软橡胶的硬度分别用邵氏 D 型、A 型硬度计来测量。硫化胶硬度的算术平均值应符合制造规定，允许误差为±5 度。

(9) 容器、管件衬胶前耐压试验和衬胶后气密试验的压力应符合图纸要求。

(10) 容器、管件衬胶后按图纸规定进行气密试验，主要检查法兰面是否泄漏，气压保持 10min 以上不下降为合格。

(11) 真空容器衬胶后按图纸规定的真空进行抽真空试验 1h，试验后对衬里层应重复检查有无缺陷。

(12) 转动设备的转动金属部件在衬胶前后必须进行动、静平衡试验，不平衡量不得超标。

(13) 当工艺介质要求纯度时，应检查衬里材料对工艺介质的污染程度。

第七节　加热及制氢设备检修

1 氢气的优缺点分别有哪些？

答：氢气的优点有；氢气具有传热系数大、易扩散、冷却效率高等优点。

氢气的缺点有：氢气渗透性强，氢气与空气混合后易发生爆炸等缺点。

2 制氢设备主要由哪些设备组成？

答：制氢设备主要由电解槽、气水分离器、气体洗涤器、压力调节器、平衡水箱、冷却器、储氢罐、水封槽、碱液溶解箱和过滤器等主要设备组成。

3 制氢设备每隔几年大修一次？大修前应做好哪些准备工作？

答；制氢设备每隔 2～3 年应大修一次，并每年小修一次。

大修前应做好以下准备工作：

(1) 对电解槽的运行状况和系统设备存在的缺陷进行了解。

(2) 制定出大修计划和检修进度，并办理检修工作票。

(3) 准备好必要的备品备件、消防器材与急救药品，以及气体置换时用的二氧化碳或氮气（置换后的氢含量应低于 3％）

(4) 准备好检修用的专用工具（铜制或镀镍的工具）。如没有专用工具，需在工具上和被拆卸的部件上涂以防火的黄油，以防产生火花发生爆炸。

(5) 测量拉紧螺杆的紧力，并做好记录，供重新组装时做参考。

4 在检修制氢设备时，对检修工作人员有哪些要求？

答：在检修制氢设备时，对检修工作人员的要求有：所有检修人员必须遵守安全操作规程，不准将易燃易爆物品带入现场，不准穿铁钉鞋，不准动其他非检修设备。

5 在制氢设备上或附近进行焊接或明火作业时有哪些要求？

答：在制氢设备上或附近进行焊接或有明火作业时，必须事先经过氢含量测定（如制氢设备或氢气容器必须置换处理），证实工作区域内空气中氢含量低于3%，并经厂部生产领导批准后方可工作，并且现场应有消防人员，并设立专人负责。

6 检修制氢设备中极板组和端极板的方法和质量要求有哪些？

答：检修极板组和端极板时，可用软麻包布擦洗其阳极镀镍层表面的污物，使其表面光洁，若有损坏应进行更换。对于不镀镍的阴极板可用水砂纸将表面打磨干净，使其露出金属本色，再用软麻布将表面擦净。然后浸泡在80号以上的汽油或易挥发、去油污的溶剂里数小时，取出擦干并放在干燥室内存放，或者用布包起来，以防灰尘沾污。

7 电解槽隔膜框检修时的要求有哪些？

答：电解槽隔膜框检修时，隔膜框的密封线，不得有缺陷，否则需更换。清理隔膜框内外污物，以及气道孔、液道孔，使其内外表面干净，畅通无阻。并更换损坏、折叠或有孔洞的石棉布，并将石棉布用压环紧固在隔膜框上。要求更换后的石棉布无粗头和断裂，经纬线布置应均匀，布面应致密不透光。

8 电解槽的蝶形弹簧和拉紧螺杆有哪些要求？

答；电解槽的蝶形弹簧和拉紧螺杆不得有损伤和裂纹（用金属探伤法检查），不得弯曲或变形，不合格时应更换新的备件。

9 电解槽的绝缘垫片的要求有哪些？

答：电解槽的绝缘垫片的要求是：垫片应采用聚四氟乙烯制成。垫片的厚度一般为4.5mm，其偏差小于或等于0.1mm，内外缘偏差应小于或等于2mm。

10 电解槽组装时应注意的事项有哪些？

答：电解槽组装时应注意的事项有：隔膜框孔道方向应正确；氢、氧气道孔不能装反，并保证气道的畅通，极板组不得装反；极板组和隔膜框之间不能短路。

11 电解槽安装好进行热吹洗时，应注意的事项有哪些？

答：电解槽进行热吹洗时，应注意在气道排出口通入压力表为0.2～0.3MPa的蒸汽，吹洗30～40h，疏水和蒸汽从下面液道排出口排出。吹洗过程中，电解槽温度升高至120°～130°时，应对拉紧螺栓进行热紧，将拉紧螺栓紧至拆卸前螺栓的长度，弹簧变形量在8～11mm的范围内。

12 电解槽进行水压试验和气密封性试验的压力各是多少？时间各为多少小时？

答：电解槽进行水压试验的压力是1.4MPa（指DQ-4型）和4MPa（指ZhDQ-32/10型），水压试验时间为0.25h，水压试验的用水为凝结水；接着进行气密封性试验，压力为

1MPa（DQ-4 型）和 3MPa（ZhDQ-10 型），气密封性试验为 1h。

13 电解槽的绝缘试验要求有哪些？

答；电解槽的绝缘试验要求有：室间绝缘不断路，螺杆对端极板绝缘和端板对地绝缘不短路，电阻都大于 1MΩ。

14 制氢设备的压力调节器检修时应注意的事项有哪些？

答：制氢设备的压力调节器检修时应注意的事项有：

（1）检修前应用清水冲洗压力调节器内残留碱液后，方可开始工作。

（2）浮筒杆应垂直、光滑，安装后应动作灵活。

（3）针塞与阀座应结合严密，无锈蚀或污物。

（4）安全阀动作灵活，并用 1MPa 的压缩空气试验正常。

（5）调节器内壁和浮筒表面不得有锈蚀和泄漏，否则应更换。

（6）将调节器所有结合面、垫片、螺栓涂以铅粉或二硫化钼，以备下次检修时容易拆卸。

15 制氢设备各系统的涂色规定是什么？

答：制氢设备各系统的涂色的规定是：

（1）电解槽、贮氢罐及贮氢罐体外裸露的管道为白色。

（2）氢分离器、氢洗涤器、氢压力调整器、制氢室内管路均为乳绿色。

（3）氧分离器、氧洗涤器、氧压力调整器、水封槽、贮氧罐、氧管路为天蓝色。

（4）碱溶箱、碱系统为乳黄色。

（5）补给水系统为深绿色。

（6）冷却水系统为黑色。

16 在电解槽中端极板起何作用？

答：在电解槽中端极板的作用是：

（1）固定整体电解槽。

（2）连接电源接头，引入电流。

17 制氢设备检修时应进行哪些准备工作？

答：制氢设备检修时应进行的准备工作有：

（1）了解和弄清电解槽的运行工况和系统设备缺陷。

（2）准备好必要的备品备件，如绝缘垫片、石棉布隔膜、部分极板及隔膜框等。

（3）准备好起吊机具和专用工具。

（4）卸掉系统压力，将制氢系统及其设备进行氮气或二氧化碳气体的置换工作，并用微氢表测定系统气体中的含氢量，直到含氢量小于 3%为止。

（5）测量拉紧螺杆的紧力，并做好记录，供解体后重新组装时使用。

18 在电解槽解体检修前为何要在电解槽四周画三条平行线，并分段测量其长度？

答：在电解槽解体检修前要在电解槽四周画三条平行线并分段测量其长度的目的为：

(1) 保证极板组装时位置对正。

(2) 在紧螺杆上的螺母时，紧力应参考所画的三条线，使紧固后的总长度增加值为3～5mm。

19 简述压力调节器的工作原理。

答：在调节器内保持有一定的水位，当水位高时，浮筒浮起，针形阀关闭。当水位低时，浮筒下降，针形阀打开。电解槽投运后，氢侧调节器的压力首先升高，将水压向氧侧，氧侧调节器水位升高。此时氢侧调节器的浮筒下降，针形阀打开，氢气排出；而氧侧压力调节器，由于水位升高，浮筒浮起，针形阀关闭，氧侧压力也随之升高。当两侧压力相等时，水位又回到原来的平衡状态，此时氧侧调节器浮筒下降，针形阀打开，排出氧气。如此反复调节，使两侧压力保持平衡。

20 制氢设备压力调节器的检修方法和质量标准是什么？

答：制氢设备压力调节器的检修方法和质量标准是：

(1) 检修前先用清水冲洗压力调节器内残留的碱液，然后拆下顶部封头法兰盘和调节器排气管法兰盘的螺栓，再安装好吊架，用手拉葫芦将顶部封头和排气管吊放在准备好的支架上，将封头架高。

(2) 拆开浮筒与浮筒杆连接的法兰盘，取下浮筒。松开浮筒杆上的锁母，抽出浮筒杆，取下针塞。为了防止浮筒杆弯曲，应将浮筒杆从垂直方向卸下，勿在浮筒未拆除时将浮筒杆横置拆卸。拆卸后，先用铜刷将浮筒杆表面的污物除掉，然后再用特制磨具将其磨光，使其表面粗糙度不高于1.6▽。浮筒杆应垂直、光滑，安装后动作灵活，与轴承配合公差应小于0.5mm。针塞与阀座的结合应严密，表面粗糙度不高于0.4▽，否则应用特制磨具磨光。

(3) 拆卸排气连接管后，小心松开阀座与阀座固定板上的螺母，取出阀座固定板，检查针塞与阀座结合面的严密性，并将阀座与固定板清理干净。

(4) 将调节器内壁和浮筒表面的锈垢用铁丝刷除掉，如有泄漏处应进行补焊或更换。

(5) 用1.0MPa的压缩空气校验安全阀。

(6) 将调节器的螺栓、密封垫和法兰盘口涂上黑铅粉或二硫化钼，以备下次大修时易拆卸。

(7) 按拆卸的逆顺序组装压力调节器。

21 电解槽热吹洗后为何要热紧拉杆螺母？

答：电解槽热吹洗过程中，电解槽温度将升高到120～130℃，这时绝缘垫片要变软、收缩。因此，需要热紧拉杆螺母，使拉杆拉紧弹簧变形量在8～11mm的范围内。

22 在进行设备的清扫擦拭时，应注意的事项是什么？

答：禁止在设备运行时清扫、擦拭和润滑机器的旋转和移动的部分，以及把手伸入栅栏内。清扫运转中机器的固定部分时，不准把抹布缠在手上或手指上使用，只有在转动部分对工作人员没有危险时，方可允许用长嘴油壶或油枪往油室和轴承里加油。

23 压卸酸、碱时，应注意什么？

答：压卸酸、碱时，应注意的事项为：

（1）首先要了解酸、碱的性能，并有一定的防护及急救处理知识。

（2）压卸酸、碱时，应了解来的是酸还是碱，数量是多少，是普通的，还是高纯（浓）度的。

（3）要去现场观察酸、碱储罐的实际液位，以免卸错或造成溢流。

（4）进行卸酸、碱操作时，应戴好防护面具，戴防护手套和穿防酸、碱的工作服。

（5）在卸酸、碱时，应有专人在旁监护，并注意储罐液位。

（6）卸酸、碱现场应备有较大流量的自来水源，以备应急使用。

（7）压酸、碱时，应检查阀门动作情况是否正常，同时也应有专人负责监护，以防漏酸、漏碱。

（8）使用压缩空气压酸、碱时，应注意气压不得超过规定值，以防塑料管破裂。

24 在混合加热器的蒸汽入口管上为何要加装止回阀？

答：在混合加热器的蒸汽入口管上加装止回阀是为了防止加热器管子破裂时，水进入蒸汽系统，产生汽水冲击。

25 简述表面式加热器的拆卸顺序。

答：表面式加热器的拆卸顺序为：

（1）拆卸蒸汽侧、水侧的进、出口压力表，玻璃水位计及与其连接的管子等。

（2）松开法兰螺栓，拆下进、出口水侧弯头。

（3）搭好人字架，拴好钢丝绳的吊索，挂好倒链，松开前端盖（水侧封头）与外壳相连接的螺栓，卸下端盖，并按上述顺序拆卸后端盖（汽侧封头）及芯子的小端盖（水侧小封头）。

一般不必吊出芯子，如需更换新管时才将芯子吊出。

26 如何更换表面式加热器中泄漏的管子？

答：更换前要先打上记号。对直管式管束，应查对泄漏管两端的胀口，用尖凿将胀口处管端破开，砸小、砸扁成Y形，用榔头砸管头，管子即可由另一端抽出。对U形管束，则需吊出管束，将其立放在专用铁架上。将管隔板拉筋锯开，隔板移到管板附近，再将所有破裂管子与有碍锯管的管子都用木条分开，在尽量靠近管板处将U形管下部锯掉，最后用凸缘铁棍向胀口侧打，就可将管头打下。在抽取泄漏的管子时，如管子在管板上胀得过紧，则可用比管口稍小的铰刀将胀管部分的管头铰去一些，注意不要伤及管板，然后打出余下的管头。管头打出后，将管板管孔用砂布打磨干净，然后把备好的管子插入，用胀管器胀好，再进行翻边。

27 管束为铜管的表面式加热器，在换管的过程中为何不能碰撞和摔跌铜管？

答：为防止铜管应力损伤，在搬运、更换铜管的过程中，不能碰撞和摔跌铜管。

28 应力不合格的铜管，应如何进行退火处理？

答：将应力不合格的铜管小心地放到专用的蒸汽退火炉中，在260～300℃的温度下，保持1.5～2h，最后使其自然冷却后取出使用。

29 翻边胀管法的步骤和质量标准分别是什么？

答：翻边胀管法的步骤为：

(1) 选择合适的胀管器，备好足够的胀珠。

(2) 将管板、管孔内表面用细砂布打磨干净，不得在纵向上有0.10mm以上的沟痕，但表面也不要求十分光滑，打磨后应拭净。

(3) 将管头穿入管板管孔摆好，管子在管板上应各露出1.5～2mm备胀。

(4) 在管口内涂上少许黄油，放入胀管器，要求其与管子之间有一定间隙，然后用扳手或转动机械转动胀管器的胀杆，将管口胀大。

(5) 待管口胀大到与管板管孔壁完全接合时，检查胀管器外壳上的止推盘是否靠着管头。如此时靠着管头，即管子未被胀住，则说明原来的管子与管板管孔壁的间隙过大，胀管器的装置距离不够，必须更换胀管器重新胀管。在胀管过程中，管子未胀大到与管板管孔壁接合，管子就不能动了，并感到胀杆有劲，但此时管子并未胀牢，还需把胀杆转2～3圈，即认为已胀好。胀管前管板管孔与管子的许可间隙：ϕ19的管子为0.20～0.30mm；ϕ24的管子为0.25～0.40mm。

(6) 管子胀好后，即可进行翻边，翻边可增加胀管强度。翻边后，管子的弯曲部分应稍进入管板管孔，不能离管孔太远。翻边可利用翻边工具来完成。

胀管的质量标准为：

(1) 胀管管壁表面应没有层皮的痕迹和剥起的薄片、疤斑、凹坑和裂纹，若有这些缺陷，必须换管重胀。产生这种缺陷的原因是铜管退火不够或翻边角度太大。

(2) 胀管应牢固。若因胀管结束太早，或因胀杆细、胀珠短造成胀管不牢，则必须重胀。

(3) 管口要端正，松紧要均匀。

(4) 水压试验应无渗漏。

30 简述常用疏水器的型式及用途。

答：疏水器的型式很多，常用的有浮球式、偏心热动力式、脉冲式和钟形浮子式。

浮球式疏水器需连续排水，排水量大，用于压力较高的系统。

偏心热动力式和脉冲式疏水器体积小，质量轻，结构简单，操作性能较好，能够连续或间断排水，因而生产上使用得较为广泛。

钟形浮子式疏水器为周期性排水，排水量较小，适合低压及排水量较小的场合。

第六章

燃煤电厂工业废水的处理

第一节 工业废水基本概念

1 什么是工业废水?

答：工业废水是指工艺生产过程中排出的废水和废液，其中含有随水流失的工业生产用料、中间产物、副产品以及生产过程中产生的污染物，是造成环境污染，特别是水污染的重要原因。

2 工业废水的组成有哪些?

答：工业废水的组成按其含有物质的成分可分为：含悬浮物类的工业废水、含高盐类的工业废水和含高盐且含悬浮物的工业废水。

3 含悬浮物类的工业废水包括哪些?

答：含悬浮物类的工业废水主要包括：湿法除尘水、输煤系统冲洗水及重力式过滤器、压力式过滤器的反洗排水等。

4 含悬浮物类的工业废水的主要来源是什么?

答：含悬浮物类的工业废水的主要来源是湿法除尘水、输煤系统冲洗水及预处理的反洗排水。

5 什么是高含盐类的工业废水?

答：高含盐类的工业废水是指水中的含盐成分较高且不能在本工段继续使用的水。

6 高含盐类的工业废水有哪些?

答：高含盐类的工业废水主要有：循环排污水、反渗透浓排水、树脂再生废水等。

7 含高盐且含悬浮物的工业废水有哪些?

答：含高盐且含悬浮物的工业废水主要有：采用反渗透浓水作为预处理过滤器反洗产生的废水、酸洗产生的废水等。

8 什么是反渗透浓水？

答：反渗透在工作过程中利用膜的反向渗透压将水中多数的离子保留在进水侧，含盐分较低的淡水进入下一个系统，保留在反渗透进水侧的浓缩的水叫作反渗透浓水。

9 反渗透浓水和树脂再生废水如何回用？

答：根据梯级利用的用水原则，反渗透浓水在燃煤电厂中与树脂再生废水混合后输送至脱硫废水中进行回用，或单独回收后用于上一步机械过滤器的反洗用水。对于原水含盐量较低的电厂，溶解固形物在400mg/L以下时，根据水质情况也可以用于循环冷却水的补充水。

10 含悬浮物又含较高盐分工业废水的主要特点是什么？

答：含悬浮物又含较高盐分的工业废水，多数为锅炉冲洗、酸洗产生的废水，该部分废水的水温多数较高，含有金属腐蚀物和安装时产生的细小物料。另一部分为反渗透浓水作为预处理过滤器反洗产生的废水，一般偏碱性，含有较高的悬浮物和原水中95%～97%以上的离子。

11 含悬浮物又含较高盐分的工业废水如何回用？

答：根据梯级利用的用水原则及合理性，含悬浮物又含较高盐分的工业废水直接输送至工业废水处理系统进行处理，先进行氧化、pH调节处理，再进入处理悬浮物的混凝澄清装置之后进入过滤处理系统，最终处理掉95%及以上的悬浮物后，回用至除灰渣系统或脱硫废水处理系统。

12 预处理重力式过滤器的反洗周期是多少？

答：预处理重力式过滤器的反洗周期是12h或24h。

13 重力式过滤器的反洗控制信号取自哪里？

答：重力式过滤器的反洗控制信号可取自进水流量累计值、液位计液位定值、产水浊度计定值、运行时间。

14 燃煤电厂工业废水处理方式有哪些？

答：燃煤电厂工业废水通常有两种处理方式：一种是集中处理；另一种是分类处理。

15 脱水机按脱水的原理可分为哪几类？

答：脱水机按脱水的原理可分为：真空过滤脱水机，压滤脱水机及离心脱水机。

16 离心脱水机的工作原理是什么？

答：离心脱水机的工作原理是：污泥由空心转轴送入转筒后，在高速旋转产生的离心力作用下实现泥水的分离。

17 板框式压滤脱水机的脱水原理是什么？

答：板框式压滤脱水机的脱水原理是：通过带有滤布的板框对泥浆进行挤压，使污泥内的水通过滤布排出，达到脱水的目的。

18 板框式压滤脱水机主要由哪几部分组成？

答：板框式压滤脱水机主要由滤板、框架、液压装置、滤板振动系统、进料装置、滤布高压冲洗装置、集液装置及光电保护装置组成。

19 常用污泥泵可分为哪几种？

答：常用污泥泵可分为螺杆泵、渣浆泵和气动污泥泵三种。

20 废水池中设置曝气装置的作用是什么？

答：废水池中设置曝气装置的作用是：

（1）对废水池中的废水进行搅拌。

（2）对还原性的废水进行氧化。

21 燃煤电厂废水处理常用的曝气装置有哪些？

答：燃煤电厂废水处理常用的曝气装置种类有：

（1）穿孔管式曝气装置。

（2）曝气筒。

（3）膜片式曝气装置。

22 废水池常见的防腐形式有哪些？

答：废水池常见的防腐形式有：环氧树脂防腐、环氧煤沥青防腐和玻璃钢防腐。

23 斜板（管）沉淀池的工作原理是什么？

答：斜板（管）沉淀池的工作原理是：在沉淀区域内放置众多与水平面呈一定角度的斜板或斜管，从而增大沉淀面积并保证水流的层流状态，让水流从水平方向流过斜板（管），使水中的颗粒在斜板（管）中沉淀，形成的泥渣在重力的作用下沿斜板（管）滑至池底，去除悬浮颗粒。

24 在天然水中通常溶有的离子有哪些？

答：天然水中的化合物大都是电解质，在水中多是以离子或分子形态存在的，在天然水中通常溶有的离子为：钠离子、钙离子、镁离子、铁离子、锰离子、钾离子等阳离子；重碳酸根、硫酸根、氯根、碳酸根等阴离子。

25 水的悬浮物和浊度指标的含义是什么？

答：悬浮物就是不溶于水的物质。它是取一定量的水经滤纸过滤后，将滤纸截留物在110℃下烘干称重而测得，单位是 mg/L。

由于操作不便，通常用浊度来近似表示悬浮物含量。因为水中的胶体含量和水的色度会干扰浊度的测定，所以浊度值不能完全表示水中悬浮物含量。浊度的测定常用比光或比色法，先以一定量的规定的固体分散在水中，配置成标准液，然后用水样与之相比较，以与之相当的标准液中含固体的量作为测定的浊度值，单位是 NTU。

26 水的含盐量指标的含义是什么？

答：水的含盐量为水中各种盐类的总和，单位是 mg/L。通常可用溶解固形物（或蒸发残渣）近似表示。其常用的表示方法有两种：一种是以所含各种化学盐类质量浓度相加来表示，其单位为 mg/L；另一种是以水中所含全部阳离子（或阴离子）的物质的量浓度来表示，其单位为 mmol/L。

27 什么是溶液的电导和电导率？

答：用来表示水溶液的导电能力的指标称为电导。电导是电阻的倒数。

两个面积各为 $1cm^2$、相距 1cm 的电极在某水溶液中的导电能力称为该溶液的电导率，单位为 S/cm。

28 影响溶液电导的因素有哪些？

答：影响溶液电导的因素有：溶液本身的性质、电极的截面积和电极间的距离，以及测定时溶液的温度等。

29 电导率与含盐量间有什么关系？

答：因为水中溶解的大部分盐类都是强电解质，它们在水中全部电离成离子，当水的含盐量越高，电离后生成的离子也越多，水的电导能力就越强。所以，测定水溶液的电导率就越高。但是，溶液的电导率不仅与离子含量有关，同时还与组成溶液的离子种类有关，所以电导率并不能完全代表溶液的含盐量。

30 电导率测定时的影响因素有哪些？

答：溶液的电导率测定时随测定的温度不同而变化，测定时溶液的温度越高，所测得的电导率也会越高。

31 什么是水的硬度？什么是永久硬度、暂时硬度、碳酸盐硬度、非碳酸盐硬度？

答：水中钙、镁离子的总浓度即为硬度，单位为 mmol/L。

如果与钙、镁离子结合的阴离子为重碳酸根和碳酸根，此时的硬度即为碳酸盐硬度。

因为碳酸盐硬度在沸腾的水中会析出沉淀而消失，故又称为暂时硬度。

如果与钙、镁离子结合的阴离子为非碳酸根（氯离子或硫酸根），则此时的硬度为非碳酸盐硬度，也即为永久硬度。

32 什么是 pH 值？

答：pH 值即水中氢离子浓度的负对数。pH 值是用来表示溶液酸性或碱性程度的数值，通常 pH 值是一个介于 0 和 14 之间的数。

33 水污染有哪几种形式？

答：水污染有以下几种形式：

（1）混入型污染。用水冲灰、冲渣时，灰渣直接与水混合造成水质的变化。输煤系统用水喷淋煤堆、皮带，或冲洗输煤栈桥地面时，煤粉、煤粒、油等混入水中，形成含煤废水。

（2）泄漏型污染。化学物品或油泄漏造成的水污染，如酸、碱泄漏及设备冷却水中的油泄漏。

（3）浓缩型污染。运行中水质发生浓缩，造成水中杂质浓度的增高，如循环冷却水等。

（4）调质型污染。在水处理或水质调整过程中，向水中加入了化学物质，使水中杂质的含量增加。

（5）清洗型污染。设备冲洗及化学清洗对水质的污染。

（6）生活型污染。餐饮污水、便厕冲洗水等。

34 电厂废水按废水产生的频率如何分类？

答：按废水产生的频率，燃煤电厂废水可以分为：经常性废水和非经常性废水。

35 经常性废水包括哪些废水？

答：经常性废水指一天中连续或间断性排放的废水，其来源复杂，水质变化大，含盐量不高。包括：锅炉补给水处理的再生冲洗废水、凝结水精处理的再生冲洗废水、水汽取样排水、锅炉排水、澄清过滤设备排放的泥浆废水、主厂房地面排水、脱硫废水、生活污水等。

36 非经常性废水包括哪些废水？

答：非经常性废水包括设备启动、检修、清洗时间段排放的废水，所以不仅水量变化大、排放时间集中，而且水质也常因机组容量的大小和生产工艺不同而有所差别，其废水悬浮物很高，含重金属。这种废水包括：锅炉清洗水、锅炉启动排放污水、锅炉烟侧冲洗废水、除尘器洗涤水、含油废水、冷却塔检修时的排污水及冲洗水等。

37 电厂污废水按废水水质特点如何分类？

答：相同种类的废水可以采用同一种水处理工艺实现回用，所以废水的分类是否合理是废水综合利用的关键。根据燃煤电厂废水水质的特点，以及处理回用时的用途，将燃煤电厂的废水分为以下几类：

（1）低含盐量废水。如机组锅炉排污水、热力系统疏放水、工业水系统排水、过滤器反洗水、生活污水等。

（2）高含盐量废水。如反渗透浓排水、离子交换设备再生废水、循环水排污水等。

（3）简单处理可回用的废水。包括含煤废水、冲灰除渣废水。

（4）不易回用的极差的废水。如脱硫废水、化学清洗废水、空气预热器冲洗废水、GGH冲洗废水等经处理后可作为煤场喷淋水或卸灰加湿使用。

（5）含油废水。设备油泄漏造成水的污染，如油泄漏造成的设备冷却水污染及地面油污染冲洗水等。

（6）有机物含量偏高的富营养化废水。如生活污水，主要为食堂生活污水、便厕冲洗水等，生活污水的污染物质主要为有机物（BOD，COD）、氮磷等，通常需要先进行生化处理后再进一步深度处理方可回用。

38 污废水的来源有哪些？

答：燃煤电厂污废水按来源可分为：锅炉补给水处理系统的废水、凝结水精处理系统再生废水、凝汽器冷却水排水、大型设备的冷却水、辅助设备冷却排水、冲灰及冲渣系统排水、煤场及输煤系统冲洗水、烟气脱硫排水、脱硝废水、油系统废水、锅炉化学清洗排水和停炉保护排放的废水、生活污水、其他来源废水等。

39 生活污水的特点是什么？

答：生活污水来源包括食堂和厨房污水、浴室污水、粪便污水等。其主要特点是味臭，主要污染物多为无毒的无机盐类，生活污水中含氮、磷、硫多，致病细菌多。因此，与电厂其他废水处理方式不同，需要单独设计回收与处理系统。

40 含油废水的特点是什么？

答：含油废水主要来自卸油栈台、油罐区的冲洗地面水和雨水等，具有悬浮物高、含油量大的特点。

41 含煤废水的特点有什么？

答：含煤废水含有煤粉，是黑色悬浮物含量最高的废水之一。主要来自电厂输煤皮带喷淋、输煤栈桥地面冲洗、煤场排水等。要去除的杂质主要为煤微粒、胶体和油。

42 锅炉冲灰水的特点有什么？

答：锅炉冲灰水为悬浮物含量最高的废水之一，主要来自冲灰系统和灰场。其水量较大，且该水 pH 值高、含盐量高、水质复杂多变、水质稳定性差、易结垢。

43 锅炉冲渣污水的特点是什么？

答：锅炉冲渣污水主要来自锅炉的水力除渣系统的脱水仓，冲渣污水的污染物主要为无机性悬浮物或沉淀物。

44 燃煤电厂循环水排污水的特点是什么？

答：循环水排污水的特点是量大、含盐量高、水质稳定性差、易结垢、有机物和悬浮物含量高、藻类物质多。

45 燃煤电厂脱硫废水的特点是什么？

答：燃煤电厂脱硫废水有如下特点：

（1）腐蚀性强。脱硫废水中含有较高的盐分，如氯离子含量高且具有较强的腐蚀性和酸性，对管道材质和机械设备防腐性能具有较高的要求。

（2）水质变化大。脱硫废水中含有铅离子、铬离子、镉离子、汞离子等重金属离子，其组分会随电厂燃煤产地变化而发生相应的变化。

（3）硬度和含盐量高。脱硫废水中硫酸根离子、镁离子和钙离子的含量较高，并且其硫酸钙相对饱和，在加热浓缩时易结垢；同时，废水中具有较高的含盐量，变化范围相对较大。

（4）悬浮物高。燃煤电厂多使用石灰石—石膏湿法脱硫，其会产生大量的脱硫废水，并含有10 000mg/L以上的悬浮物。

第二节 工业废水应用及处理

1 电厂污废水综合处理原则是什么?

答：电厂污废水综合处理应遵循的原则是：在对全厂各系统排水量及水质进行分析的基础上，在满足使用的要求下，循环使用、循序使用、逐级回用，从而提高水的复用率。

2 原水预处理系统的管理原则是什么?

答：电厂原水（包括中水）预处理系统应采用技术可靠、自用水率低的处理工艺，澄清设备排泥水、过滤设备反洗排水经污泥浓缩处理后，可回收至预处理系统进口。

3 锅炉补给水处理系统生产废水处理原则是什么?

答：电厂应优化锅炉补给水处理系统工艺参数，降低系统自用水率。燃煤电厂锅炉补给水处理系统生产废水处理宜按以下原则进行：

（1）对悬浮物含量较高、含盐量较低的预处理设备及除盐设备反洗进水，经沉淀澄清处理后可回收至本系统预处理设备入口，也可作为循环水系统补充水。

（2）对含盐量较高的膜处理设备产生的浓水，可用作湿法脱硫工艺用水、输煤系统和湿除渣系统补充水。

（3）含盐量很高的化学除盐设备再生废水，经中和处理后，宜作为干灰调湿用水、灰场抑尘用水等。

4 循环水系统的管理原则是什么?

答：电厂循环水系统管理应综合考虑循环水系统下游的用水量和设备材质，优化循环水处理工艺，在试验的基础上确定合理的浓缩倍率，减少循环水补充水量和排污水量，循环水排污水宜在下列系统综合利用：

（1）湿法烟气脱硫系统，除灰、渣系统。

（2）输煤栈桥冲洗和煤场喷淋。

（3）循环水排污水进行脱盐深度处理后，淡水可作为锅炉补给水系统和循环水系统的补充水源。

5 热力系统节水管理应如何进行?

答：电厂应采取下列措施加强热力系统节水管理：

（1）防止热力系统管道和阀门泄漏。

（2）减少机组非计划启停次数。

（3）降低锅炉排污率。

（4）采取有效的停炉保护措施，加强检修后水汽系统内部清理、降低锅炉启动冲洗用水量。

（5）及时回收合格的疏水，对锅炉排污水和启停排水等采取回收措施。

6 湿法烟气脱硫应如何选择工艺用水？

答：湿法烟气脱硫工艺用水应减少使用新鲜水或淡水，宜优先采用下列系统的排水：

（1）循环水排污水。

（2）化学车间反渗透浓水。

（3）处理合格的厂区生产和生活废水以及城市再生水。

7 除灰系统用水应如何选择？

答：除灰系统应优先采用配有干灰储存设施的干除灰系统。保留水力除灰系统的电厂，宜采用浓浆输送系统，无法采用浓浆输送时，应回收灰浆澄清水循环用于水力除灰系统。除灰系统用水的灰库地面冲洗水、干灰拌湿水、灰场抑尘水宜采用化学除盐再生废水、循环水排污水、经过处理的脱硫废水等。

8 燃煤锅炉湿除渣系统用水的原则是什么？

答：燃煤锅炉湿除渣系统的补充水可采用循环水排污水、工业废水等含盐量较高的废水，使用前应进行下列评估及处理：

（1）根据废水水质和系统过流部件的材质对结垢腐蚀情况进行评估。

（2）湿除渣系统产生的溢流水，应设置专门的收集处理系统，经处理后在本系统循环回用，不宜外排。

9 输煤系统的用水原则是什么？

答：输煤转运站和栈桥的地面冲洗水、煤场喷淋水可采用循环水排污水、工业废水或其他符合要求的废水。接触废水的相关设备应采取相应的防腐措施。含煤废水应设置独立的收集处理系统，处理合格的废水宜在本系统循环回用，不宜外排。

10 凝结水精处理系统废水处理回用原则是什么？

答：电厂凝结水精处理系统排水宜按以下原则进行回用：

（1）前置过滤器反洗水、树脂输送排水、部分正洗排水等可直接回收，作为循环水系统补充水或其他工业用水。

（2）含盐量较高的再生废水，中和后可用于干灰调湿、干灰场喷洒、湿法烟气脱硫用水以及输煤系统喷洒、抑尘、冲洗。

11 滨海电厂、缺水地区燃煤电厂的用水原则是什么？

答：滨海电厂、缺水地区燃煤电厂用水原则主要有：

（1）滨海火力发电厂的汽轮机凝汽器冷却水应使用海水，辅机宜采用海水开式与淡水闭式相结合的冷却系统。

（2）缺水地区燃煤电厂，经综合技术经济比较认为合理时，宜采用空冷式汽轮机组。

（3）缺水地区燃煤电厂宜采用干式除尘、干式除灰渣及干储灰场。

（4）滨海电厂、缺水地区燃煤电厂可根据厂区情况设立雨水收集和回用系统，经澄清处理后的雨水可作为电厂循环冷却水系统、厂区工业水系统补充水源等。

12 循环冷却水塔池为何要设排污设施?

答：循环冷却水通过冷却塔时，水分不断蒸发，水中的盐类被浓缩，可能会引起结垢或腐蚀。水在与空气的接触过程中，把空气中的大量灰尘洗涤在水中，增加了循环水的浊度，导致污泥沉积。还有，在冷却水运行过程中不断加入的化学药剂，工艺介质的泄漏，水中污染物、杂质等不断增加，影响水质。因此，必须排掉部分循环水后补充新鲜水。

13 循环水排污水处理系统的常规工艺路线有哪些?

答：循环水排污水处理系统的常规工艺路线有：

(1) 石灰软化法+过滤器+超滤+反渗透+离子交换。

(2) 过滤器+弱酸性阳离子软化法。

14 循环水排污水处理后根据水质的不同可用于哪里?

答：循环水排污水处理后根据水质的不同可用于：

(1) 循环水补充水。

(2) 脱硫用水。

(3) 锅炉补给水。

15 什么是“干法”石灰计量系统?

答：“干法”石灰计量系统也称为定流量变浓度石灰计量系统，通过计量消石灰分量来满足系统进水流量及进水水质变化，运行中石灰乳浓度变化，但石灰乳投加泵出口流量恒定。

16 什么是“湿法”石灰计量系统?

答：“湿法”石灰计量系统也称为定浓度变流量石灰计量系统，通过计量石灰乳量来满足系统进水流量及进水水质变化，运行中石灰乳浓度恒定，但石灰乳投加泵出口流量变化。

17 脱硫废水预处理单元的目的是什么?

答：预处理单元是实现脱硫废水零排放的基础，主要是对废水进行软化处理，去除废水中过高的钙镁硬度，防止后续处理系统频繁出现污堵、结垢等现象，同时去除废水中的悬浮物、重金属和硫酸根等离子。

18 脱硫废水预处理单元常用的技术有哪些?

答：常用于脱硫废水零排放预处理单元的工艺技术有：pH值调节、化学沉淀、混凝沉淀、过滤以及离子软化等。

19 什么是脱硫废水pH值调节技术?

答：在中和反应单元通过投加石灰、氢氧化钠等碱性药剂，调节pH值至反应区间。在澄清出水单元通过投加盐酸、硫酸等酸性药剂，调节pH值至后续处理单元控制区间。

20 什么是脱硫废水化学软化处理技术？

答：脱硫废水化学软化处理技术是指通过投加化学药剂使水中的钙、镁离子形成沉淀而被去除，从而使废水得到软化的过程。

21 化学软化处理技术中用的药剂如何选择？

答：化学软化处理主要依靠投加石灰及碳酸钠来降低脱硫废水的硬度，石灰可以去除碳酸盐硬度，碳酸钠可以去除脱硫废水的钙离子。若脱硫废水中镁离子含量高，投加氢氧化钙引入的钙离子量就大，碳酸钠药剂加入量就大，由于碳酸钠药剂费用高，脱硫废水运行成本会显著升高。为降低污泥产生量和碳酸钠投加量，有时选用氢氧化钠替代石灰，以降低钙离子引入量，或者选择同时投加石灰和氢氧化钠的方式。

22 脱硫废水化学软化处理的运行效果如何？

答：脱硫废水化学软化处理可有效去除钙、镁和硫酸根等离子，降低废水硬度，技术成熟，但药剂消耗量大，污泥产生量大。

23 常用的脱硫废水化学沉淀法有哪些？

答：常用的脱硫废水化学沉淀法有：石灰一碳酸钠法、氢氧化钠一碳酸钠法、石灰＋氢氧化钠一碳酸钠法。

24 脱硫废水化学沉淀法有哪些？

答：脱硫废水化学沉淀法有：石灰＋硫酸钠一碳酸钠法、氢氧化钠＋硫酸钠一碳酸钠法、石灰＋氢氧化钠＋硫酸钠一碳酸钠法、烟气中二氧化碳软化法等。

25 脱硫废水混凝沉淀法处理技术是什么？

答：脱硫废水混凝沉淀法处理技术是在化学沉淀法后的废水中投加混凝剂，在混凝剂的作用下，使废水中的胶体和细微悬浮物凝聚成絮凝体，然后分离去除。

26 脱硫废水混凝沉淀法常用的药剂有哪些？

答：用于脱硫废水混凝沉淀处理的常用药剂有：聚铁、聚铝等混凝剂，以及聚丙烯酰胺（PAM）等助凝剂。

27 脱硫废水混凝沉淀法运行效果如何？

答：混凝沉淀法可有效去除水中大部分悬浮物，但出水仍含有部分细微悬浮物，且处理效果不稳定，易受水质波动的影响。

28 脱硫废水过滤处理技术是指什么？

答：脱硫废水过滤处理技术是指将混凝沉淀出水中残留的悬浮物和大颗粒物质截留，进一步降低废水浊度，确保后续处理单元进水水质，保证装置正常、稳定运行，常与混凝沉淀单元联合使用。

29 常用的脱硫废水过滤处理技术有哪些？

答：常用的脱硫废水过滤处理技术有：多介质过滤器、纤维过滤器、微滤、超滤、纳滤等。

30 脱硫废水离子交换软化技术是指什么？

答：脱硫废水离子交换软化技术是指利用离子交换剂降低水中硬度的水处理方法，用于脱硫废水处理可去除剩余硬度，保障后续处理装置的稳定运行。

31 脱硫废水离子交换软化技术有哪些？

答：脱硫废水离子交换软化技术有：钠离子交换软化技术、氢离子交换软化技术和氢钠离子交换软化技术。

32 脱硫废水离子交换软化技术运行效果如何？

答：脱硫废水离子交换软化技术工艺具有投资低、占地小、出水稳定等优点，脱硫废水采用该工艺对于提高脱硫废水深度处理系统运行稳定性、防止后续设备结垢、延长使用年限等十分有益。

33 简述脱硫废水预处理单元的工艺流程。

答：脱硫废水预处理单元一般采取的工艺流程为：脱硫废水首先排至缓冲池进行均质、均量调节，然后加入适当的药剂，经一级或两级化学沉淀反应后通过相应的混凝沉淀澄清得到澄清出水，出水再经过进一步的过滤满足后续处理单元进水要求，根据后续处理工艺设计，过滤出水有选择性地考虑离子软化处理。

第三节　工业废水处理注意事项

1 工业废水处理混凝剂药剂铝盐的应用有什么特点？

答：用作混凝剂的铝盐主要有：硫酸铝、明矾、铝酸钠、聚合铝等，其中硫酸铝和聚合铝应用最多。

（1）硫酸铝。主要用于去除水中有机物时，应调整pH值在4.0～7.0；主要用于去除水中悬浮物时，应调整pH值在5.7～7.8；主要用于处理浊度高色度低的水时，应调整pH值在6.0～7.8。

（2）聚合铝。聚合铝与硫酸铝相比有以下优点：投药量少，相当于硫酸铝的1/3左右；形成絮凝物的速度快，而且密实易沉降、适用范围广。对低浊度水、高浊度水、低温水及高色度水均有较好的效果，腐蚀性较小，即使过量投加也不会使水质恶化。

2 工业废水处理混凝剂药剂铁盐如何选择？

答：用作混凝剂的铁盐主要有：硫酸亚铁、三氯化铁、聚合硫酸铁等，其中硫酸亚铁和聚合硫酸铁应用较广。

（1）硫酸亚铁。一般是使水的pH值调整到8.5以上，为此与石灰法联合处理使用较为适合，可以使亚铁离子较快地转化成铁离子，达到较好的沉降效果。

(2) 聚合硫酸铁。适用原水悬浮固体变化范围（60～225mg/L）比较宽，在投加量为9.4～22.5mg/L的情况下，均可使澄清水的浊度达到饮用水标准。

3 工业废水处理的助凝剂如何选择?

答：工业废水处理助凝剂的选择原则为：

(1) 无机类。无机类的助凝剂，受pH值影响较大，加药量较多，常用的碱性药剂有CaO和NaOH，常用的酸性药剂有硫酸、CO_2等。

(2) 有机类。有机类助凝剂分为：阳离子型、阴离子型和非离子型三类。阳离子型助凝剂适用于pH值较低或中性的水质；阴离子型助凝剂适用于pH值较高的水质；非离子型的受pH值的影响不大。

4 废水处理如何选用反渗透阻垢剂?

答：废水的波动性较大，水质复杂多变，选用阻垢剂尤为慎重，流程如下：

(1) 总结分析至少一个周期的水质分析数据，以最差水质为依据。

(2) 了解前处理系统工艺及处理效果。

(3) 精确掌握前处理工艺中投加的所有化学品的纯度、剂量等。

(4) 要用专业的软件，利用软件评价选用阻垢剂型号及投加剂量。

(5) 综合各影响因素、同类水质系统运行状况及多年运行经验，确定选择最佳的品种及投加剂量。

5 在选择阻垢剂时应该关注的问题有哪些?

答：在选择阻垢剂时应该关注的问题有：

(1) 水源特性的问题。对于水系变化比较大的系统，要优先考虑具有针对性、性能比较强、纯度比较高的阻垢剂。

(2) 除了要考虑吨水的投加成本，还要考虑由于阻垢剂不合适而引起的类似清洗、检修、膜的寿命等综合因素。

(3) 阻垢剂的供应商是否专业。一个好的、专业的阻垢剂供应商能够帮助用户降低运行成本。

(4) 选择阻垢剂时重点考虑阻垢剂是否符合水质的特点，以及与预处理药剂的兼容。

(5) 对于反渗透这类需要精确控制的系统而言，目前有机磷系的阻垢剂还是首选。这也是目前市场上有机磷系阻垢剂份额大的主要原因。

6 有机磷阻垢剂是否可导致水体的富营养化?

答：水体富营养化是指在人类活动的影响下，生物所需的氮、磷等营养物质大量进入湖泊、河口、海湾等缓流水体，引起藻类及其他浮游生物在水体表面迅速繁殖，导致水下溶解氧量下降、水质恶化、鱼类及其他生物大量死亡的现象。

无机磷溶于自然水体中，有利于藻类及其他浮游生物繁殖，导致水体富营养化。有机磷在水体中通常与淤泥中钙反应，所以常沉积附着在水底淤泥中，其缓慢地自然降解后成为水底绿植的营养物质，而不会成为藻类及其他浮游生物的营养物，所以不会造成水体富营养化。

7 高纯度的有机磷反渗透阻垢剂在实际应用中有什么重要意义?

答：选用高纯度阻垢剂，投加量低，同时可避免系统受阻垢剂中的杂质影响而引发的生物、有机物等污染；可延长运行周期、减少膜清洗频次，从而降低系统运行成本；并可避免膜表面因频繁清洗而导致脱盐率下降的问题。

8 为什么循环水系统中常用的性能评价方法不适合于反渗透阻垢剂的性能评价?

答：循环水的性能评价方法（动态或静态）都无法模拟膜表面浓差极化现象，故没有代表性；循环水系统水流是在系统内循环流动的，对阻垢剂性能的要求是发挥作用可以慢一点，但一定要有持久性；反渗透系统中水流是快速流过膜面，要求阻垢剂发挥作用一定要快速，对药效保持的时间基本没有要求；循环水中还要考虑药剂的缓蚀功能，反渗透阻垢剂只需考虑阻垢，无须考虑缓蚀。可见，循环水系统中常用的性能评价方法不适合于反渗透阻垢剂的性能评价。

9 反渗透系统中，阻垢剂、还原剂、氧化剂的投加顺序是什么?

答：反渗透系统中，药剂的投加顺序为：首先投氧化剂，其次是还原剂，最后投加阻垢剂。

10 反渗透阻垢剂使用过程中需注意的问题有哪些?

答：反渗透阻垢剂使用过程中需注意的问题有：

（1）阻垢剂与水源的匹配性且还应具有针对性，如对于高磷、高硅、高硫酸盐水源尤其要重视。

（2）关注水源变化，特别是采用废水为水源的系统。有变化要及时和药剂供应商沟通做出相应调整。另外，现场运行管理要到位。

（3）每次巡检时记录溶药箱液位下降量，定期核算阻垢剂消耗量，如有消耗量下降，应及时查找原因。

（4）定期校核计量泵。

（5）严格控制药剂稀释浓度和稀释操作。

（6）加强设备管理、避免诸如由于溶药箱进水阀门不严，造成药液过度稀释等异常情况的发生。

11 如何减少化学清洗对膜造成的损伤?

答：减少化学清洗对膜造成损伤的方法有：

（1）及时有效地清洗。当系统性能衰减、满足清洗条件时，及时采取措施，恢复膜系统性能。

（2）采用合理、针对性的恢复措施。对污染物进行专业、准确地判断，结合膜自身状况，制定具有针对性的清洗配方和清洗控制条件。

（3）采用膜专用清洗药剂。由于膜内污染大部分是复合性的污染、普通的酸、碱清洗剂不但对膜的刺激大，而且无法对系统膜污染物进行彻底清洗去除，造成系统的频繁污堵。

12 影响清洗效果的因素有哪些？

答：影响清洗效果的因素有：除了清洗方案、清洗药剂、流量、温度、pH值等外，还有对清洗细节的控制，如浸泡与循环时间长短、频率的控制，每一步中清洗强度的调整等。

13 废水池容积如何选择？

答：废水池的存储量必须满足机组启动的排水量。根据不同机组大小，选择不同的容积。中间水池和最终回用水池的容积一般为工业废水处理系统1～2h的处理量。

14 工业废水处理设备的加药装置如何布置？

答：加药装置设备的布置对工业废水处理系统的运行有较大的影响，一般储罐类中盐酸储罐单独布置，盐酸加药装置单独布置。由于盐酸中有易挥发的腐蚀性气体，在酸雾吸收器不能完全发挥作用时，会对其他设备造成酸气腐蚀。储罐布置到高位时，加药装置应配备计量箱及相应的自动阀门，主要是因为当储罐的液位高于加药点时，不设置加药计量箱，容易造成药液对设备不运行的工业废水处理设备加药，计量设备失去计量功能，造成设备产水或偏酸性或偏碱性，导致设备无法正常运行。

15 工业废水处理系统的管道如何选择？

答：由于机组启动时工业废水存在温度较高的情况，所以工业废水系统中尽可能地选用碳钢衬氟或衬塑的材料，禁止选用硬聚氯乙烯（UPVC）之类的材料，虽然该种材料也可以满足防腐蚀的要求，但是在较高温度时容易产生变形。另外，在回用水泵对外供水时，用水点的阀门可能存在不定时关闭状态，即使水泵出口设置压力变送器，水泵设置为变频泵，也存在短时压力较高的危险。所以，在工业废水处理系统中尽可能不选用或禁止选用UPVC类材质的管材，避免影响生产的安全性。

16 如何选择管道的自流流速？

答：在正常的设计中，通常对自流管道的流速选择为小于1mm/s，但是在工业废水处理系统中，设备的高程之间一般不超过1m（多数设备受到构筑物高度限制等成本因素的影响），所以建议工业废水自流管道流速按小于0.5mm/s选择。

17 设备基础的形式如何选择？

答：设备按整块基础制作，用水冲洗地面或设备时，容易造成设备底部与基础之间存水，时间较长造成设备的底部腐蚀，为了避免类似事情的发生，一般选用一个设备只对支腿支撑或均匀单独分散基础支撑。

18 超滤和反渗透设备管道的堵头宜采用什么连接方式？为什么？

答：超滤和反渗透设备管道的堵头尽可能不要选用堵头方式，宜采用法兰和法兰盖连接。

因为超滤和反渗透设备在未进行膜组装之前要用大量的清水对设备进行冲洗，保证设备管道内部无任何的颗粒物质，如残存有颗粒物质在设备安装上膜之后，运行时容易造成膜产品的损伤，造成不必要的经济损失。采用法兰和法兰盖连接时，可以在大流量冲洗时打开法兰盖，使水尽可能地冲洗到设备的每根管道后排出，避免颗粒物的残留，如果选用堵头则无法满足颗粒物的彻底排出。

19 当工业废水处理设备产水自流且需要加药时，混合装置如何选择？

答：工业废水处理设备产水自流且需要加药时，可选用推流沟道或者后混池的构造形式，谨慎选用管道混合器，由于管道混合器内部有气旋装置，虽然混合效果较好但阻力较大，在自流管道上需要在前后设备高程足够的条件下选用。

20 循环排污水处理系统中澄清设备的上升流速如何选择？

答：循环排污水处理系统中澄清设备应按照 0.4～0.6mm/s 上升流速中，选择较低上升流速，保证产水的稳定性。

21 超滤和反渗透系统的清洗设备为什么不建议共用？

答：由于反渗透膜耐氧化性较差，超滤系统清洗时通常选用的是带有氧化性的清洗液，如系统冲洗不干净，会造成反渗透膜的损坏。所以，超滤和反渗透系统的清洗设备一般不共用。

22 污泥系统为何要设置冲洗设施？

答：污泥系统设置冲洗设施的主要原因在于污泥管道如不进行冲洗，会对管道造成污堵，致使系统后期运行不畅，通常需要对排泥设备管道及输送设备管道分别冲洗。

23 石灰筒仓物料高度测量设计时，为什么不选择料位开关而选择雷达料位计？

答：石灰筒仓物料高度测量设计时不选择料位开关而选择雷达料位计，是因为石灰料位计不能实时测定物料的位置，不方便运行人员统计及校核加药量。

24 超滤装置反洗时反洗水管道是否需要增加压力变送器？

答：超滤装置反洗时反洗水管道宜增加压力变送器，以保证在压力超出设定值时停止超滤反洗水泵。若超滤产水母管已设置压力变送器，且能测量到超滤反洗水压力，则超滤反洗水管道可不设压力变送器。

25 超滤装置清洗时清洗水管道是否需要增加 pH 计？

答：超滤装置清洗时清洗水管道需要增加 pH 计，主要原因是可以更直观地控制设备的清洗加药量，节约成本且降低对水体的污染。

26 石灰计量系统中配置石灰乳的浓度宜为多少？

答：石灰计量系统中配置石灰乳的浓度宜为 2%～5%。

27 为什么处理浓水的反渗透前需要加酸处理？

答：由于反渗透浓水侧偏碱性，不加酸处理单加阻垢剂，多数情况下达不到阻垢效果。

28 配置石灰乳时应选用什么样的搅拌器？

答：配置石灰乳时应选用机械搅拌器，搅拌器的搅拌桨宜设置上下两层，并采用耐磨材质。

29 石灰乳加药量如何控制？

答：石灰乳加药量通过澄清池出水的 pH 值控制。

30 澄清池翻池的原因有哪些？

答：澄清池翻池的原因有：

（1）进水流量太大或流量波动大。

（2）搅拌机搅拌速度太快或者太慢。

（3）刮泥机故障。

（4）加药量过大或者过小。

（5）澄清池内无泥渣或泥渣过多。

（6）没有及时冲洗，澄清池内斜管利用率低。

（7）进水温度变化。

（8）过多的反冲洗。

31 澄清池运行的注意事项有哪些？

答：澄清池运行的注意事项有：

（1）当出水清澈透明时，为最佳出水品质，应保持稳定运行。

（2）当出水发浑时，应调整加药量。

（3）当出水着色呈灰色，说明加药量过多，应减少加药量。

（4）当出水区有矾花上浮，说明进水量过大或泥渣过多，应降低进水流量或进行排泥。

（5）当清水浊度较低时，刮泥机可间断运行，但应注意不得压耙。

（6）澄清池停运时间较短时，搅拌机和刮泥机均不宜停止运行，以防泥渣下沉，停池时间较长应将泥渣排空或放空，以防刮泥机压耙。

32 影响反渗透膜稳定性的因素有哪些？

答：影响反渗透膜稳定性的因素有：

（1）水温。水温升高会加速膜的水解速度。用于水处理的反渗透膜，其使用温度一般不能大于 45℃。为了延长膜的使用寿命，一般将进水温度控制在 15～30℃。

（2）氧化。水中存在的氧化剂会对膜造成永久性的损坏。

（3）溶解。乙醇、酮、乙醚、酰胺等有机溶剂，对膜有一定的影响，必须防止此类有机物与膜的接触。

（4）微生物。细菌可以通过酶的作用分解膜。

（5）运行压力。在压力作用下，膜有可能发生非弹性形变，从而影响膜的透水率。

33 反渗透运行的主要注意事项有哪些？

答：反渗透运行的主要注意事项有：

（1）进水 SDI 一定要合格。

（2）高压泵入口压力不小于 0.05MPa。

（3）短期备用要定时冲洗；长期停运后如果投运，则应用柠檬酸清洗。

34 如何防止反渗透膜结垢?

答：防止反渗透膜结垢，应该做好以下几个方面的工作：

（1）做好原水的预处理工作，特别应注意污染指数的合格，同时还应进行杀菌，防止微生物在系统内滋生。

（2）根据水质选择合适的阻垢剂及加药量，运行中回收率不得超过设计值。

（3）在反渗透设备运行中，要维持合适的操作压力。

（4）在反渗透设备运行中，应保持浓水侧的紊流状态，减轻膜表面溶液的浓差极化，避免某些难溶盐在膜表面析出。

（5）在反渗透设备停运时，短期应进行加药冲洗。

（6）当反渗透设备产水量明显减少时，表明膜结垢或污染，应进行化学清洗。

35 超滤压差大的原因是什么?

答：超滤压差大的原因是：

（1）超滤单元受污染。

（2）加药反洗不正常。

（3）产水流量偏高。

（4）反冲洗控制故障。

（5）进水水质恶化。

36 反渗透装置进水流量低、压力低的原因是什么?

答：反渗透装置进水流量低、压力低的原因是：

（1）供水单元压力低或流量低。

（2）保安过滤器污堵。

37 反渗透运行的注意事项有哪些?

答：反渗透（RO）运行的注意事项有：

（1）RO 进水水质是否合格。

（2）阻垢剂、还原剂加药装置是否正常。

（3）RO 是否出现不能排除的故障。

（4）严格按要求进行操作，防止损坏膜元件。不允许突然增大膜装置进水流量和压力，否则会造成膜的损坏。

（5）RO 装置运行中严禁同时关闭产水出口气动阀和产水排放气动阀。

（6）RO 装置停运一周以上时，需充 2%亚硫酸氢钠溶液实施保护。

（7）RO 高压泵进口压力必须大于 0.05MPa。

38 反渗透膜为什么要进行化学清洗?

答：一般运行条件下，反渗透膜可能被无机垢、胶体、微生物等污染，这些物质沉积在膜表面上，将会引起出力降低。因此，为了恢复膜良好的透水和除盐性能，需对膜进行化学清洗。

39 什么是树脂的工作交换容量？在实际使用中工作交换容量有何意义？

答：树脂的工作交换容量是指树脂在实际运行条件下的离子交换能力，常用于对实际运行过程的分析和计算。树脂的工作交换容量决定于实际运行中树脂的再生程度、水中的离子浓度、交换器树脂层的高度、水的流速、交换器的水力特性及交换器树脂失效终点的控制等因素。

在实际使用中，树脂工作交换容量的意义为：在离子交换过程中树脂共能交换的离子总量，所以交换器树脂工作交换容量高即表示交换器运行周期内能交换的离子量多，也就是交换器周期制水量高，交换器的经济性能好。

40 怎样计算交换器运行中树脂的工作交换容量？

答：交换器运行中树脂工作交换容量的计算为：

(1) 交换器的树脂总工作交换容量＝交换器在运行中总制水量×（进水离子浓度－出水离子浓度）

(2) 交换器内树脂的平均工作交换容量＝交换器树脂总交换容量÷交换器内树脂的有效体积。

41 树脂在储存时应注意的事项有哪些？

答：树脂在储存时应注意以下事项：

(1) 树脂在长期储存时，为使其稳定，应将其变为中性盐型。

(2) 树脂在储存中应保持湿润，防止失水。

(3) 树脂应尽量保存在室内，环境温度保持在5～40℃，绝对不应低于0℃，防止树脂冻结崩裂。

(4) 为了防止细菌在树脂中繁殖，最好将树脂浸泡在蒸煮过的水中。

42 新阳树脂开始使用前应做哪些预处理？

答：新阳树脂使用前的预处理流程为：

(1) 树脂清洗。

(2) 用2%～4%浓度的NaOH浸泡4～8h。

(3) 清洗。

(4) 用5%浓度的HCl浸泡8h。

(5) 清洗待用。

43 弱酸树脂的主要交换特性有哪些？

答：弱酸树脂的主要交换特性有：

(1) 在离子交换过程中，弱酸树脂只能与水中的碳酸盐硬度交换而生成碳酸，与其他阳离子不起作用。因此，利用弱酸树脂在去除水中碳酸盐硬度的同时，也降低了水的碱度。

(2) 弱酸树脂即使在去除水中的碳酸盐硬度时，也有一定的泄漏率，而且泄漏率会随着弱酸树脂的失效程度加深而不断增大。

(3) 由于弱酸树脂不能去除除碳酸盐硬度外的非碳酸盐硬度和钠离子等其他阳离子，所以在除盐过程中必须与强酸树脂联合应用。

(4) 弱酸树脂的工作交换容量高，价格也高，而且它的离子交换有严重的局限性。因此，它在大多数碳酸盐硬度较低的地表水的处理中有一定的限制。

44 离子交换过程应遵守的基本原则有哪些?

答：离子交换过程应遵守以下基本原则：

(1) 离子交换遵循等摩尔量交换的原则，即水中1mol的离子与树脂上同等的1mol离子进行交换，即各离子在交换前后的摩尔量是相等的。

(2) 离子交换应符合质量作用定律，即化学反应速度与反应物浓度的乘积成正比。离子交换过程和化学反应同样符合质量作用定律，即改变水中的离子组成可以控制交换过程的进行方向。

45 交换器内树脂层失水后在启动前应该如何进水?

答：应先由交换器上部进水至水位高于树脂层后，改由底部进水至空气阀溢水为止。因为由交换器上部进水时，树脂颗粒间夹杂的空气不能排除，因此必须采用底部进水将空气随上升的水流同时排除；但当交换器树脂层内无水时，如由交换器底部进水又会因树脂颗粒间的摩擦力使树脂层成一个整体上抬，此时会造成中排装置的弯曲或断裂。

46 在运行中监视交换器进水和出水的压力有什么作用?

答：在运行中监视交换器进水和出水的压力主要是监视水流经过交换器树脂层时的压力降，也即水流流经树脂层时的阻力。影响阻力的因素很多，包括交换器的水流流量、树脂层的总高度、树脂层面小树脂颗粒的粒径和层厚、运行中树脂层面的截污程度等。由于上述因素的影响，交换器经过若干周期运行后与刚投运周期相比，其压力降会增高，过高的压力降会造成交换器中排装置故障。因此，当压力降过高时，交换器树脂层就应该进行反洗，以排除树脂层中的树脂碎片和积聚的污物。

47 怎样调节交换器正常运行的出力?

答：交换器的出力=交换器截面积×流速。通常当进水含盐量不超过5mmol/L时，除盐系统交换器运行流速选用5～25m/h，由此可以由交换器的截面积算得交换器运行时的正常出力。但交换器运行流速会受进水水质和树脂特性等的影响，选用较高流速时会增加树脂层的阻力，运行中会容易造成中排装置的故障，同时还会降低树脂的平均工作交换容量。

48 交换器进水装置的作用原理是什么?

答：交换器进水装置的作用原理是：

(1) 使进入交换器内的水流分配均匀。

(2) 使进水不会直接冲击树脂层表面，保持树脂层表面平整。

(3) 反洗时将树脂层内的悬浮物及破碎的树脂随反洗水排出交换器。

49 交换器出水装置的作用原理是什么？

答：交换器出水装置的作用原理是：

(1) 支撑树脂层，过滤水流，使出水水流均匀地通过树脂层引出交换器。

(2) 反洗和再生时，均匀地分布水流和再生液。

(3) 防止运行中跑漏树脂。

50 预脱盐除盐系统对进水的要求是什么？

答：根据DL/5 068—2014《发电厂化学设计规范》规定，除盐系统对进水的浊度要求小于1NTU，残余氯含量要求小于0.1mg/L，污泥污染指数SDL15小于5，锰小于0.3mg/L。

51 水中悬浮物、有机物含量和残余氯含量过高对除盐系统运行有什么影响？

答：水中悬浮物过高在检测时的表征为浊度超标，长期运行会污染树脂，增加运行中树脂层的阻力、降低树脂的交换容量。反洗时，过量的悬浮物进入树脂层，会积聚在树脂层内，造成运行中的偏流，影响出水水质。化学耗氧量（COD）表示原水中有机物的含量，水中的有机物过高主要容易污染强碱树脂，会堵塞强碱树脂的微孔，造成树脂结块。要降低水中的有机物含量，常用的方法是加氯，但氯对有机物氧化的同时，也会氧化树脂，使树脂结构破坏，缩短树脂的使用寿命。所以，必须控制残余在水中的氯的含量。

52 如何处理水中的悬浮物、有机物含量和残余氯？

答：通常经过混凝处理后的水质，出水悬浮物控制为5～25mg/L，再经过滤，悬浮物应不超过2mg/L，水中有机物含量会降低50%～70%。如果在净水过程不采用加氯来去除有机物，则水中不会存在残余氯。

53 运行统计中怎样来计算阳床的进水离子含量？

答：运行中阳床的进水离子含量通常用阳床进水的碱度与阳床出水的酸度相加的和来计算。因为阳床进水中的所有阳离子经过阳床后，都应交换为氢离子，此时有一部分氢离子会与水中的碱度生成二氧化碳而消耗，所有测定阳床出水的酸度实际上是与碱度反应后剩余的氢离子。进水中的氢离子总含量就应包括阳床出水的酸度与进水的碱度的和。

54 运行统计中怎样来计算阴床的进水离子含量？

答：阴床的进水离子含量即阳床出水中所含的阴离子，此时，原水中的碱度已生成二氧化碳而消失，所以阳床出水的酸度即为阴床进水的离子含量。但是，在滴定碱度时弱酸阴离子在指示剂显色时并不包括在内，所以，阴床进水中的离子含量应等于阴床进水酸度 + 进水中 [CO_2]/44 + 进水中 [SiO_2]/60。在阳床进水中，所含弱酸阴离子包括经过除碳器后剩余的微量二氧化碳和原水中原有的二氧化硅，其总含量通常很低而且很稳定。因此，在计算时，一般用阳床出水的酸度加0.2或0.3来计算阴床的进水离子含量。

55 在除盐过程中阳床出水的钠离子含量如何变化？

答：在化学除盐过程中，当阳床树脂层中的氢和钠的离子交换全部变为钠离子的饱和层后，此时的树脂层对钠离子已无交换能力，即钠离子会直接流过树脂层，但在此同时进水中的钙离子仍不断地从饱和了的Na型树脂层中交换出钠离子，因此，此时出水中钠离子的浓度会超过进水，直至树脂层中的Na型树脂层消失，出水中的钠离子浓度才会与进水的钠离子浓度保持相等。

56 阳床在正常运行中，当进水的硬度增加时，对交换器的周期制水量和出水的含钠量有哪些影响？

答：阳床在正常运行中，当进水的硬度增加时，交换器树脂的平均工作交换容量会降低，这是因为在交换后的树脂层中，Ca型树脂层的高度会增加，它会使Na型树脂层向下移动的速度加快，因而交换器会提前到达失效终点，使交换器树脂的总交换容量降低，周期制水量减小。但在交换器正常运行中，虽然进水硬度增加了，其出水的含钠量不会有影响，因为正常运行时在交换器树脂层中只要有未交换的树脂层（即保护层）存在，水中的钠离子都能有效得到控制。

57 交换器在实际运行中，树脂层中的工作层尚未与树脂层底接触，为什么出水中会有应该去除的离子出现？

答：以阳离子交换器为例：在阳交换器的实际运行中，当树脂层中的$H^+ \rightleftarrows Na^+$离子交换层尚未与树脂层底接触时，树脂层中的下层H型树脂层能使交换层中泄露的Na^+离子进一步得到彻底交换，即交换层下的树脂层起到保护层的作用，此时在出水中就不应有Na^+存在。但是在实际阳床的运行中，即使在这阶段的出水中仍然会有微量的Na^+。这主要是因为交换器在实际运行中使用的再生剂中，往往会含有一定量的杂质（用来再生阳床的工业盐酸中会包含有约5%的Cl^-），再生后的底层树脂层中就会包含有一定量的Na型树脂，在正常运行中，经上层树脂交换后的水流中含有较高的H^+浓度，遇到底层的Na型树脂时，离子交换反应会逆向进行，使底层中的Na型树脂交换成H型树脂而同时放出Na^+，使出水中含有微量的Na^+。

58 阳床再生后投运时的出水含钠离子量偏高，主要原因有哪些？

答：在阳床树脂层与水中离子进行交换时，按理论讲只要在氢钠离子交换层下尚存在有未进行交换的H型树脂层，就不应有钠离子进入出水中。但是当未进行交换的H型树脂层中混有未彻底再生的Na型树脂时，这些Na型树脂会不断交换出钠离子进入出水中，使出水含钠离子量偏高。所以，交换器底层树脂的再生度会直接影响到出水钠离子含量。在实际运行中，造成底层树脂的再生度下降的主要原因有：

（1）再生时所采用的工艺。如果采用顺流再生，则因上层树脂的再生产物全部要通过底层树脂层而排除，所以底层树脂的再生度较难提高。

（2）再生时进酸量不足，使底层树脂中存在一些未彻底再生的Na型树脂。

（3）再生中树脂层松动，树脂颗粒随再生液产生扰动，使上层失效的树脂混入底层树脂层。

（4）长期运行中水流使树脂层过于压实而产生偏流。

（5）再生过程使用的酸液不纯，其中含有较大量的钠离子等。

59 阳床出水漏钠及阴床出水漏硅对除盐水的水质有哪些影响?

答：阳床出水漏钠即阳离子交换系统已不能将水中所有的阳离子都转换成氢离子，阴床出水漏硅表明阴离子交换系统已不能将水中所有的阴离子都转换成氢氧根，所以此时在系统出水中的氢离子和氢氧根已不能达到平衡，出水中就会存在钠离子、二氧化硅以及过剩的氢离子或氢氧根。由于水中的氢离子和氢氧根已不能达到平衡，此时出水的电导率会增高，pH 值也会偏离 7.0。因此，都会造成系统出水水质的降低和恶化。

60 当阴床进水酸度增加时，对阴床正常运行的水质和周期制水量有什么影响?

答：当阴床进水酸度增加，即阴床进水中强酸阴离子含量增加。这样，就增加了阴树脂的负荷，会相应地降低阴床的周期制水量，但因出水水质主要由阴床的底层树脂（即保护层）决定，所以对出水水质不会有影响。

61 当阴床进水硅离子增加时，对阴床正常运行的水质和周期制水量有什么影响?

答：当阴床进水硅离子增加时会增加阴树脂的负荷，也会影响阴床的周期制水量，但正常运行中只要阴树脂没有失效，就不会影响出水的含硅量。

62 当阴床进水有机物增加时，对阴床正常运行的水质和周期制水量有什么影响?

答：当阴床进水有机物含量增加时，会影响强碱阴树脂的工作交换长期得不到改善时会对出水水质造成影响。因为有机阴离子主要是一些蛋白质和腐殖酸，它们的大分子会堵塞树脂颗粒的微孔，妨碍水中的离子与树脂的接触和交换。而且有机物的堵塞很难通过正常的清洗和再生来排除，长期作用于树脂会导致树脂结构的破坏而使强碱树脂提前报废。

63 当阴床再生用碱量不足时，对阴床正常运行的水质和周期制水量有什么影响?

答：再生用碱量不足时，会导致阴床失效树脂得不到充分地再生，因而会影响到阴床的周期制水量。如果用碱量过少，则会影响到阴床底部树脂的再生度，这样就会直接影响阳床运行中的出水水质。

64 当阴床再生中再生液温度降低时，对阴床的正常运行水质和周期制水量有什么影响?

答：再生时决定水中离子在树脂颗粒中扩散的是内扩散，当再生液温度较低时，再生液中的 OH^- 的扩散会受到较大的影响，从而会影响到 OH^- 与失效树脂的接触，影响到树脂的再生效果，使运行中出水含硅量增高，周期制水量也会有所下降，当提高再生液温度时，再生效果会明显地得到提高，水质也会得到明显的改善。

65 当除碳器故障，阴床进水除二氧化碳效果降低时，对阴床的正常运行水质和周期制水量有什么影响?

答：当除碳器故障使除二氧化碳效果降低时，进水中会残留较大量的二氧化碳，这些二氧化碳随同水中原有的二氧化硅进入阴树脂内，由于阴树脂对二氧化硅和二氧化碳的吸附能力极接近，它们在树脂层内的分布也几乎在同一层内，只是二氧化碳较二氧化硅再较上一些，所以当进水含二氧化碳增加时，不仅会降低周期制水量，使阴树脂提前失效，而且在正常运行中也会影响阴树脂对硅的吸附能力，使阴床正常运行中出水的含硅量增高。

66 如何判断阳床的失效终点?

答：阳床运行中出现下列情况，即判断为阳床树脂的失效：

(1) 阳床出水含钠量超过 200μg/L。

(2) 阳床出水酸度比正常值突然下降超过 0.1mmol/L。

(3) 系统运行中阴床出水电导率突然升高，pH 值也同时升高。

67 如何判断阴床的失效终点?

答：阴床运行中出现下列情况，即判断为阴床树脂的失效：

(1) 阴床出水 SiO_2 含量超过 100μg/L。

(2) 阴床出水电导率突然升高，pH 值突然下降。

68 随着阳、阴床的失效，各出水水质如何变化?

答：当阳床失效时，随着 Na^+ 漏入出水中，交换器出水的酸度逐渐降低，Na^+ 逐渐升高，而电导率则开始下降。同时，由于阳床失效，Na^+ 漏入使阴床出水中的 OH^- 会与 Na^+ 形成 NaOH，所以阴床出水的 pH 值也会升高，含硅量也相应地升高，电导率则因出水中的 H^+ 因漏钠而减少，使水中的 OH^- 过多而使电导率升高。

当阴床失效时，随着硅漏入出水中，交换器出水的含硅量逐渐升高，pH 值逐渐降低，而电导率则开始上升。

69 阴床出水的电导率是由哪些离子的电导率组成的?

答：阴床出水的电导率实际上是由阳床出水中的 H^+、Na^+ 和阴床出水中的 OH^-、SiO_2 的电导率所组成。

70 阳床先失效，阴床未失效，阴床出水水质会产生什么变化?

答：阳床先失效，阴床未失效，阴床出水 pH 值升高，电导率升高。

71 阳床未失效，阴床先失效，阴床出水水质会产生什么变化?

答：阳床未失效，阴床先失效，阴床出水 pH 值下降，电导率先下降后升高、硅含量升高。

72 除盐系统运行中评价交换器树脂运行水平的指标是什么?

答：评价树脂运行水平的指标为交换器树脂的平均工作交换容量，即每 $1m^3$ 树脂在运行中平均交换的离子量的多少。因为树脂的平均工作交换容量与交换器的周期制水量不同，后者会受进水含盐量的不同而改变，树脂的平均工作交换容量则排除了进水含盐量的影响。

73 鼓风式除碳器的作用是什么?

答：鼓风式除碳器在运行中的主要作用是将含有 CO_2 的水在除碳器中自上而下地流下，

与自下而上的空气充分接触。由于除碳器中的多面球填料把水分散成极薄的水膜，增加了水与空气的接触面积，空气越往上流，因与水流接触时间越长，其中的 CO_2 的浓度会越高，最终在除碳器顶部排出。而水越往下流，则其中 CO_2 的浓度越低，最后流入中间水箱的水其 CO_2 的残余浓度约为 5mg/L。

74 鼓风式除碳器的结构及各组件的作用是什么？

答：鼓风式除碳器的结构及各组件的作用是：

（1）进水装置。在除碳器顶部，主要作用为将进水分配在整个截面均匀地向下流，与上升的空气流充分接触。其结构大都采用支母管型式。

（2）空心多面球填料。除碳器内填满填料，使水流能在填料表面形成的水膜中与空气流充分接触，增加填料主要是为了增加接触面。通常用的填料是塑料空心多面球。

（3）底部水封管。为防止空气从除碳器底部漏出，在除碳器底部的出水口必须设置水封管，其结构型式有 U 形管和插入中间水箱液面下的直管。

（4）离心鼓风机。利用空气来去除水中 CO_2 时，$1m^3$ 进水约需 $20m^3$ 的空气量，按交换器的出力即可选定所需的空气流量，选择相应的离心鼓风机。

75 阴阳床的再生工艺有哪几类？

答：阴阳床的再生工艺可分为顺流再生和逆流再生两类。顺流再生是在再生中再生剂的流向和运行中水流的流向相同的再生工艺；逆流再生是在再生中再生剂的流向和运行中水流的流向相逆的再生工艺。

在逆流再生中，由于再生剂的逆向流动会使树脂层扰动，因此影响再生效果。所以，在逆流再生中必须要有有效地防止树脂层扰动的措施。因所采用的措施的不同，逆流再生又可分顶压、无顶压、水顶压和低流速等不同的实施工艺。

76 逆流再生的主要特点是什么？

答：逆流再生的主要特点是：

（1）再生液首先接触交换器底部失效度最低的树脂，此时再生液的高浓度能保证树脂的离子交换进行。

（2）再生液向上流时，浓度逐渐降低，而且其中的再生排出离子浓度逐渐增高，但所接触到的树脂的失效度也逐渐增高，离子交换过程仍能有效进行。

（3）在交换器失效时，底部的部分未交换树脂层的交换容量仍能得到保存，所以再生剂比耗低。

（4）运行中出水离开交换器时所接触到的树脂是再生度最高的树脂，因此出水水质好。

（5）再生时因为再生液的流向是自下而上的，其流向会使树脂层产生上浮，使树脂层乱层，因此再生中必须要有防止树脂层上浮的措施。

77 为什么在逆流再生过程中要防止树脂层的上浮？

答：逆流再生中再生液的流向是自下而上流经树脂层的，如果树脂层随液流上浮，就会造成树脂层的松动，树脂颗粒就会产生扰动，使下部仅部分失效的树脂与上部完全失效的树脂相混，同时在再生中已得到再生的树脂和上部尚未再生的树脂也相混，使再生中树脂层内不能形成一个自上而下其再生程度不断提高的梯度，也就不能保证交换器底部树脂层的高再生度，从而也就不能保证运行中的出水水质。

78 阴阳床中排装置的作用是什么？

答：阴阳床中排装置是无顶压逆流再生工艺中防止树脂层产生扰动的主要结构，其作用为：

（1）小反洗、小正洗时均匀分配水流。

（2）再生时及时排出再生废液。

（3）过滤水流，避免树脂随再生废液一起排出。中排装置要求支管应严格水平，开孔分布均匀，无顶压再生时小孔流速不大于0.1m/s。

79 为什么要在树脂层上设置压实层？压实层树脂在运行中是否参加离子交换？

答：树脂压实层用在逆流再生交换器中，是布设在中排装置上方的树脂层，运行中这部分树脂不参加离子交换反应，主要作用是再生时利用树脂间的摩擦力压实树脂层，防止树脂层因再生剂液流上浮而产生扰动，所以在无顶压再生过程中压实层必须保持无水。

交换器的树脂压实层因为在再生过程中在中排装置的上面，它始终不能接触到再生剂，所以压实层树脂保持为失效状态，无法发挥其离子交换的作用。

80 再生操作中影响再生效果的因素有哪些？

答：影响再生效果的因素主要有：

（1）再生剂的总用量。

（2）再生液的浓度。

（3）再生液的流速。

（4）再生液的温度。

（5）再生液的纯度。

81 再生操作中再生剂的浓度对再生效果有哪些影响？

答：失效树脂的再生过程是树脂离子交换除盐过程的逆反应，根据反应平衡原理，要使再生反应进行，必须提高再生剂的浓度。但是对一定总量的再生剂提高其浓度就会减少其体积，使再生剂不能均匀地与树脂反应。所以，浓度超过一定的范围后，再无限制地提高浓度，反而会使再生效果降低。通常使用的浓度范围是：HCl为3%～5%，NaOH为2%～4%。

82 再生操作中再生液的流速对再生效果有哪些影响？

答：因为再生过程的离子交换速度决定于树脂的内扩散，所以通常需要保证有足够的交换时间（一般不少于35min）。再生流速必须满足需要。当流速过低时，如果再生置换下的离子不能及时排走，就会因为反离子的干扰而影响出水水质。常用的再生流速为2～4m/h。

83 再生操作中再生液的温度对再生效果有哪些影响？

答：在再生中反应速度是由离子的内扩散决定的，提高再生液的温度会加快树脂离子交换速度，尤其对阴树脂会明显地提高再生效果。实际操作中，要提高再生液的温度，必须先用热水通过树脂层使树脂层的温度先行提高，再用提高温度的再生液进行再生。

84 再生操作中再生液的纯度对再生效果有哪些影响？

答：离子交换过程是平衡反应过程，再生剂的纯度会直接影响到反应的平衡，即会直接影响到交换器底层树脂的再生度，所以会对再生后的出水水质产生影响。其中杂质含量过高时，就会影响出水水质。

85 喷射器的工作原理是什么？

答：喷射器工作时，由于喷射器喷嘴口径突然缩小，进水在喷嘴处产生较高的流速，产生局部压力的降低，因而再生剂被吸入，吸入的再生剂与进水混合后，又被提升压力输送进交换器进行再生。所以，喷射器在再生过程中的作用可归纳为对再生剂的吸入、混合（浓度调配）和输送。操作中只要控制好进水量和吸入再生剂量的比值，就能完成浓度的控制。

86 怎样利用再生喷射器来调节再生液的流速及浓度？

答：再生中再生液的流速及浓度的控制主要由再生喷射器的工作水流量和喷射器吸入浓再生剂的流量来控制完成，再生液的流速决定再生喷射器的工作水流量，即喷射器工作水流量 = 再生液流速×交换器截面积。而再生液的浓度则在再生液流速决定后，进一步调节浓再生剂的流量来控制再生液的浓度。通常再生液的浓度调节可以用下列方法来实施：

（1）利用再生剂计量箱的液位下降速度来调节浓再生剂的流量以达到再生液所需的浓度。

（2）可直接通过浓再生剂流量计来调节浓再生剂的流量以达到再生液所需的浓度。

（3）可以直接用再生液浓度仪表来调节和控制再生液的浓度。当采用再生剂计量箱时，总的再生剂耗量可由计量箱液位下降高度来控制，而当采用浓再生剂流量计或再生液浓度仪表时，则再生剂的实际总用量可用进再生剂的时间来控制。

87 什么是再生剂耗量？

答：再生剂耗量是指用每恢复 1mol 树脂交换能力所需的再生剂量。

88 运行中怎样计算交换器的再生剂耗量和比耗？

答：再生剂耗量＝浓度为 100％的再生剂实际总耗量/交换器周期实际总工作交换容量，单位为 g/mol。

再生剂比耗＝再生剂实际耗量/再生剂理论耗量。

89 无顶压逆流再生操作过程的主要步骤有哪些？每一步有什么作用？应该如何控制？

答：无顶压逆流再生操作过程的主要步骤、每一步的作用及控制方法为：

（1）小反洗。

小反洗的作用：清洗压实树脂层内积聚的悬浮物、疏通中排小孔、平整压实层。

控制方法：用进水作水源，控制流速 10m/h。

（2）放水。

放水的作用：保证压实层树脂的顶压作用。

控制方法：排水至中排以上空间和压实树脂层无水。

（3）进再生液。

进再生液的作用：恢复树脂的除盐能力。

控制方法：按规定的再生条件控制，用出水或除盐水作水源，确保树脂不上浮乱层。

（4）置换。

置换的作用：用水流置换树脂层中残留的再生液。

控制方法：保持进再生液相同的运行条件，按规定控制置换时间。

（5）满水。

满水的作用：保证床体满水。

控制方法：以进水为水源，满水至顶部排气出水。

（6）小正洗。

小正洗的作用：清洗压实层中被再生产物污染的树脂。

控制方法：以进水为水源，控制流速 8～10m/h，清洗 10～15min。

（7）正洗。

正洗的作用：清洗整个树脂层中残留的再生液和再生产物。

控制方法：排尽交换器树脂层内空气后，用进水作水源，控制正常运行流速，清洗至排水水质合格。

90 水顶压逆流再生操作过程的主要步骤有哪些？每一步有什么作用？如何控制？

答：水顶压逆流再生操作过程的主要步骤、每一步的作用及控制方法为：

（1）小反洗。

小反洗的作用：清洗压实树脂层内积聚的悬浮物、疏通中排小孔、平整压实层。

控制方法：用进水作水源，控制流速 10m/h。

（2）顶部小流量进水顶压。

这一步骤的作用：保证压实层树脂的顶压作用。

控制方法：进水流速 2～3m/h。

（3）进再生液。

进再生液的作用：恢复树脂的除盐能力。

控制方法：按规定的再生条件控制，用出水或除盐水作水源，在交换器顶部进水的同时进酸，确保树脂不上浮乱层。

（4）置换。

置换的作用：用水流置换树脂层中残留的再生液。

控制方法：保持进再生液相同的运行条件，按规定控制置换时间。

（5）小正洗。

小正洗的作用：清洗压实层中被再生产物污染的树脂。

控制方法：以进水为水源，控制流速 8～10m/h，清洗 10～15min。

（6）正洗。

正洗的作用：清洗整个树脂层中残留的再生液和再生产物。

控制方法：排尽交换器树脂层内空气后，用进水作水源，控制正常运行流速，清洗至排水水质合格。

91 交换器的无顶压逆流再生中进再生剂时，压实树脂层中是否应该有水？

答：交换器的无顶压逆流再生中进再生剂时，压实树脂层中应保持没有水进入，因为在无顶压逆流再生中控制再生效果的关键，就是树脂层应该压实而不能上浮。树脂层的压实主要依靠干燥的压实层树脂颗粒间的摩擦力固定住压实层的树脂，压实层进水后，会降低压实层树脂颗粒间的摩擦力而使压实层树脂随整个树脂层同时上浮，从而使树脂乱层，影响再生效果。

92 为什么有的交换器在无顶压逆流再生中，中排不是连续均匀地排水，而是间歇地排水？

答：这主要是由中排装置的结构造成的。在交换器再生时，再生液由下而上流经树脂层，当交换器内液位达到中排支管的小孔时，液流就会进入中排支管经中排总管而排出。但是当有些交换器的中排总管的位置设置在支管的上方时，此时总管高于支管，当液位达到支管时，液流无法排出，只有当液位高于支管而达到总管高度时，液流才会排出。同时，由于虹吸作用，排液会进行到交换器内液位低于总管而达到支管高度时，交换器内空气进入支管，使虹吸破坏，交换器排液停止。随着再生液的不断进入，交换器内液位又升高，达到总管高度时又会向外排液。交换器中排装置的这种结构型式对无顶压逆流再生的操作不利，因为在液流由支管高度上升至总管高度的过程中，容易造成树脂的上浮而影响再生效果。

93 交换器再生中置换操作的主要作用是什么？如何决定置换所需时间？

答：交换器再生中置换操作的主要作用是：用水流置换树脂层中残留的再生液，使全部再生剂能有效地发挥作用。

置换操作过程主要保证总置换进水量应超过树脂层中积聚的再生液的体积，因为置换操作的终点控制并不对排水水质有特殊的要求，所以通常按保持进再生液相同的运行条件下的规定时间（30～40min）来控制。

94 逆流再生中为什么每次再生只进行小反洗？为什么在间隔一定周期后要进行大反洗？

答：逆流再生中进水带入的悬浮物在树脂层中大都过滤在树脂层的面层，为了保存交换器底部树脂层中残存的工作交换容量和防止树脂层的乱层，所以每次再生只进行树脂压实层的小反洗，以洗去运行周期内由进水带入的悬浮物。

但是，实际上每周期运行中仍会有一部分的悬浮物穿过压实层进入树脂层内，所以经过若干周期累积后，要采用大反洗操作彻底清洗树脂层内积累的悬浮物，同时大反洗操作也可对已压实的树脂层进行松动，以使运行中水流能均匀地流经树脂层。

95 为什么在除盐系统中要采用弱酸、弱碱树脂？

答：因为弱型树脂在离子交换中发挥的工作交换容量比强型树脂要高出一倍以上，所以采用弱型树脂可以增加交换器周期制水量，同时也能适应高含盐量原水的处理。另外，采用弱型树脂时，由于它对再生剂的吸着能力强，因此再生剂耗量可以有大幅度的降低，在降耗的同时还降低了再生废液的排出浓度，节约了废液的治理费用。

96 为什么在除盐系统中采用弱酸、弱碱树脂时要与强酸、强碱树脂联合应用？

答：因为弱酸、弱碱树脂在离子交换中具有不彻底性，例如弱酸树脂在离子交换中只能去除水中的碳酸盐硬度，对其他阳离子无法去除；又例如弱碱树脂在离子交换中只能去除水中的强酸阴离子，对硅离子就不能去除。所以，单靠弱型树脂的出水水质不能满足化学除盐工艺的要求，在除盐系统的使用中弱型树脂必须与强型树脂联合应用，依靠强型树脂来保证出水的水质。

97 在弱、强型树脂联合应用中，弱型树脂和强型树脂在系统运行中各起什么作用？

答：采用弱、强型树脂联合应用时，主要依靠强型树脂来保证系统的出水水质，而用弱型树脂来提高系统的经济性能，例如增加系统的工作交换容量或降低再生剂耗量及降低系统再生时的排酸、碱浓度等。

98 弱碱树脂和强碱树脂联合应用时的主要交换特性有哪些？

答：弱碱树脂和强碱树脂联合应用时的主要交换特性为：

（1）因为弱碱树脂的工作交换容量比强碱树脂高，因此利用弱碱树脂会增加系统的总交换容量，但因弱碱树脂对硅酸根不能吸着，所以在水的化学除盐中弱碱树脂必须与强碱树脂联合使用。当联合应用弱、强碱树脂时，既能增加交换器的总工作交换容量，又能控制交换后的出水水质。

（2）因为弱碱树脂极容易吸附水中的 OH^-，所以再生时它可利用强碱树脂再生液中的余碱来进行再生，从而可以合理地利用和降低再生碱耗；同时，又可减少再生排出液对环境的污染。

（3）在联合应用中，因为弱碱树脂已经将水中强酸阴离子去除，改善了强碱树脂的进水水质，使强碱树脂的工作交换容量可以有更高的发挥。

（4）强碱树脂和弱碱树脂联合应用时，弱碱、强碱树脂装填量的计算原则为：弱碱树脂应按能足够吸着进水中的强酸阴离子所需的量计算，而强碱树脂则按吸附进水中弱酸阴离子的量来计算。

99 弱酸树脂与强酸树脂联合应用时的交换特性有哪些？

答：弱酸树脂与强酸树脂联合应用时的交换特性有：

（1）因为弱酸树脂的工作交换容量比强酸树脂高，所以利用弱酸树脂会增加系统的总交换容量。但因弱酸树脂只能吸着水中的碳酸盐硬度，所以在水的化学除盐中弱酸树脂必须与强酸树脂联合使用。当联合应用弱、强酸树脂时，既增加了交换器的总工作交换容量，又控制了交换后的出水水质。

（2）弱酸树脂在交换过程中始终存在着离子泄漏，而且随着弱酸树脂层的失效程度的增加，离子的泄漏量会随之不断地加大。

(3) 因为弱酸树脂极容易吸着水中的 H^+，所以再生时它可利用强酸树脂的再生液中的余酸来进行再生，从而可以合理地利用和降低再生酸耗；同时，又可减少再生排出液对环境的污染。

(4) 在联合应用中，因为弱酸树脂将水中碳酸盐硬度去除，改善了强酸树脂的进水水质，使强酸树脂的工作交换容量可以有更高的发挥。

(5) 强酸和弱酸树脂联合应用时，弱酸、强酸树脂的装填量的计算原则为：弱酸树脂应按吸附进水中的碳酸盐硬度所需的量计算，而强酸树脂则按吸附进水中其他剩余阳离子的量来计算。

100 在联合应用弱、强型树脂时，如果用量计算不正确，是否影响系统出水水质？

答：在联合应用弱、强型树脂时，如果弱、强型树脂的用量计算不正确，只会影响到运行的经济性能，不会影响系统的出水水质。如果在运行中弱型树脂用量偏小，则运行中弱型树脂就先失效，此时系统的运行就相当于一台强型树脂交换器的单独运行，出水水质仍能由强型树脂层来保证；如果弱型树脂量偏大，则强型树脂层先失效，系统出水水质达到失效标准时，则系统停运，运行中系统出水水质也能得到保证。

101 为什么阴床采用弱碱树脂和强碱树脂联合应用工艺时，通常收益会比较明显？

答：阴床采用强碱树脂和弱碱树脂联合应用主要是利用弱碱树脂来扩大交换器树脂的总交换容量和降低交换器树脂的再生剂比耗。在阴床的交换过程中，弱碱树脂主要是去除水中的强酸阴离子，而通常在阴床的进水中强酸阴离子的含量大大高于弱酸阴离子的含量，所以采用高工作交换容量的弱碱树脂后，系统的总工作交换容量会有较大的提高，系统的周期制水量会有较大幅度的增加，碱耗也会有显著的降低。

102 如果原水的碱度较高时，是否有必要采用强碱树脂和弱碱树脂联合应用工艺？

答：当原水中的碱度很高时，经过阳离子交换后大部分的碱度生成二氧化碳，因此经过除碳器后，进入阴床的离子含量会大幅度地降低。弱碱树脂主要用来去除水中的强酸阴离子，此时采用弱碱树脂的效果就会明显地降低，所以当原水碱度较高时，采用强碱树脂和弱碱树脂联合应用工艺意义不大。

103 在什么情况下阳床采用弱酸、强酸树脂联合应用工艺会有较大的收益？

答：因为弱酸树脂虽然工作交换容量高，酸耗低，但是它在交换中只能去除水中的碳酸盐硬度，而地表水中碳酸盐硬度所占总阳离子的比例多数较低，当使用弱酸树脂时，因为弱酸树脂的价格比较高，所以应该考虑在经济上是否合理。但是如果原水的碳酸盐硬度很高，例如水源采用的是地下水，则采用弱酸树脂和强酸树脂联合应用会有极好的收益，尤其是当水源中的碱度大于硬度时（即水源为碱性水），有时则必须采用弱酸树脂和强酸树脂联合应用才能合理地安排离子交换系统。

104 联合应用弱、强型树脂时常用的设备系统有哪些？运行的关键是什么？

答：在弱、强型树脂联合应用中常用的设备系统有：

（1）双层床。将弱强树脂同时装填在一台普通交换器内运行中依靠两种树脂的密度自行分层和再生。

（2）双室床。利用泄水帽孔板将交换器分成上下室分别装填弱强树脂运行和再生。

（3）复床。将弱强树脂分别装填在两台交换器内串联运行和再生。

不论哪种设备系统，运行中的关键是：必须保证强型树脂层能得到彻底的再生，所以无论在哪种设备系统中，强型树脂的再生同样必须符合逆流再生的一切措施和要求。

105 如何控制双层床的运行和再生？

答：双层床内装填的强、弱型树脂是作为一个树脂层整体参加运行和再生的，在运行和再生中的操作和控制可以完全按照单床的运行和再生进行控制。

106 在再生阴双层床时可以采用什么措施来防止因树脂体积收缩和形成胶体硅而影响再生效果的问题？

答：可以采用两步进碱的方法来对阴双层床树脂进行再生，具体步骤为：

（1）悬浮进碱。失效树脂不需进行专门的反洗，直接由底部逆流进碱，废液由顶部通过反洗排水阀排出。进碱浓度约1%，流速4m/h，进碱量约为总碱量的1/2。进碱过程由于流速较低，树脂层逐渐松动、上浮，所以必须监视树脂层的膨胀高度，避免树脂随水流逸出。

（2）沉降排水。悬浮进碱结束后，静止约10min，使树脂自然沉降。然后排去树脂层上部空间的存水，保证树脂压实层无积水。

（3）无顶压逆流进碱。按传统操作方法无顶压逆流进碱，碱液由中间排液阀排出。进碱浓度为2.5%，流速4m/h，进碱量为总碱量的1/2。

（4）置换。以除盐水置换，流速4m/h，置换时间40min。

（5）正洗。以运行流速正洗至排水合格即可制水。

107 为什么采用“两步进碱法”可以提高阴双层床的再生效果？

答：“两步进碱法”再生工艺操作过程与常规的无顶压逆流再生操作的不同，仅在于在逆流再生前增加了悬浮进碱过程，当低浓度的碱液在无顶压的条件下以较低的流速流经树脂层时，可以将树脂颗粒托起呈悬浮状态，有意造成树脂颗粒产生一定幅度的扰动。这样，一方面可以有利于树脂的松动和反洗，使弱碱树脂和强碱树脂能较好地分层，同时也能使上层的弱碱树脂提前接触碱液，防止弱碱树脂在逆流再生时突然体积收缩而在压实层下造成水垫空间，造成树脂乱层。

另外，低浓度的碱液可以防止强碱树脂再生时生成高浓度的硅化合物的排出液，避免在进入弱碱树脂层时因弱碱树脂吸附着OH^-而产生胶体硅的析出和沉积，从而可以提高再生效果。

108 在联合应用弱、强型树脂时使用双室床的优缺点有哪些？

答：双室床设备是在交换器中间设置水帽孔板将交换器分隔成两室，分别装载弱、强型树脂。优点：由于树脂是分室装载，因此对树脂的颗粒直径和密度无特殊要求。缺点是设备的结构和投资都会增高。同时，由于分室后，为了保证出水水质，强型树脂在装填时要求在该室内不留水垫空间，这样就会影响到树脂运行中在交换器内的正常清洗，所以双室床系统必须设置树脂的体外清洗系统，这不仅增加了设备投资，同时还使操作繁琐，更会因树脂的体外清洗而增加树脂的磨损。

109 使用弱、强型树脂双室床时运行成功的关键是什么?

答：在使用弱、强型树脂双室床时，要保证运行的出水水质合格，必须要保证强型树脂的再生效果，关键是在再生时强型树脂层不应有乱层的现象发生。所以，在双室床组装中，必须保证强型树脂室内不留水垫空间。另外，双室床在树脂反洗时强型树脂的碎片常常会堵塞隔板上水帽的缝隙，影响水流量。故在双室床中，常常用惰性白球来充塞强型树脂室内的水垫空间。

110 在联合应用弱、强型树脂时使用复床系统的优缺点是什么?

答：复床系统是将弱、强型树脂分别装在串联的两台交换器内同步运行和再生的系统。优点是它可以适应高含盐量原水的处理，同时其运行周期长、周期制水量高。但缺点是在占地面积和设备投资上都远远高于双层床和双室床设备系统，尤其是树脂费用成倍地增加，在操作上也较复杂。

111 在使用复床系统时，弱型树脂和强型树脂的床型通常有什么不同？为什么?

答：在使用复床系统时，因为强床树脂的交换是主要保证系统的出水水质，因此强床的床型都采用逆流再生的床型。而弱床主要为了扩容降耗，采用顺流再生的床型可以简化设备结构和方便操作，所以弱床的床型大都采用顺流再生的床型。

112 复床系统再生时强型树脂床的再生排出液为什么要先排入地沟？到何时可以串联进入弱型树脂床?

答：复床系统再生时，强型树脂床初期的再生排出液中大部分都是强型树脂床的再生产物，其中含过剩的再生剂量极少，直接排入地沟会有利于弱型树脂床的再生和清洗，尤其对阴床系统，强碱树脂床初期的再生排出液中含有较高浓度的硅化合物，直接进入弱碱树脂层容易形成胶体硅积聚在树脂层内。

当检测到强型树脂床的再生排出液中出现有过剩的再生剂时再引入弱型树脂床，使强型、弱型树脂床进行串联再生，不仅充分利用了强型树脂再生后过剩的再生剂，也避免了大量强型树脂再生产物带入弱型树脂床所造成的影响。

113 如何计算弱酸阳床和强酸阳床的工作交换容量?

答：弱酸阳床工作交换容量＝周期制水量×(弱酸阳床进水平均碱度－弱酸阳床出水平均碱度)。

计算中说明：①因为弱酸阳床出水的碱度会随着运行的延续不断地增加，计算出水碱度时必需取全周期出水碱度的平均值；②当出水呈酸性时则可取为碱度的负值。

强酸阳床工作交换容量＝周期制水量×(弱酸阳床出水平均碱度＋强酸阳床出水酸度)。

114 阳复床系统树脂再生的主要操作步骤有哪些?

答：阳复床系统树脂再生的主要操作步骤有：

（1）切断强酸阳床和弱酸阳床的串联系统，弱酸阳床树脂进行反洗。

（2）强酸阳床树脂按单床逆流再生的要求进行反洗和进酸，再生排出液排入地沟。

（3）用甲基橙指示剂测定强酸阳床再生排出液变红色时，将强酸阳床再生排出液引入弱酸阳床进行顺流再生。

（4）强酸阳床进酸结束后，进行强酸阳床和弱酸阳床的串联置换。

（5）强酸阳床和弱酸阳床分别进行正洗，强酸阳床正洗至排水水质合格，弱酸阳床正洗至排水酸度稳定。

（6）弱酸阳床和强酸阳床串联运行制水。

115 如何计算弱碱阴床和强碱阴床的工作交换容量?

答：弱碱阴床的工作交换容量＝周期制水量×(弱碱阴床的进水酸度－弱碱阴床的出水平均酸度)。

强碱阴床的工作交换容量＝周期制水量×(弱碱阴床的出水平均酸度＋[CO_2]/44＋[SiO_2]/60)≈周期制水量×(弱碱阴床的出水平均酸度＋0.3)。

116 什么是阴复床系统树脂的碱耗?

答：阴复床系统树脂的碱耗通常用恢复树脂 1mol 交换能力所需的 NaOH 量来表示。

117 运行中如何统计阴复床系统树脂实际的碱耗及碱比耗?

答：阴复床系统实际碱耗＝再生时总耗浓度为 100％的碱量(g)÷阴复床系统树脂总工作交换容量(mol)

碱比耗＝实际碱耗÷40。

118 阴复床系统树脂再生的主要操作步骤有哪些?

答：阴复床系统树脂再生的主要操作步骤有：

（1）切断强碱阴床和弱碱阴床的串联系统，弱碱阴床树脂进行反洗。

（2）强碱阴床树脂按单床逆流再生的要求进行反洗和进碱，再生排出液排入地沟。

（3）用酚酞指示剂测定强碱阴床再生排出液变红色时，将强碱阴床再生排出液引入弱碱阴床进行顺流再生。

（4）强碱阴床进碱结束后，进行强碱阴床和弱碱阴床的串联置换。

（5）强碱阴床和弱碱阴床分别进行正洗，强碱阴床正洗至排水水质合格，弱碱阴床正洗至排水碱度稳定。

（6）弱碱阴床和强碱阴床串联运行制水。

119 为什么采用混床可以提高水质?

答：在一级除盐系统的出水中，由于阳床的漏钠和阴床的漏硅，致使其出水中的 H^+ 和 OH^- 不能达到平衡，因此水的电导率较高，pH 值也不稳定。而在通过混床时，阳、阴树脂是呈均匀混合状态，所以在混床内的离子交换反应几乎是同时进行的，也就是阳离子交换和阴离子交换是多次交错进行的，所以交换后生成的氢离子和氢氧根离子均不能积累起来，交换反应不会受反离子的干扰，可以彻底地进行，出水水质就很高。

120 混床内的阳、阴树脂装填量通常采用怎样的配比？

答：混床内离子交换树脂的装填体积通常采用的配比为：强酸阳树脂与强碱阴树脂按1∶2进行。

121 混床对装填阳、阴树脂的要求是什么？为什么？

答：混床对装填阳、阴树脂的通常要求是其湿真密度差别应大于15%～20%。

因为混床再生时，阳、阴树脂要依靠其密度自然分层，所以要求混床的阳、阴树脂的湿真密度必须有明显的差别。

122 混床再生前阳、阴树脂的分层，通常采用的方法是什么？

答：混床的树脂分层通常是采用水力筛分进行，即利用反洗的水力将树脂悬浮起来，使树脂层达到一定的膨胀率，再利用阳、阴树脂的密度差达到分层的目的。一般阴树脂的密度较小，所以分层后阴树脂层在阳树脂层的上面。操作中通常先用低流速进行反洗，待树脂层开始松动后，逐渐加大反洗流速至10m/h，此时树脂层的膨胀率应大于50%，反洗10～15min，然后静止，树脂自然沉降分层。

123 为什么有时候在混床树脂反洗分层前先要加入碱液？

答：阳树脂密度大于阴树脂密度，在实际操作中，阳、阴树脂能否很好地分层，除了树脂的湿真密度差外，还与反洗的水流速度及树脂的失效程度有关。因为树脂在吸着不同离子后的密度不同，对于阳树脂的不同盐型的密度排列为：Na型＞Ca型＞H型；对于阴树脂的不同盐型的密度排列为：硫酸型＞碳酸型＞氯型＞氢氧型；当交换器失效时底层树脂中尚未失效的树脂较多时，则由上述排列可知，未失效的阳树脂（H型）与已失效的阴树脂（硫酸型）密度差较小，造成树脂的分层困难，此时加入碱液，使阳树脂转成Na型，同时阴树脂则转成氢氧型，这样就可使阳、阴树脂的密度差加大，便于较好地分层。

另外，阳、阴树脂在运行中会产生互相黏结，先加入碱液也可防止由此而引起的分层困难。

124 通常采用的混床体内再生的操作方法有哪几种？

答：根据进酸、进碱和冲洗步骤的不同，可以分成同步法和两步法两种。

同步法即在交换器再生和清洗时，由交换器上下同时送入的酸、碱液或清洗水，分别流经阳、阴树脂层后，由中间排液装置同时排出。

两步法是指对交换器内的阳树脂和阴树脂分别进行进酸、碱再生和清洗。

125 两步法混床体内再生的主要操作步骤及控制指标是什么？

答：两步法混床体内再生的主要操作步骤及控制指标是：

（1）混床再生前先进行反洗，采用10m/h流速，反洗控制时间10～15min。

（2）静置，待树脂层分层。

（3）放水至水位在交换器内树脂层面上约10cm处。

（4）由上部进碱管进碱，流速4m/h，碱液浓度4%，进碱时间大于15min；与此同时，由交换器下部进酸管进水，水流流经阳树脂层后，与废碱液一起由阳、阴树脂层分界面处的中间排液管排出。

（5）按同样流程进行阴树脂的置换，流速4m/h，时间大于15min。

（6）阴树脂进行正洗，流速15m/h，正洗水量按$10m^3$水：$1m^3$树脂控制，洗至排水的酚酞碱度低于0.5mmol/L以下。

（7）由下部进酸管进酸再生阳树脂，流速4m/h，酸液浓度5%，进酸时间大于15min；在此同时，应保持上部进碱管继续进水；水流流经阴树脂层后，与废酸液一起由阳、阴树脂层分界面处的排液管排出。

（8）按同样流程进行阳树脂的置换及清洗，流速4m/h，时间大于15min。

（9）阳树脂进行清洗，流速10m/h，由中间排液管排水，洗至排水酸度低于0.5mmol/L以下。

（10）交换器树脂进行整体正洗，由交换器顶部进水，交换器正洗排水阀排水，流速15m/h，洗至排水的电导率低于1.5μS/cm以下。

（11）放水至交换器水位在树脂层面上约10cm。

（12）通入压缩空气进行树脂的混合，时间1～5min；在树脂混合后，必须有足够大的排水速度，迫使树脂迅速降落，避免树脂重新分离。树脂下降时，采用顶部进水，可加速其沉降。

（13）混合后的树脂层进行正洗，流速10～20m/h，洗至排水合格，即可投运制水。

126　运行中的混床出水水质的合格标准是什么？

答：混床的出水应达到：二氧化硅含量不超过20μg/L；电导率不超过0.2μS/cm。

127　怎样估算系统中与阳、阴交换器配套的混床交换器的直径？

答：计算混床交换器直径的方法与阳、阴交换器相同，只是因为混床的进水为一级除盐水，其水质较纯，所以混床计算中的允许最大流速可选用60～100m/h。计算时可按一级除盐系统交换器的出力作为配套混床的流量，选定流速后根据流量式（6-1）计算出配套混床交换器的截面积，然后计算出交换器的直径。

$$\text{流量}=\text{流速}\times\text{交换器截面积} \tag{6-1}$$

128　混床交换器在实际使用中通常按什么标准作为再生依据？

答：混床在实际应用中，有时不以其失效作为再生依据，而以一定的运行时间间隔作为进行再生的依据，这是因为混床的运行周期过长，树脂层的压实使水流流经混床时会产生过大的压差，从而影响混床的正常出水和引发混床内部结构的故障。

第四节 含油废水的管理及处理

1 含油废水的主要来源有哪些？

答：电厂含油废水的主要来源有：储油罐底部沉积的排水，卸油栈台，油泵房，主厂房区及柴油机房等含油场所的冲洗水和地面雨水等。

2 废水中油类污染物的常用分析方法有哪几种？

答：油类污染物一般是用石油醚、四氯化碳、乙烷等溶剂萃取后，再用重量法或分光光度法来分析。由于采用的萃取技术、萃取溶剂或分析方法不同，测得废水中油类污染物的结果也可能有所不同。

3 废水中油类污染物的种类按存在形式可怎样划分？

答：废水中油类污染物的种类按存在形式可划分为五种物理形态：

(1) 游离态油。静止时能迅速上升到液面形成油膜或油层的浮油，这种油珠的粒径较大，一般大于100μm，占废水中油类总量的60%～80%。

(2) 机械分散态油。油珠粒径一般为10～100μm，属细微油滴，在废水中的稳定性不高，静置一段时间后往往可以相互结合形成浮油。

(3) 乳化态油。油珠粒径小于10μm，一般为0.1～2μm，这种油滴具有高度的化学稳定性，往往会因水中含有表面活性剂而成为稳定的乳化液。

(4) 溶解态油。极细微分散的油珠，油珠粒径比乳化油还小，有的可小到几个纳米，也就是化学概念上真正溶解于废水中的油。

(5) 固体附着油。吸附于废水中固体颗粒表面的油珠。

4 油类污染物对环境或二级生物处理的影响有哪些？

答：油类污染物对环境或二级生物处理的影响有：

(1) 绝大部分油类物质比水轻且不溶于水，一旦进入水体会漂浮于水面，并迅速扩散形成油膜，从而阻止大气中的氧进入水体，隔绝水体氧的来源，使水中生物的生长受到不利影响。

(2) 水中乳化油和溶解态油可以被好氧微生物分解成 CO_2 和 H_2O，分解过程消耗水中的溶解氧，使水体呈缺氧状态且pH值下降，会使鱼类和水生生物不能生存，水体因此变黑发臭。

(3) 油类物质含有多种有致癌作用的成分，如多环芳烃等，水中的油类物质可以通过食物链富集，最后进入人体，对人体健康产生危害。

(4) 含油废水进入土壤后，由于土层对油污的吸附和过滤作用，也会在土壤中形成油膜，使空气难以透入，阻碍土壤微生物的繁殖，破坏土层的团粒结构。

5 常用含油废水处理的方法有哪些？

答：废水中油类的存在形式不同、处理的程度不同，采用的处理方法和装置也不同。常用的油水分离方法有：隔油池、普通除油罐、混凝除油罐、粗粒化（聚结）除油法、气浮除油法等。

按气泡直径大小，溶气气浮可分为平流气浮、浅层气浮。

按处理工艺及设备可分为涡凹气浮、溶气气浮。

6 什么是隔油池?

答：隔油池是利用自然上浮法分离、去除含油废水中可浮性油类物质的构筑物。隔油池能去除污水中处于漂浮和粗分散状态的密度小于 1.0g/cm^3 的油类物质，而对处于乳化、溶解及细分散状态的油类几乎不起作用。

7 隔油池的基本要求有哪些?

答：隔油池的基本要求为：

（1）隔油池必须同时具备收油和排泥措施。

（2）隔油池应密闭或加活动盖板，以防止油气对环境的污染和火灾事故的发生，同时可以起到防雨和保温的作用。

（3）寒冷地区的隔油池应采取有效的保温防寒措施，以防止污油凝固。为确保污油流动顺畅，可在集油臂及污油输送臂下设热源为蒸汽的加热器。

（4）隔油池四周一定范围内要确定为禁火区，并配备足够的消防器材和其他消防手段。隔油池内防火一般采用蒸汽，通常是在池顶盖以下 200mm 处沿池壁设一圈蒸汽消防管道。

（5）隔油池附近要有蒸汽管道接头，以便接通临时蒸汽扑灭火灾，或在冬季气温低时因污油凝固引起管道堵塞或池壁等处黏挂污油时清理管道或去污。

8 常用隔油池的种类有哪几种?

答：常用隔油池有平流式和斜板式两种形式，也有在平流隔油池内安装斜板，成为具有平流式和斜板式双重优点的组合式隔油池。

9 什么是平流隔油池?

答：普通平流隔油池与平流沉淀池相似，废水从池的一端进入，从另一端流出，由于池内水平流速较低，进水中密度小于 1.0g/cm^3 的轻油滴在浮力的作用下上浮，并积聚在池子的表面，通过设在池面的集油管和刮油机收集浮油，相对密度大于 1.0g/cm^3 的油滴随悬浮物下沉到池底，再通过刮泥机排到贮泥斗后定期排放。通常可将废水含油量从 400～1000mg/L 降到 150mg/L 以下，除油效率为 70%以上，所去除油粒最小直径为 100～150μm。

10 平流式隔油池适用范围及优缺点各是什么?

答：平流式隔油池可适用于各种规模的含油污水处理场。

平流式隔油池的优点是：耐冲击负荷；施工简单。

平流式隔油池的缺点是：布水不均匀；采用刮油刮泥机操作复杂；不能连续排泥，操作量大。

11 设置平流隔油池的基本要求有哪些？

答：设置平流隔油池的基本要求有：

（1）池数一般不少于2个，池深1.5～2.0m，超高不小于0.4m。单格池宽一般不大于6m，每单格的长宽比不小于4，工作水深与单格宽度之比不小于0.4，池内流速一般为2～5mm/s，水力停留时间1.5～2.0h。

（2）使用链条板式刮渣刮油机时，在池面上将浮油推向平流隔油池的末端，而将下沉的池底污泥刮向进水端的泥斗。池底应保持0.01～0.02的坡度，贮泥斗深度为0.5m、底宽不小于0.4m、侧面倾角为45°～60°，刮板的移动速度不大于2m/s。

（3）平流隔油池的进水端要有不少于2m的富余长度作为稳定水流的进水段，该段与池主体宽深相同，并设消能、整流设施，以尽可能降低流速和稳定水流。

（4）为提高出水水质，降低出水中的含油量，平流隔油池的出水端也要有不少于2m的富余长度来保持分离段的水力条件，该段与池主体宽深相同，并分成两格，每格长度均为1m左右，且设固定式和可调式堰板，出水堰板沿长度方向出水量必须均匀。

（5）平流隔油池的进水端一般采用穿孔墙进入，溢流堰出水。

12 什么是斜板隔油池？

答：根据浅层理论发展而来的斜板隔油池，是一种异向流分离装置，其水流方向与油珠运动方向相反，废水沿板面向下流动，从出水堰排出。水中密度小于1.0g/cm^{3}的油珠沿板的下表面向上流动，然后用集油管汇集排出。水中其他相对密度大于1.0g/cm^{3}的悬浮颗粒沉降到斜板上表面，再沿着斜板滑落到池底部经穿孔排泥管排出。

目前，斜板隔油池所用斜板可以选用定型聚酯玻璃钢波纹斜板产品，根据不同的处理水量来确定斜板体块数。实践表明，斜板隔油池所需的停留时间约为30min，仅为平流隔油池的1/4～1/2，斜板隔油池可以去除油滴的最小直径为60μm。

13 斜板式隔油池的适用范围及优缺点各是什么？

答：斜板式隔油池适用于各种规模的含油污水处理。

斜板式隔油池的优点：水力负荷高；占地面积少。

斜板式隔油池的缺点：斜板易堵需增加表面冲洗系统；不宜作为初次隔油设施。

14 设置斜板隔油池的基本要求有哪些？

答：斜板隔油池的基本要求有：

（1）斜板隔油池的表面水力负荷为0.6～0.8m^3/(m^2·h)。

（2）斜板体的倾角要在45°以上，斜板之间的净距离一般为40mm。为避免油珠或油泥黏挂在斜板上，斜板的材质应必须有不黏油的特点，同时要耐腐蚀和光洁度好。

（3）布水板与斜板体断面的平行距离为200mm。布水板过水通道为孔状时，孔径一般为12mm，孔附率为3%～4%，孔眼流速为17mm/s。布水板过水通道为栅条状时，过水栅条宽20mm，间距30mm。

（4）为保证斜板体过水的畅通性和除油效果，要在斜板体出水端200～500mm处设置斜板体清污器。清污动力可采用压缩空气或压力为0.3MPa的蒸汽，根据斜板体的积污多少随时进行清污。

15 平流式隔油池与斜板式隔油池理论数据的相同点有哪些?

答：平流隔油池和斜板隔油池进水 pH 值均为 6.5～8.5；刮油泥速度 0.3～1.2m/min；排泥阀直径不小于 200mm；端头设压力水冲泥管；自流进水使水流平稳；寒冷地区池内要设加热设施；池顶要设阻燃盖板和蒸汽消防设施；池体数不小于 2 个，并能单独工作。

16 平流式隔油池与斜板式隔油池理论数据的不同点有哪些?

答：平流式隔油池与斜板式隔油池理论数据的不同点有：

（1）去除油粒粒径不同。平流式隔油池去除油粒粒径不小于 150μm；斜板式隔油池去除油粒粒径不小于 60μm。

（2）停留时间不同。平流式隔油池停留时间为 1.5～2h；斜板式隔油池停留时间为 5～30h。

（3）流速不同。平流式隔油池水平流速为 10mm/s；斜板式隔油池板间流速为 3～7mm/s。

（4）平流式隔油池集泥斗按含水率 99%、8h 沉渣计；斜板式隔油池板间水力条件 $R_e<500$，$F_r>10-5$。

（5）平流式隔油池集油管管径为 200～300mm，最多串联 4 根；斜板式隔油池板体倾斜角不小于 45°。

（6）平流式隔油池池体长宽比不小于 4，深宽比为 0.3～0.5，超高大于 0.4m；斜板式隔油池板体材料疏油、耐腐蚀、光洁度好。

17 组合式隔油池的适用范围及优缺点各是什么?

答：组合式隔油池适用于对水质要求较高的含油污水处理。

组合式隔油池的优点：耐冲击负荷；占地面积少。

组合式隔油池的缺点：池子深度不同，施工难度大；操作复杂。

18 隔油池的收集油装置的方式有哪些?

答：隔油池的收集油装置一般采取以下四种形式：

（1）固定式集油管收油。

（2）移动式收油装置收油。

（3）自动收油罩收油。

（4）刮油机刮油。

19 固定式集油管是如何收集油的?

答：固定式集油管设在隔油池的出水口附近，其中心线标高一般在设计水位以下 60mm，距池顶高度要超过 500mm。固定式集油管一般由直径为 300mm 的钢管制成，由蜗轮蜗杆作为传动系统，既可顺时针转动也可以逆时针转动，但转动范围要注意不超过 40°。集油管收油开口弧长为集油管横断面 60°所对应的弧长，平时切口向上，当浮油达到一定厚度时，集油管绕轴线转动，使切口浸入水面浮油层之下，然后浮油溢入集油管并沿集油管流到集油池。小型隔油池通常采用这种方式收油。

20 移动式收油装置是如何收油的？

答：当隔油池面积较大且无刮油设施时，可根据浮油的漂浮和分布情况，使用移动式收油装置灵活地移动收油，而且移动式收油装置的出油堰标高可以根据具体情况随时调整。移动式收油装置使用疏水亲油性质的吸油带在水中运转，将浮油带出水面后，进入移动式收油装置的挤压板把油挤到集油槽内，吸油带再进入池中吸取浮油。

21 自动收油罩的安装注意事项有哪些？

答：隔油池分离段没有集油管或集油管效果不好时，可安装自动收油罩收集油。要根据回收油品的性质和对其含水率的要求等因素，综合考虑出油堰口标高和自动收油罩的安装位置。

22 刮油机在使用时应该如何设置？

答：大型隔油池通常使用刮油机将浮油刮到集油管，刮油机的形式和气浮池刮渣机相同，有时和刮泥同时进行。平流式隔油池刮油刮泥机设置在分离段，刮油刮泥机将浮油和沉泥分别刮到出水端和进水端，因此需要整池安装。斜板隔油池则只在分离段设刮油机，其排泥一般采用斗式重力排泥。

23 隔油池的排泥方式有哪几种？

答：隔油池的排泥方式有以下几种：

(1) 小型隔油池多采用泥斗排泥。每个泥斗要单独设排泥阀和排泥管，泥斗倾斜为45°～60°，排泥管直径不能小于200mm。当排泥管出口不是自然跌落排泥，而是采用静水压力排泥时，静水压头要大于1.5m，否则会排泥不畅。

(2) 隔油池采用刮油刮泥机机械排泥时，池底要有坡向泥斗的1%～2%的坡度。

(3) 刮油刮泥机的运行速度要控制在0.3～1.2m/min之间，刮板探入水面的深度为50～70mm。刮油刮泥机应当振动较小，翻板灵活，刮油不留死角。

(4) 刮油刮泥机多采用链条板式，如果泥量较少，可以只考虑刮油。

24 粗粒化（聚结）除油法的原理是什么？

答：粗粒化（聚结）除油法的原理是利用油和水对聚结材料表面亲和力相差悬殊的特性，当含油污水流过时，微小油粒被吸附在聚结材料表面或孔隙内，随着被吸附油粒数量的增多，微小油粒在聚结材料表面逐渐结成油膜，油膜达到一定厚度后，便形成足以从水相分离上升的较大油珠。

25 粗粒化（聚结）除油装置有哪几种形式？

答：粗粒化（聚结）除油装置由聚结段和除油段两部分组成，根据这两段的组合形式可将粗粒化（聚结）除油装置分为合建式和分建式两种。常用的是合建承压式粗粒化（聚结）除油装置。

26 常用粗粒化（聚结）除油装置的结构是怎样的？

答：在一定程度上，粗粒化（聚结）除油装置和过滤工艺的承压滤池有许多相似之处，从下而上由承托垫层、承托垫、聚结材料层、承压层构成，水流方向多为反向流。聚结床工作周期结束后的清洗采用气水联合冲洗。

27 常用粗粒化（聚结）除油装置的承托垫层卵石是如何级配的?

答：粗粒化（聚结）除油装置常使用级配卵石作为承托垫层，卵石级配为：上层一般选用粒径16～32mm的卵石，厚度为100mm；中层一般选用粒径8～16mm的卵石，厚度为100mm；下层一般选用粒径4～8mm的卵石，厚度为100mm。

28 常用粗粒化（聚结）除油装置的承托垫是如何配置的?

答：粗粒化（聚结）除油装置承托垫一般由钢制格栅和不锈钢丝网组成，其作用是承托聚结材料层、承压层等部分的质量。钢制格栅的间距要比粒状聚结材料的上限尺寸大1～2mm，而不锈钢丝网的孔眼要比粒状聚结材料的下限尺寸略小，以防聚结材料漏失。当使用密度小于1.0g/cm^{3}的聚结材料时，在聚结材料的顶部也要设置钢制格栅，不锈钢丝网及压卵石层以防清洗时跑料。常用压卵石粒径为16～32mm，厚度0.3m。钢制格栅、不锈钢丝网的选择原则与承托垫一样。

29 气浮法按产生气泡方式可分为哪几种?

答：气浮法按产生气泡方式可分为：细碎空气气浮法、电解气浮法、压力溶气气浮法三种。

30 气浮法的原理是什么?

答：气浮法也称为浮选法，其原理是设法使水中产生大量的微细气泡，从而形成水、气及被去除物质的三相混合体，在界面张力、气泡上升浮力和静水压力差等多种力的共同作用下，促使微细气泡黏附在被去除的杂质颗粒上后，因黏合体密度小于水而上浮到水面，从而使水中杂质被分离去除。

31 气浮分层的必要条件是什么?

答：气浮过程包括气泡产生、气泡与固体或液体颗粒附着及上浮分离等步骤，因此实现气浮分层的必要条件有两个：

（1）必须向水中提供足够数量的微小气泡，气泡的直径越小越好，常用的理想气泡尺寸是15～30μm。

（2）必须使杂质颗粒呈悬浮状态而且具有疏水性。

32 气浮池的形式有哪几种?

答：气浮池的形式较多，根据待处理水的水质特点、处理要求及各种具体条件，已有多种形式的气浮池投入使用。其中有平流与竖流、方形与圆形等布置形式，也有将气浮与反应、沉淀、过滤等工艺综合在一起的组合形式。

（1）平流式气浮池是使用最为广泛的一种池形，通常将反应池与气浮池合建。废水经过反应后，从池体底部进入气浮接触室，使气泡与絮体充分接触后再进入气浮分离室，池面浮渣用刮渣机刮入集渣槽，清水则由分离室底部集水管集取。

(2) 竖流式气浮池的优点是接触室在池中央，水流向四周扩散，水力条件比平流式单侧出流要好，而且便于与后续处理构筑物配合。其缺点是池体的容积利用率较低，且与前面的反应池难以衔接。

(3) 综合式气浮池可分为气浮-反应一体式、气浮-沉淀一体式、气浮-过滤一体式等三种形式。

33 气浮法的特点有哪些?

答：与重力沉淀法相比较，气浮法具有以下特点：

(1) 不仅对于难以用沉淀法处理的废水中的污染物可以有较好地去除效果，而且对于能用沉淀法处理的废水中的污染物往往也能取得较好地去除效果。

(2) 气浮池的表面负荷有可能超过 $12m^3/(m^2 \cdot h)$，水在池中的停留时间只需要 10～20min，而池深只需要 2m 左右，因此占地面积只有沉淀法的 1/2～1/8，池容积只有沉淀法的 1/4～1/8。

(3) 浮渣含水率较低，一般在 96%以下，比沉淀法产生同样比重污泥的体积缩小 $\frac{1}{10}$～$\frac{1}{2}$，简化了污泥处置过程、节省了污泥处置费用，而且气浮表面除渣比沉淀法排泥更方便。

(4) 气浮池除了具有去除悬浮物的作用以外，还可以起到预曝气、脱色、降低 COD_{cr}（重铬酸盐指数）等作用。出水和浮渣中都含有一定量的氧，有利于后续处理，泥渣不易腐败变质。

(5) 气浮法所用药剂比沉淀法要少，使用絮凝剂为脱稳剂时，药剂的投加方法与混凝处理工艺基本相同，所不同的是气浮法不需要形成尺寸很大的矾花，因而所需反应时间较短，但气浮法电耗较大，一般电耗为 0.02～0.04（$kW \cdot h/m^3$）。

(6) 气浮法所用的释放器容易堵塞，室外设置的气浮池浮渣受风雨的影响很大，在风雨较大时，浮渣会被打碎重新回到水中。

34 气浮法在废水处理中的作用是什么?

答：气浮法的传统用途是用来去除污水中处于乳化状态的油或密度接近于水的微细悬浮颗粒状杂质。为促进气泡与颗粒状杂质的黏附和使颗粒杂质结成尺寸适当的较大颗粒，一般要在形成微细气泡之前，在污水中投加药剂进行混凝处理或加入破乳剂破坏水中乳化态油的稳定性。

气浮法通常作为对含油污水隔油后的补充处理，即为二级生物处理之前的预处理。隔油池出水一般仍含有 50～150mg/L 的乳化油，经过一级气浮法处理，可将含油量降到30mg/L 左右，再经过二级气浮法处理，出水含油量可达 10mg/L 以下。

污水中固体颗粒粒度很细小，颗粒本身及其形成的絮体密度接近或低于水、很难用沉淀法实现固液分离时，可以利用气浮法。当用地受到限制或需要得到比重力沉淀更高的水力负荷或固体负荷时，也可以使用气浮法代替沉淀法。

另外，气浮法可以有效地用于活性污泥的浓缩，有的气浮法以去除污水中的悬浮杂质为主要目的；或是作为二级生物处理的预处理，保证生物处理进水水质的相对稳定；或是放在二级生物处理之后作为二级生物处理的深度处理，确保排放出水水质符合有关标准的要求。

35 设置气浮池的基本要求是什么？

答：设置气浮池的基本要求是：

（1）气浮池溶气压力为0.2～0.4MPa，回流比为25%～50%。为获得充分的共聚效果，一般需要投加絮凝剂，有时还要投加助凝剂，投药后混合时间通常为2～3min，反应时间为5～10min。

（2）气浮池一般采用矩形钢筋混凝土结构，常与反应池合建，池顶设有轻型盖板，内设刮渣机，池内水流水平流速为4～6m/s，不宜大于10m/s；气浮池的长宽比通常不小于4，中小型气浮池池宽可取4.5m、3m或2m，大型气浮池池宽可根据具体情况确定，一般单格池宽不超过10m、池长不超过15m。

（3）为防止打碎絮体，水流衔接要平稳，因此气浮池与反应池最好合建在一起，进入气浮池接触室的水流速度要低于0.1m/s。

（4）气浮池接触室的高度以1.5～2.0m为佳，平面尺寸要能满足布置溶气释放器的要求。其中，水流上升流速要控制在10～20mm/s，水流在其中的停留时间要大于60s。

（5）分离室深度一般为1.5～2.5m，超高不小于0.4m。其中，水流的下向流速度范围要在1.5～3.0mm/s之间，即控制其表面负荷在5.5～10.8$m^3/(m^2 \cdot h)$之间，废水在气浮池内的停留时间不能超过1h，一般为30～40min。

（6）气浮池的集水要能保证进出水的平衡，以保持气浮池的水位正常。一般采用集水管与出水井相连通，集水管的最大流速要控制在0.5m/s左右。中小型气浮池在出水井的上部设置水位调节管阀，大型气浮池则要设可控溢流堰板，依此升降水位，调节流量。

36 什么是部分回流压力溶气气浮法？

答：部分回流压力溶气气浮法是压力溶气气浮法的一种。具体做法是用水泵将部分气浮出水提升到溶气罐，加压到0.3～0.55MPa，同时注入压缩空气使之过饱和，然后瞬间减压，原来溶解在水中的空气骤然释放，产生出大量的微细气泡，从而使被去除物质与微细气泡结合在一起并上升到水面。

37 部分回流压力溶气气浮法的特点有哪些？

答：部分回流压力溶气气浮法的特点有：

（1）在加压条件下，空气的溶解度大，供气浮用的气泡数量多，能保证气浮的效果。

（2）溶入水中的气体经急骤减压后，可以释放出大量的尺寸微细、粒度均匀、密集稳定的微气泡。微气泡集群上浮过程稳定，对水流的扰动较小，可以确保气浮效果，特别适用于细小颗粒和疏松絮体的固液分离过程。

（3）工艺流程及设备比较简单，管理维修方便，处理效果稳定，并且节能效果显著。

（4）加压气浮产生的微气泡可以直接参与凝聚并和微絮粒一起共聚长大。因此，可以节约混凝剂的用量。

38 常用气浮法的运行参数有什么异同点？

答：最常用的气浮法是部分回流压力溶气气浮法和喷射气浮法。部分回流压力溶气气浮法和喷射气浮法的运行参数大部分相同，其主要异同点有：

(1) 进水水质 pH 值均为 6.5～8.5，含油量均为 100mg/L。

(2) 气浮分离池停留时间均为 40～60min。

(3) 刮渣池链条采用链板式或桥式逆刮。

(4) 出水堰采用活动调节堰或薄壁堰。

(5) 部分回流压力溶气气浮法加药量为聚铝 15～25mg/L，聚铁 10～20mg/L；而喷射气浮法加药量为聚铝 25～35mg/L，聚铁 20～40mg/L。

(6) 部分回流压力溶气气浮法混凝方式为管道混合、机械混合或水力混合；喷射气浮法混凝方式为管道混合。

(7) 部分回流压力溶气气浮法溶气方式为溶气罐；喷射气浮法溶气方式为喷射器。

(8) 部分回流压力溶气气浮法气泡粒径为 30～100μm；喷射气浮法气泡粒径为 30～50μm。

39 常用溶气罐的结构是怎样的？

答：溶气罐可用普通钢板卷焊而成，并在罐内进行防腐处理。其内部结构相对简单，不用填料的中空型溶气罐除了进出水管的布置方式有一定要求外，与普通空罐相同。溶气罐规格很多，高度与直径的比值一般为 2～4；也有的溶气罐采用卧式安装，并沿长度方向将罐体分为进水段、填料段、出水段，这种型式的溶气罐进出水稳定，而且可以对进水中的杂质予以截留，避免出现溶气释放器的堵塞问题。

40 溶气罐的基本要求有哪些？

答：溶气罐的作用是实施水和空气的充分接触，加速空气的溶解。

(1) 溶气罐形式有：中空式、套筒翻流式和喷淋填料式三种，其中喷淋填料式溶气效率最高，比没有填料的溶气罐溶气效率可高 30%以上。可用的填料有瓷质拉西环、塑料淋水板、不锈钢网、塑料阶梯环等，一般采用溶气效率较高的塑料阶梯环。

(2) 溶气罐的溶气压力为 0.3～0.55MPa，溶气时间即溶气罐水力停留时间 1～4min，溶气罐过水断面负荷一般为 100～200$m^3/(m^2 \cdot h)$，一般配以扬程为 40～60m 的离心泵和压力为 0.5～0.8MPa 的空气压缩机，通常风量为溶气水量的 15%～20%。

(3) 污水在溶气罐内完成空气溶于水的过程，并使污水中的溶解空气过饱和，多余的空气必须及时经排气阀排出，以免分离池中气量过多引起扰动，影响气浮效果。排气设在溶气罐的顶部，一般采用 DN25 手动截止阀，但是这种方式在北方寒冷地区冬季气温太低时，常会因截止阀被冻住而无法操作，必须予以适当保温。排气阀尽可能采用自动排气阀。

(4) 溶气罐属压力容器。其设计、制作、使用均要按一类压力容器要求考虑。

(5) 采用喷淋填料式溶气罐时，填料高度 0.8～1.3m 即可。不同直径的溶气罐要配置的填料高度也不同，填料高度一般在 1m 左右。当溶气罐直径大于 0.5m 时，考虑到布水的均匀性，应适当增加填料高度。

(6) 溶气罐内的液位一般为 0.6～1.0m，过高或过低都会影响溶气效果。因此，及时调整溶气系统气液两相的压力平衡很重要。除通过自动排气阀来调整外，可通过安装浮球液位传感器探测溶气罐内液位的升降，据此调节进气管电磁阀的开和关，还可通过其他非动力方式来实现液位控制。

41 常用溶气释放器的基本要求有哪些？

答：溶气释放器是气浮法的核心设备，其功能是将溶气水中的气体以微细气泡的形式释放出来，以便于待处理污水中的悬浮杂质黏附良好。

（1）高效溶气释放器要具有最大的消能值。消能值是指溶气水从溶解平衡的高能值降到几乎接近常压的低能值之间的差值，高效溶气释放器的消能值应在95%以上，最高者可达99.9%。

（2）两个体积相同的气泡合并之后，其表面能将减少20.62%。为避免微气泡的合并，在获得最大消能值的前提下，还要具有最快的消能速度，或最短的消能时间，高效溶气释放器的消能时间应在0.35s以下，最优者可达0.03～0.01s。

（3）性能较好的释放器能在较低的压力（0.2MPa左右）下，能将溶气量的99%左右予以释放，即几乎将溶气全部释放出来，以确保在保证良好的净水效果前提下，能耗较少。

（4）根据吸附值理论，只有比悬浮颗粒小的气泡，才能与该悬浮颗粒发生有效的吸附作用，污水中难以在短时间内沉淀或上浮的悬浮颗粒，粒径通常都在50μm以下，乳化液的主体颗粒粒径为0.2～2.5μm。虽然经过投加混凝剂反应后，水中悬浮颗粒粒径可以变大，但为了获得较好的出水水质，采用气浮法时，气泡直径越小越好。高效溶气释放器释放出的气泡直径在20～40μm，有些可使气泡直径达到10μm以下，甚至接近1μm。

（5）为达到气浮池正常运转的目的，释放器还须具备以下两个条件：一是抗堵塞（因为要达到上述目的就要求水流通道尽可能窄小）；二是结构要力求简单、材质要坚固耐腐蚀，同时要便于加工和安装，尽量减少可动部件。

（6）为防止水流冲击，保证微气泡与颗粒的黏附条件，释放器前管道流速要低于1m/s，释放器出口流速为0.4～0.5m/s，每个释放器的直径为0.3～1.1m。

42 什么是细碎空气气浮法？

答：细碎空气气浮法是靠机械细碎空气的方法。一般利用叶轮高速旋转产生的离心力形成的真空负压将空气吸入，在叶轮的搅动下，空气被粉碎成为微细的气泡而扩散于水中，气泡由池底向水面上升并黏附水中的悬浮物一起带至水面。

43 细碎空气气浮法的特点有哪些？

答：细碎空气气浮法的优点是设备结构简单，维修量较小。其缺点是叶轮的机械剪切力不能把空气粉碎得很充分，产生的气泡较大，气泡直径可达1mm左右。这样在供气量一定的条件下，气泡的表面积小，而且由于气泡直径大、运动速度快，与废水中杂质颗粒接触的时间短，不易与细小颗粒成絮凝体相吸附，同时水流的机械剪切力反而可能将加药后形成的絮体打碎。因此，细碎空气气浮法不适用于处理含细小颗粒与絮体的废水，可用于含有大油滴的含油废水。

44 什么是喷射气浮法？

答：喷射气浮法是用水泵将污水或部分气浮出水加压后，高压水流流经特制的射流器，将吸入的空气剪切成微细气泡，再和污水中的杂质接触结合在一起后上升到水面。

45 喷射器作为溶气设备的原理是什么？

答：高压水流流经喉管时形成负压引入空气，经激烈的能量交换后，动能转换为势能，增加了水中溶解的空气量，然后进入气浮池进行分离。一般要求喷射器后背压值达到0.1～0.3MPa，喉管直径与喷秀直径之比为2～2.5，喷嘴流速范围为20～30m/s。为提高溶气效果，喷射器后要配以管道混合器，混合器要保证水头损失0.3～0.4m，混合时间为30s左右。

46 喷射气浮的原理是什么？

答：喷射气浮是利用水泵将部分净化水回流，高压水流经过喷射器时将空气溶于水中，经溶气释放器一点或多点进入气浮净化机，通过调整加药量、溶气量和及时排清达到净化污水的目的。

47 喷射气浮的特点是什么？

答：喷射气浮同时具有喷射器法和部分回流压力溶气法的特点。优势在于土建费用较低，经过适当保温后，可安装于室外正常运行。

48 防止含油废水乳化的方法有哪些？

答：防止含油废水乳化的方法有四种：

（1）防止表面活性物质及砂土之类的固体颗粒混入含油废水中，比如对碱渣和含碱废水中的脂肪酸钠盐等物质进行充分回收处理，尽量减少进入废水的表面活性物质数量。

（2）向废水中投加电解质，达到压缩双电层和电中和的目的，促使已经乳化的微细油粒互相凝聚。例如，加酸使废水的pH值降低到3～4，可以产生强烈的凝聚现象。

（3）投加硫酸铝、氧化铁等无机絮凝剂，既可压缩油珠的双电层，又可起到使废水中其他杂质颗粒凝聚的作用，这些无机絮凝剂的投加量一般比混凝沉淀处理时的投加量要少一些。当含油废水中含有硫化物时，不宜使用铁盐絮凝剂，否则会因生成硫化铁而影响破乳效果。

（4）当含油废水中含有脂肪酸钠盐而引起乳化时，可以向废水中投加石灰，使钠皂转化为疏水性的钙皂，以促进微细油珠的相互凝聚。

第五节　含煤废水的管理及处理

1 含煤废水产生的主要途径有哪些？

答：燃煤电厂在正常的生产运行过程中，为防止输煤系统产生扬尘及保持良好的工作环境，除采取防尘设施外，要定时对输煤栈桥、转运站、煤仓间、磨（碎）煤机室等部位进行水冲洗，冲洗后的排水形成含煤废水；转运站、落煤筒、煤仓间等地方安装的水激式除尘器排污水形成含煤废水；露天煤场或未全封闭的煤场部分下雨天产生的带煤泥废水也形成含煤废水。

2 含煤废水的主要特点有哪些？

答：根据国内燃煤电厂的实测资料，对于大于 125MW 机组的燃煤电厂，其含煤废水的排水量一般情况下约为 150t/次，每天 3～4 次，具有间断性、瞬间流量大的特点。

含煤废水中含有一部分较大的煤粉颗粒、大量的悬浮物及很高的色度，根据工程的实际运行经验，含煤废水中悬浮物的浓度高达 2000mg/L，色度高达 400 以上。这部分废水不能直接排放，也不能直接回收利用，需要进行适当处理以满足回收利用水质要求。

3 含煤废水处理后的回用及排放标准是什么？

答：含煤废水经处理后，其出水水质达到 pH 值 6～9，SS＜10mg/L，色度＜50，即可以达到国家污水排放标准中一级标准，能满足输煤冲洗水及其他工艺回用水的要求，并能保证设备的运行稳定。

4 含煤废水经过混凝处理后，为什么还要进行过滤处理？

答：因为经过混凝处理后，只能除掉大部分悬浮物，还有细小悬浮物杂质未被除去，为防止其在管道沉积或堵塞管道、喷嘴，必须还要经过过滤才能将那些细小的悬浮物及杂质除去，以满足后期水处理设备的要求。

5 为什么加混凝剂能除去水中悬浮物和胶体？

答：混凝剂加入水中后，通过混凝剂本身发生的变化使水中胶体失稳，并与小颗粒悬浮物聚集长大，加快下沉速度而去除。混凝剂本身发生的凝聚过程中伴随着许多物理化学作用。具体如下：

(1) 吸附作用。当混凝剂加入水中形成胶体时，会吸附水中原有的胶体。

(2) 中和作用。天然水中的自然胶体大都带负电，混凝剂所形成的胶体带正电，由于异性电相吸并中和的作用，促使水中胶体黏结并析出。

(3) 接触絮凝作用。当水中悬浮物量较多时，凝聚的核心可以是某些悬浮物，凝聚在悬浮物的表面形成。

(4) 网捕作用。凝絮在水中下沉的过程中，好像一个过滤网在下沉，又可把悬浮物带走。

通过以上四种作用，达到在水中加入混凝剂除去水中的悬浮物和胶体的目的。

6 影响混凝处理效果的因素有哪些？

答：影响混凝处理效果的因素主要有：水温、pH 值、水中的杂质、接触介质、加药种类及加药量等。

7 简述含煤废水处理系统流程。

答：煤场喷淋水、输煤栈桥冲洗水、除尘系统排水、煤场雨水等各种含煤废水经收集后进入沉淀池进行初步沉淀，初沉后清水溢流至集水池由废水提升泵输送至废水处理设备，在废水处理设备中加药进行混凝、沉降、过滤等复合处理，经处理好的水进入回用水池，可供煤场喷淋、废水处理设备反洗过滤等使用，废水处理设备反冲洗和排出的泥浆返回沉淀池沉淀区域。

8 简述含煤废水混凝澄清过滤处理的工艺流程。

答：针对传统处理工艺的缺点，近年来在设计中对含煤废水处理工艺进行了改进，取得了一定的效果。改进后输煤系统冲洗后的含煤废水收集进入输煤沉淀池，然后由提升泵输送至高效废水净化器并加入絮凝剂及助凝剂进行处理，处理后的清水回用至输煤冲洗补充水系统。

混凝澄清过滤处理工艺的工作流程为：

(1) 沉淀过程。含煤废水进入含煤废水处理站的沉淀池中，进行初步沉淀，以去除较大的煤粉颗粒和部分悬浮物。

(2) 混凝反应过程。经沉淀池沉淀后的含煤废水由废水提升泵提升至废水净化装置内，同时在装置前投加无机混凝剂及有机助凝剂，在废水净化装置内的离心分离区，药液和废水混合，并逐渐形成矾花和较大絮团，在重力和离心力作用下逐渐下沉。

(3) 离心分离过程。废水进入净化装置后，首先以切线方式进入离心分离区，水向下旋流，在离心力的作用下，大于 20μm 的颗粒旋流下沉至净化装置中的污泥浓缩区。

(4) 重力沉降过程。当大于 20μm 的颗粒在净化装置中被分离后，小于 20μm 的颗粒在药剂的作用下逐渐形成絮团，在动态下絮团逐渐增大，当增大到一定程度时，在下旋力的作用下迅速下沉，下沉的速度大于静态的下沉速度，颗粒下沉至净化装置中的污泥浓缩区。

(5) 动态过滤过程。当废水经过净化装置中的滤层时，粒径在 5μm 以上的颗粒基本被截流，以确保出水水质。经过滤后的水再进入清水区后通过顶部出水管排出。

(6) 污泥浓缩过程。颗粒进入净化装置中的污泥浓缩区，在旋流力及静压的作用下，污泥快速浓缩，定期或连续排出。

(7) 净化装置的定期反冲洗。以保证设备的运行效果。

9 含煤废水处理系统的主要设备有哪些？

答：含煤废水系统包括废水处理设备、加药设备（包括储药罐、计量泵、空气压缩机）、含煤废水提升泵、反冲洗水泵、喷淋冲洗泵、加药间排水泵、煤泥沉淀池配套铸铁闸门及启闭机、桁架式刮泥机、全套电控设备及阀门、表计、全套加药管道等。

10 含煤废水处理系统主要使用的药品有哪些？

答：含煤废水处理系统主要使用的药品有混凝剂和助凝剂，其中混凝剂宜采用 10%聚合氯化铝（PAC）溶液，助凝剂宜采用 0.5%聚丙烯酰胺（PAM）溶液。

11 影响过滤器运行效果的主要因素有哪些？

答：影响过滤器运行效果的主要因素有：

(1) 滤速。

(2) 反洗。

（3）水流的均匀性。
（4）滤料的粒径大小和均匀程度。

12 粒状滤料过滤器常用的滤料有哪几种？对滤料有何要求？

答：粒状滤料过滤器常用的滤料有：石英砂、无烟煤、活性炭、大理石等。
滤料应满足的要求为：
（1）有足够的机械强度。
（2）有足够的化学稳定性，不溶于水，不能向水中释放出有害物质。
（3）有一定的级配和适当的孔隙率。
（4）价格便宜，货源充足。

13 在过滤设备反洗时，应注意的事项有哪些？

答：在过滤设备反洗时，应注意的事项有：
（1）保证反洗强度合适。
（2）在空气或空气-水混洗时，应注意给气量和时间。
（3）保证过滤层洗净，同时要避免乱层或滤料流失。

14 隔膜柱塞计量泵不上药的原因有哪些？

答：隔膜柱塞计量泵不上药的原因主要有：泵吸入口太高、吸管堵塞、吸入管漏气、吸入阀或排气阀有杂物堵塞、油腔内有气等。

15 离心泵的工作原理是什么？

答：离心泵在泵内充满水的情况下，叶轮旋转产生离心力，叶轮槽道中的水在离心力的作用下，甩向外围流进泵壳。于是，叶轮中心压力下降，降至低于进口管内压力时，水在这个压力差的作用下，由吸水池流入叶轮，这样不断吸水，不断供水。

16 离心泵启动后无出力或出力低的主要原因有哪些？

答：离心泵启动后无出力或出力低的主要原因有：
（1）进口管道或泵体里有空气。
（2）进水池或水箱液位低造成泵吸程太大。
（3）进、出口阀门未打开或进、出口管道堵塞导致泵进、出口阻力大。
（4）离心泵电气故障或转速不足。
（5）泵叶轮磨损严重。

17 废水加药柱塞泵与离心泵的启动方法有何区别？

答：柱塞泵是先开出、入口门，再启泵；离心泵是先开入口门，启泵后再开出口门。

18 澄清系统运行中，水温对运行效果有何影响？

答：水温对澄清池运行的影响较大，水温低，絮凝缓慢，混凝效果差；水温变动大，容易使高温和低温水产生对流，也影响出水水质。

19 过滤器排水装置的作用有哪些？

答：过滤器排水装置的作用主要有：

（1）引出过滤后的清水，而不使滤料带出。

（2）使过滤后的水和反洗水的进水，沿过滤器的截面均匀分布。

（3）在大阻力排水系统中，有调整过滤器水流阻力的作用。

20 简述混凝剂加药工艺的流程。

答：混凝剂来料后经过卸料泵卸入混凝剂溶液储药罐，再通过混凝剂计量泵加至含煤废水处理设备进水混凝剂管道混合器。

21 简述助凝剂加药工艺的流程。

答：助凝剂加至助凝剂熟化箱，并加水搅拌至药液熟化，再通过助凝剂计量泵加药至含煤废水处理设备进水助凝剂管道混合器。

第六节　脱硫废水处理工艺及排放

1 什么是脱硫废水？

答：我国绝大多数电厂采用石灰石—石膏湿法脱硫技术脱除烟气中的 SO_2，在脱硫系统运行过程中，为维持系统的正常稳定运行，会排出一定量的废水，即脱硫废水，因其成分复杂、污染物种类多，成为燃煤电厂最难处理的废水之一。

2 脱硫废水产生的原因是什么？

答：石灰石-石膏湿法烟气脱硫工艺中，烟气中的氟化物和氯化物溶解到脱硫浆液中，导致脱硫浆液中氟化物和氯化物的浓度不断增大。

氟化物会与脱硫浆液中的铝相互作用，对石灰石-石灰浆液的溶解产生屏蔽作用，使石灰石的溶解性减弱、脱硫效率降低。

氯化物浓度的增大主要有三方面影响：一是导致脱硫效率下降以及硫酸钙在设备和管道中析出倾向增大；二是增加对设备与管道等结构材料的腐蚀；三是降低脱硫副产物石膏的质量。

为最大限度减轻这些影响，需控制脱硫浆液中氯化物和氟化物的含量，一般将脱硫浆液中氯化物的含量控制在20 000mg/L内，因此，脱硫系统必须排出一定量的脱硫浆液，并补充新鲜的石灰石-石灰浆液及工艺水来降低脱硫浆液中氟化物和氯化物的浓度，系统排出的这部分脱硫浆液就是脱硫废水。

3 脱硫废水通常会混入其他工业废水，主要包括有哪些？

答：脱硫废水中含有的工业废水主要有：

（1）石膏浆液废水。烟气与石灰石浆液在吸收塔中反应生成的石膏浆液含水率很高，必须经过真空皮带脱水机脱水，脱水石膏才可以回收利用，脱水过程中产生的废水。

(2) 工艺冲洗废水。由于浆液池中的石灰石浆液和吸收塔中的石膏浆液浓度很大，易产生结垢堵塞问题。在运行过程中需对设备进行不断冲洗，冲洗过程产生的废水。

(3) 溢流水。水力旋流器的溢流水。

(4) 其他废水。锅炉冲洗水、排污水、机组冷却水、再生废水、反渗透浓水等混入脱硫废水处理系统。

4 脱硫废水产生量一般为多少？

答：脱硫废水的水量与烟气中的 HCl 和 HF、吸收塔内浆液的 Cl^- 质量浓度、脱硫用水的水质等有关。以一台 300MW 机组为例，计算脱硫废水产生量一般为 4～8m^3/h；而一台 600MW 机组，计算脱硫废水产生量一般为 6～10m^3/h。

5 影响脱硫废水水量的主要因素有哪些？

答：影响脱硫废水水量的主要因素有：

(1) 脱硫废水的水量直接取决于烟气中的 HCl、HF，而烟气中的 HCl、HF 主要来自于机组燃烧的煤，煤中 Cl^-、F^- 质量含量越高，烟气中的 HCl、HF 质量浓度越高，则废水的水量越大。

(2) 脱硫废水的水量关键取决于吸收塔内 Cl^- 的控制质量浓度。浆液中的 Cl^- 质量浓度太高，石膏品质下降且脱硫效率降低，设备的防腐蚀要求增高；浆液中的 Cl^- 质量浓度过低，脱硫废水的水量增大，废水处理的成本提高。根据经验，脱硫废水的 Cl^- 质量浓度控制在 10 000～20 000mg/L 为宜。

(3) 脱硫废水的水量还与脱硫工艺用水的 Cl^- 质量浓度有关。脱硫工艺用水的 Cl^- 质量浓度越高，脱硫废水量越大。

6 脱硫废水中污染物的来源有哪些？

答：脱硫废水中污染物的来源主要有：

(1) 煤燃烧后烟气携带物，是脱硫废水污染物的主要来源。

(2) 脱硫废水中的一部分污染物来源于石灰石。

(3) 脱硫系统中的部分污染物来自工艺水。

(4) 在脱硫系统的设计运行中，添加剂的使用、氧化方式或氧化程度以及脱硫系统的建设材料选择会影响脱硫废水水质。

(5) 脱硫塔前污染物控制设备运行过程中引起的水中污染物变化。

7 影响脱硫废水产生的因素有哪些？

答：脱硫废水的水质及水量主要受燃煤品质、石灰石品质、工艺水水质、脱硫系统的设计及运行、脱硫塔前污染物控制设备以及脱水设备等的影响。

脱硫废水污染物成分的差异最根本原因是煤种和吸收剂，不同产地原料的差异直接导致废水污染物成分的异同。锅炉负荷、燃烧方式、烟气温度等直观因素也会通过影响化学反应的条件进而改变产物的组分甚至成分。

8 目前脱硫废水水质控制指标要求是什么？

答：DL/T 997—2006《火电厂石灰石-石膏湿法脱硫废水水质控制指标》规定了火电厂石灰石-石膏湿法烟气脱硫系统产生的废水，在处理后应达到的水质控制指标。厂区排放口要求硫酸盐最高允许排放浓度值控制在2000mg/L。

脱硫废水处理系统出口各指标为：悬浮物70mg/L、化学需氧量150mg/L（化学需氧量的数值要扣除随工艺水带入系统的部分）、氟化物30mg/L、硫化物1.0mg/L、pH值6～9。标准中对脱硫废水处理系统出口总汞、总镉、总铬、总砷、总铅、总镍、总锌控制值也有严格的要求。

9 《发电厂废水治理设计规范》中对脱硫废水处理的要求是什么？

答：DL/T 5046—2018《发电厂废水治理设计规范》中总体要求如下：

（1）脱硫废水宜处理回用。当环评允许时，应处理后达标排放。当有零排放要求时，应对脱硫废水进行深度处理。

（2）脱硫废水处理装置应单独设置，并按连续运行方式设计。

（3）脱硫废水处理产生的泥浆宜进行单独的脱水处理。

（4）当用于干灰调理或煤场喷洒时，应采取防腐措施。

10 脱硫废水处理的指导性意见是什么？

答：原环境保护部2017年1月11日印发了《火电厂污染防治技术政策》提出：脱硫废水宜经石灰处理、混凝、澄清、中和等工艺处理后回用。鼓励采用蒸发干燥或蒸发结晶等处理工艺，实现脱硫废水不外排。

11 现有脱硫废水处理技术主要有哪些？

答：国内外已有的脱硫废水处理技术主要有：沉降池技术、化学沉淀技术、回用技术、吸附沉淀技术、生物处理技术、混合零价铁技术、人工湿地技术、膜处理技术、蒸发池技术、烟道蒸发技术、蒸发结晶技术等。

12 什么是脱硫废水沉降池处理技术？

答：沉降池技术是通过重力作用去除废水中颗粒物，基于此原理，必须保证沉降池内有足够的停留时间。

13 沉降池技术的优缺点是什么？

答：沉降池技术的优点是：不需要添加化学药剂，设备构筑物简单，投资成本和运行成本均较低。

沉降池技术的缺点是：沉淀池占地面积大，无法去除废水中的可溶性盐，不能满足排放标准的要求，一般只用于其他工艺的预处理。

14 什么是脱硫废水化学沉淀处理技术？

答：脱硫废水化学沉淀技术是通过中和、沉淀、絮凝、澄清等过程对脱硫废水进行处理，去除悬浮物、重金属等物质。

15 化学沉淀技术的优缺点是什么？

答：化学沉淀技术的优点是：在国内外电厂脱硫废水处理中应用广泛，技术成熟，运行相对稳定可靠，维护简单，对大部分金属和悬浮物有很好的去除作用。

化学沉淀技术的缺点是：存在对氯离子等可溶性盐分没有去除效果、运行控制难、投入成本高、设备管道堵塞频繁、澄清池排泥困难等问题。

16 脱硫废水处理后回用方式有哪些？

答：脱硫废水经过处理后回用方式有：用于水力除灰渣系统、用于煤场或灰场喷淋、用于干灰拌湿等。

17 脱硫废水用于水力冲灰指的是什么？

答：脱硫废水处理达标后用于水力冲灰，即经处理后进入水力除灰系统，脱硫废水中的重金属或酸性物质与灰中的氧化钙反应生成固体而得到去除，从而达到以废治废的目的。

18 脱硫废水用于水力冲灰的优缺点是什么？

答：脱硫废水用于水力冲灰基本不需要对水力除灰系统进行任何改造，也不需要额外增加水处理设备，具有投资小、运行方便的优点。但是，该方案需要脱硫废水均匀地掺入除灰系统，防止大流量掺入时对除灰设备及管道造成腐蚀。脱硫废水中悬浮物和 Cl^- 含量高，易造成管路的堵塞，存在一定的风险。

19 脱硫废水用于煤场或灰场喷洒的缺点是什么？

答：脱硫废水经处理后用于煤场或灰场喷淋，将脱硫废水作为煤场、灰场抑尘喷洒水的补水，存在腐蚀的风险，并且脱硫废水中的污染因子转移到燃煤中，继续进入锅炉，在整个燃煤系统中循环累积。

20 脱硫废水干灰拌湿的局限性是什么？

答：脱硫废水经处理后用于干灰拌湿需要水量较少，干灰拌湿后剩余水量还需要采用其他方式回用或排放，且用于脱硫废水中成分复杂，粉煤灰拌湿后的综合利用价值降低。

21 什么是脱硫废水吸附沉淀处理技术？

答：吸附沉淀处理技术是脱硫废水在流化床反应器中，与高锰酸钾溶液混合，高锰酸钾与废水中的二价锰离子以及添加的亚铁离子反应生成二氧化锰和氢氧化铁，附着在石英砂填料表面，对废水中其他重金属离子具有很强的吸附与络合作用，被吸附与络合的重金属离子共聚成颗粒沉降下来形成污泥，从而达到去除重金属的目的。

22 吸附沉淀技术的优缺点是什么？

答：吸附沉淀技术的优点是：运行成本低、工艺操作简单、处理效率高，对重金属离子的去除效果好，且处理后污泥量少。

吸附沉淀技术的缺点是：因脱硫废水中含有大量的可溶性盐，会抑制吸附剂对重金属的吸附，要将吸附沉淀法实际应用在脱硫废水的处理中，需在吸附剂选择、运行条件优化、吸附剂再生以及工业化设计和运行方面开展大量工作。因此，目前大多数研究仍停留在试验阶段。

23 什么是脱硫废水生物处理技术？

答：生物处理是利用微生物处理可生物降解的可溶的有机污染物或是将许多不溶的污染物转化为絮状物。污染物可通过有氧、无氧或缺氧三种方式去除。一般电厂利用有氧方式去除 BOD5，通过厌氧或缺氧的方式去除金属或是营养盐，微生物可以通过呼吸作用将硒酸盐或亚硒酸盐还原为元素态的硒，吸附在微生物细胞表面。

24 生物处理技术的优缺点是什么？

答：生物处理技术的优点是：可以有效地去除脱硫废水中的硒、汞等重金属元素。

生物处理技术的缺点是：生物处理系统复杂，造价高且容易形成有毒的有机硒和有机汞等，造成二次污染。

25 什么是脱硫废水混合零价铁处理技术？

答：利用零价铁可以有效地减少废水中硒酸盐或是亚硒酸盐的含量，基于此原理实现脱硫废水中重金属的去除，即为脱硫废水混合零价铁处理技术。

26 混合零价铁技术的优点及工业应用的问题有哪些？

答：混合零价铁技术的优点是：运行费用较低。

混合零价铁技术还处在工业化试验阶段，未投入使用，且反应活性和整体处理效果尚有待进一步研究。

27 什么是脱硫废水人工湿地处理技术？

答：人工湿地处理技术是依靠自然湿地生态系统中物理、化学和生化反应的协同来处理废水，废水所含污染物被功能植物再利用或直接去除，该方法可以促进废水的循环与再生。

脱硫废水人工湿地处理技术是利用包括湿地植物、土壤及微生物活动在内的自然过程降低废水中的金属、营养素以及总悬浮物的浓度。人工湿地由若干包含植物和细菌的单元组成，电厂可根据去除污染物的种类选择合适的单元。

28 人工湿地技术的优缺点是什么？

答：人工湿地技术的优点是：工艺流程简单，系统运行维护费用低，出水水质好，特别是对汞和硒等重金属的处理效果好。

人工湿地技术的缺点是：修建时间长、占地面积大，适合在远离人口密集地区投建运行，并且人工湿地对周围土壤及水体的潜在影响很难在短时间内评判。因而，其应用具有局限性。

29 什么是脱硫废水膜处理技术？

答：膜处理技术主要用于化学沉淀法处理脱硫废水后出水，利用微滤、超滤膜的过滤特性截留悬浮物和胶体等，利用反渗透膜的分离特性截留可溶性盐分离子等，实现脱硫废水深度处理或减量处理；利用电渗析离子交换膜的选择透过性实现阴、阳离子分别向阳极和阴极移动，达到废水浓缩的目的。

30 脱硫废水膜处理技术的优缺点是什么？

答：脱硫废水膜处理技术的优点是：处理效果好，满足高要求的排放标准，操作简单且可实现自动化。

脱硫废水膜处理技术的缺点是：废水中含有大量的易结垢成分，易出现膜污染现象，需要设置预处理措施，投资及运行费用高，且运行不稳定。

31 三联箱工艺中三联箱指什么？

答：三联箱是指：中和箱、反应箱和絮凝箱。

32 简要说明三联箱工艺处理的过程。

答：三联箱工艺处理过程为：

（1）废水中和。在中和箱中加入适量的石灰或者碱液将 pH 值调至 10.0 左右，这样能有效去除水中的金属离子。

（2）反应沉淀。在反应箱中加入有机硫，主要用来去除汞、铅等重金属离子。

（3）絮凝。在絮凝箱中加入一定量的絮凝剂及助凝剂，目的是沉淀物形成大颗粒，增加沉淀效果。

（4）浓缩澄清。在澄清池中将污泥沉淀物进行排放，经过污泥压滤机后外运，上部是化学沉淀处理后的净水。

33 缓冲水池的作用是什么？

答：脱硫废水进入缓冲水池在搅拌作用下实现均质调节，稳定后续处理单元进水量，同时减少水质波动。此外，在缓冲水池通入空气可将亚硫酸根氧化成硫酸根，起到改进污泥特性和降低还原性物质含量的作用。

34 中和箱的工作原理是什么？

答：在中和箱中加入石灰乳，将废水的 pH 值从 5.5 左右调整到 10.0 左右，使废水中的大部分重金属生成氢氧化物沉淀，并且石灰乳中的钙离子与废水中的氟离子反应生成溶解度较小的氟化钙沉淀，与 As^{3+} 络合生成 $Ca_3(AsO_3)_2$ 等难溶物质。

35 反应箱的工作原理是什么？

答：$Ca(OH)_2$ 的加入使大部分重金属生成了氢氧化物沉淀，但 Pb^{2+}、Hg^{2+} 等仍以离子形态留在废水中，所以在反应箱中加入有机硫，使其与水中剩余的 Pb^{2+}、Hg^{2+} 等反应生成溶解度更小的金属硫化物而沉积下来。

36 絮凝箱的工作原理是什么？

答：脱硫废水经中和箱、反应箱处理后，生成了大量的沉淀物，但这些沉淀物细小而且分散，有的甚至为胶体，因此在絮凝箱内加入絮凝剂，使水中的悬浮固体或胶体杂质凝聚成微细絮凝体，微细絮凝体在絮凝箱中缓慢形成稍大的絮体，在絮凝箱出口处加入助凝剂，来降低颗粒的表面张力，强化颗粒的长大过程，进一步促进氢氧化物和硫化物的沉淀，使微细絮凝体慢慢变成更大、更易沉淀的絮状物，同时也使脱硫废水中的悬浮物沉降下来。

37 澄清浓缩池的工作原理是什么？

答：废水由絮凝箱自流进入澄清浓缩池，絮凝体在澄清浓缩池中与水分离。絮体因比重较大而沉积在底部，然后通过重力浓缩成污泥。浓缩污泥作为接触污泥由污泥循环泵打回到中和箱，提供沉淀所需的晶核，过剩的污泥进入污泥储箱。澄清浓缩池上部则为净水，净水通过澄清浓缩池周边的溢流口自流出水。

38 三联箱工艺的加药系统有哪些？

答：三联箱工艺的化学加药系统包括：石灰乳加药系统、有机硫加药系统、絮凝剂加药系统、助凝剂加药系统、盐酸/硫酸加药系统和次氯酸钠加药系统。

39 典型石灰乳加药系统的流程是什么？

答：典型石灰乳加药系统的流程是石灰粉末由罐车运来，运输车配带气力输送系统，直接送入石灰粉仓。石灰粉仓顶部带布袋除尘器，底部带自动投加系统，直接将石灰粉末送入石灰乳制备箱。石灰粉在制备箱中与水混合，在搅拌器的搅拌作用下，制成含量约为20%(wt) 的石灰乳液。石灰乳液循环泵将石灰乳一部分重新打回制备箱进行循环，一部分输送到溶液箱中，在溶液箱中继续加水进一步稀释成含量约为5%(wt) 的石灰乳液，然后通过石灰乳加药泵将石灰乳输送到加药点（中和箱）。

40 有机硫加药系统的流程是什么？

答：有机硫加药系统包括有机硫计量箱和加药计量泵以及管道、阀门，组合在一个小单元成套装置内。有机硫的成品浓度约为15%(wt)，投加时根据系统运行情况可稀释或不稀释。有机硫溶液由计量泵从计量箱输送到加药点（反应箱）。

41 絮凝剂加药系统的流程是什么？

答：絮凝剂加药系统包括絮凝剂计量箱和加药计量泵以及管道、阀门，组合在一个小单元成套装置内。絮凝剂的成品浓度约为40%(wt)，投加时稀释成浓度约为10%(wt) 的稀溶液。絮凝剂溶液由计量泵输送到加药点（絮凝箱）。

42 助凝剂加药系统的流程是什么？

答：助凝剂加药系统包括助凝剂计量箱/熟化箱和加药计量泵以及管道、阀门，组合在一个小单元成套装置内。助凝剂产品为粉末状固体，稀释后浓度约为0.1%(wt)。助凝剂溶液由计量泵输送到加药点（絮凝箱和脱水机）。

43 盐酸加药系统的流程是什么？

答：盐酸加药系统包括卸酸泵、盐酸储箱和计量泵以及管道、阀门，组合在一个小单元成套装置内，并设置单独房间。盐酸由汽车运输，自流进入卸酸泵，升压后打入盐酸储箱，最后由计量泵输送到加药点（清水箱）。实际使用时，根据测得的 pH 值确定加药量。另外，设置一个碱中和式酸雾吸收器，吸收盐酸储箱和盐酸计量箱里产生的酸雾。

44 次氯酸钠加药系统的流程是什么？

答：次氯酸钠加药系统包括次氯酸钠计量箱和加药计量泵以及管道、阀门，组合在一个小单元成套装置内。次氯酸钠稀释后由计量泵输送至加药点。

45 污泥脱水系统的流程是什么？

答：澄清池底部污泥排至污泥储箱浓缩，浓缩污泥经污泥输送泵送到污泥脱水机，脱水后的污泥运送到渣场或灰场贮存，污泥脱水的滤液进入废水回收池内，由废水回收泵送往中和箱内重新处理。